善待自己

连山 编著

Beijing United Publishing Co.,Ltd.

北京联合出版公司

图书在版编目（CIP）数据

善待自己 / 连山编著 . — 北京：北京联合出版公司，2015.9
（2022.3 重印）

ISBN 978-7-5502-6125-9

Ⅰ . ①善… Ⅱ . ①连… Ⅲ . ①人生哲学 – 通俗读物 Ⅳ .
① B821-49

中国版本图书馆 CIP 数据核字（2015）第 214161 号

善待自己

编　　著：连　山
出 品 人：赵红仕
责任编辑：张　萌
封面设计：韩　立
美术编辑：盛小云

北京联合出版公司出版
（北京市西城区德外大街 83 号楼 9 层　100088）
北京市松源印刷有限公司印刷　新华书店经销
字数 300 千字　720 毫米 ×1020 毫米　1/16　21 印张
2015 年 9 月第 1 版　2022 年 3 月第 4 次印刷
ISBN 978-7-5502-6125-9
定价：78.00 元

红尘世间，纷纷扰扰。人来人去，步履匆匆。

擦身而过中，有人一声哀叹"做人真难"，又有人抱怨"生活太累！""忙死了！""太辛苦了！"

歌中也唱道："你我皆凡人，生在人世间。终日奔波苦，一刻不得闲……"它或许为我而写，为你而写，为他而写。

在人际关系日益复杂、生存压力越来越大的今天，越来越多的现代人感叹：做人真难、活得太累！其实，做人是一门学问，做人应该学会善待自己；生活是一大难题，生活不能没有快乐。在年复一年、日复一日的忙碌后，你若停下来，扪心一问：我多久未静看日升日落的壮美了，我多久未细听花开花谢的声音了，我多久未朗读震撼心魂的诗歌了，我多久未陪伴爱人走过繁华的大街了……你就会为错过不少生活中的美好而深自遗憾。

为了追逐权势名利，许多人陷入了你争我夺的境地，整天心事重重，阴霾不开。然而当我们从无休止的劳顿中抬起头来重新审视自己的时候，心灵可能已经伤痕累累。于是，幸福的感觉找不到了，快乐的人生变形了，遥望成功的双眼模糊了——是什么使我们变得如此落魄和悲哀？原因很简单——就是因为我们中的很多人不懂得善待自己。

在人生的道路上，我们总是会感觉到这样或者那样的不如意，但千万别跟自己过不去，而要懂得善待自己，只有这样，我们才能获得精神的解脱，从容地走自己选择的路，做自己喜欢的事。在这个世界上，有许多事情是我们所难以预料的。我们不能控制际遇，却可以掌握自己；我们无法预知未来，却可以把握现在；我们不知道自己的生命到底有多长，但我们却可以安排当下的生活；我们左右不了变化无常的天气，却可以调整自己的心情。

学会善待自己，平淡地看待虚浮的名利，理智地去掉莫名的烦恼，巧妙地解除心灵的羁绊；学会善待自己，换一种轻松的活法，获一身爽适的健康，多倾听生命的声音，多采撷人性的光辉，就能多感悟人生的真谛，开启智慧的心灵，我们就能把握美好的生活，并时时在高质量的海洋里畅游；学会善待自己，才会让自己过得好一些，才会让生活过得丰富一些，活着就是快乐，活着就要有活着的意义，活着更是一种幸福。

世界与你同行，你就是弥足珍贵的沧海一粟，你要学会善待自己。善待自己，才不会逃避自己，丧失自己。生活是残酷的，人人都需要自我保重。善待自己是健全人生的支柱，是人生动力的源泉，忽视自我关爱，生活的利刃会割伤你的身心。善待自己本身就是世间成本最低、风险最小的成功，却能让人真正受用；而且，善待自己还可以"传染"，你的悲喜能感染你周围的每一个人。轻松做人是一种境界，一种处世智慧；快乐生活是一种修为，一种生存艺术。心灵为名利所役，终日患得患失，你会错过多少美好的风景！给生活一些空间，让自己轻松一点，你会发现快乐无处不在！

本书揭示了善待自己、轻松做人、快乐生活的人生大智慧，帮助读者提升精神境界和品性修养。学会了善待自己，我们就能够享受到生命底蕴的醇味，超越悲观，以最好的精神状态去迎接生活。

饭前茶后，睡前晨起，当你阅读本书的时候，你也许会在淡淡的哲思中获得感悟，发现创造幸福快乐的人生并没有什么不可逾越的困难，你会在莞尔一笑之余，豁然醒悟：原来做人可以这样轻松，生活可以这般快乐！

善待自己，做自己的主人吧，轻松快乐每一天，让你的心灵盛满煦暖春风和灿烂花朵，幸运就会时刻洋溢在属于你的每一个寻常日子里。幸福的遥控器在你手中，就看你是否能将心灵的视窗准确地调换到快乐频道。我们交给你一把快乐的钥匙，幸福的大门等待你打开……愿本书如一丸良药、一掬清泉、一场甘霖、一束阳光，能温暖滋润你的心灵家园，丰盈充实你的生命历程。

目录
contents

2月
笑对人生，感悟成功

4月 诚信处世，大得大赢，营造友善天空

5月 留住美德，学会宽容

善待自己

7月

懂得付出，珍惜拥有

8月 脚踏实地，激情创意

善待自己

10月 放开怀抱，拥抱生活

11月 挑战自我，勇敢追求

认真爱自己，让爱在心中燃烧

　　一个人要想学会爱别人，爱生活，爱这个世界，首先必须要懂得爱自己。爱自己不是无所顾忌地纵容自己，放任自己，而是懂得怎样爱惜自己，怎样完善自己，让自己成为一个优秀的人、快乐的人。

　　当爱在心中燃烧，我们就会懂得怎样去爱自己，爱别人，爱生活，热爱生命中的一切事物。爱是一种感受，即使痛苦也觉得幸福；爱是一种体会，即使心碎也觉得甜蜜；爱是一种经历，即使艰难也觉得美丽。

1月1日

早上起床，对自己说一句："从我做起，做得更好！"

一个人若要改变这个世界，改变你所处的环境，必须从改变自己开始；一个人若要取得一件事情的胜利，战胜眼前的困难，必须战胜自己。人最大的敌人就是自己，人最大的胜利便是战胜自己。

年轻时候的我们总是满怀抱负，希望能有一片舞台、一方天地大展身手，能在这个世界的某些角落留下我们成功的印记，于是我们年轻的目光开始不停地搜索。

小时候，我们可能想当科学家，探究宇宙的奥妙，发明时光穿梭机；长大了，我们可能想为社会创造更多的财富，为国家争取更多的荣誉，为家人带来更多的幸福……

什么时候我们才能够顿悟？不如，就从现在开始，从今天开始，我们认真做好身边的每一件事，尽量把我们的本职工作做得更出色，尽量让自己变得更宽容平和，尽量让自己的身体变得更健康，尽量让自己变得更快乐，尽量让自己变得更有自信，对明天充满更多的希望……

一年中的第一天，新的开始孕育着新的希望，早上起床，别忘了对自己说一句："从我做起，做得更好！"

1月2日

选择一个最适合自己的装扮出门

　　每个人都有异于其他人的独特之处，都有自己的闪光点，因为你就是你，而不是其他任何人。如果，我们想拥有自己独立的人格和完整的人生，那就做你自己吧，切忌好高骛远，胡乱模仿。

　　东施效颦的故事流传了千百年，如今还在被人津津乐道。东施的失败和可笑之处，我们每一个现代人都了然于心。回过头想一想，或许，东施乐善好施，能歌善舞，只是，她忘了自己的独特之处而去刻意模仿别人。她其实也是个不错的姑娘，却因为想做别人而成了流传千百年的笑料，何苦来？

　　我们在笑话东施姑娘的时候，是否仔细检验过自己平时的一言一行，是否也在模仿着我们身边的某些人。昨天小丽穿了一件漂亮的毛衣，大家都赞叹不已，你是不是也想拥有同样的一件。前几天朋友们聚在一起都说今年流行红色大衣，好多人都穿，可有气质了！其实你并不喜欢红色，但你想得到大家艳羡的目光，于是你会……

　　其实，做你自己就好，你喜欢什么样的装扮，就把自己打扮成什么样子。自己开心，大家也会欣赏你的真实，关键在于要选择适合你的装扮。因为适合而美丽，因为适合而独特，因为适合而有气质，相信自己的眼光吧！

　　怎么样，今天就弄一个你自认为最适合自己的装扮出门吧，你一定会觉得今天的脚步格外的轻快，心情格外的轻松。

1月3日

做一件一直想做但缺乏勇气去做的事

　　世上所有困难最大的敌人是人的自信，自信让人产生强烈的成功欲望，并因此加倍努力去争取。因为自信，我们会觉得浑身充满了力量；因为自信，我们会藐视一切暂时的艰难险阻；因为自信，我们的生活会更幸福；因为自信，我们的生命会更精彩。

自信的力量不容忽视，自信是成功的必要条件。然而，自信说起来容易，做起来难。我们不能让自信仅仅停留在想象，还要让自己成为自信的实践者。要成为自信者，就要像自信者一样去行动。也许很多时候，我们总是迟迟不敢去行动，不敢踏出那战胜困难、战胜自己的第一步，而就让这些事一直拖着，让它们一直搁浅在我们的生命历程里停滞不前。

其实这就是一种逃避，一种对困难和现实的逃避，可是逃避不能解决任何问题，如果我们始终不去面对，那么这些困难就始终存在着，问题始终得不到解决，压在我们心里，甚至让我们感觉到不能呼吸了。

那么，就让我们从今天开始，拿出十二分的勇气来，切切实实地面对那些困难。把那些在心里默默下了很多次决心而又未果的事摆到桌面上来，不再给自己任何逃遁的机会和余地。

认真地部署计划，对自己说一句："我能行！"然后迈开行动的第一步，相信自己，有了第一步，就会有第二步，接下来就要迎接成功的曙光了。

1月4日
拿出三面"镜子"，照出自身的弱点

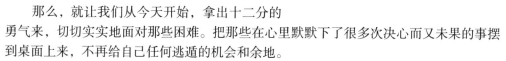

世上万物，都有自己的长处和短处。然而，生活中导致失败的原因，往往是当事者没有自知之明。惨痛的教训和沉重的代价，就是这样造成的。所以才有古训："人贵有自知之明。"

有这样一个笑话：一天，蚂蚁看见一头大象走来，就悄悄地伸出一条腿。旁边的小动物不明白了，问它干什么。蚂蚁说："嘘——小声点！我要绊大象一个跟头！"

这个笑话就是告诫我们要有自知之明。做人不可强出头，不可妄自尊大，不可过高地估计自己的能力和力量，去做你根本吃不消、根本就不会的事情。因为这样做最终受到惩罚的将会是你自己。

要做到有自知之明，就需要我们常常进行自我批评，充分认识到自身的弱点。这样我们才能做到量力而行，并且在以后的学习中不断加强自身修养，克服自身弱点。

今天会是一个让你冷静思考的日子，那么，拿出三面"镜子"，认真照照，照出自身的弱点吧！

一面"镜子"照自身。人照镜，能从镜中领悟自身，动物照镜，则视镜中为异己，这是人与动物的根本区别之一。因为，人有自我意识，可以意识到自己的行为、思想、感情、愿望和利益。

一面"镜子"照他人。英国作家切斯特顿曾说过："你心里没有一面镜子，所以看不到旁人的观点。"孤芳自赏，难免陷入狭隘，甚至迷惘。认识他人，才能更好地认识自我。听取别人的观点，从善如流，弥补自身的局限。孔子曰："三人行，必有我师。"这是用好照他人之镜的最好典范。

一面"镜子"照社会。人是社会的产物，人与社会互动。社会的需要、社会的发展决定人的思想行为，人的能动作用推动社会进步，不存在离开社会的自我。从这个意义上说，不理解社会，就永远不能真正了解自我；认识社会越深刻，把握自我才越准确。

人生是一个过程，难还是易，平淡还是辉煌，取决于人生的选择、追求和创造，而这一切的前提，是要有自知之明。

知己者明，知人者智，知世者通。三面"镜子"缺一不可，照己、照人、照社会，有机结合才能准确给自己定位，确立人生的坐标。那么，今天早上起床，洗把脸，清醒一下，然后拿出这三面"镜子"，认认真真地从镜中寻找自身的弱点吧！

1月5日
找个机会认认真真地**审视**一次自己

世界上有一个人，离你最近也最远；世界上有一个人，与你最亲也最疏；世界上有一个人，你常常想起，也最容易忘记——这个人就是你自己！

在这个纷繁忙碌的世界，每个人似乎都是行色匆匆，不曾停留片刻，静下心来寻找一下自己的影子。当我们拖着疲倦的身子，迈着沉重的步伐，走在回家的路上，仿佛迷失了什么。扪心自问，我们在追寻着什么，我们又得到了什么，而自己又处在茫茫宇宙中的哪一个位置？

是的，忙碌和疲惫已经几乎让我们迷失了自己，忘了自我的存在。朋友，如果你真的累了，倦了，就停下来，回头看看自己的影子，认认真真地审视一次自己吧！

问问自己，喜欢现在的生活方式吗？最想做的事情是什么？对什么职业最感兴趣？

最近是不是有什么想学的东西？什么才是你最大的业余爱好？累了的时候最想以怎样的方式休息？孤单的时候会想起谁……

认认真真回答这些问题的过程，就是一个审视自己的过程，一次关心自己内心的过程。给自己这样一个机会，你会更懂得爱自己。

1月6日

破费一次，为自己买一件喜欢的礼物

有些时候，我们很想拥有某样东西，但因为其昂贵的价格或是其他原因，不得不忍痛抛却念头，而留下遗憾。其实，偶尔我们也可以破费一次，喜欢它就买下来吧！

不是因为我们贪欲太多，而是很多时候我们真的会一眼相中某样东西，而且越看越喜爱，但因为囊中羞涩，只能把内心的占有欲望掐灭。久而久之，似乎成了一种习惯。也许，有时候这会让人觉得生活无趣和压抑，甚至有些无奈。

人不能总是压抑地活着，有时也需要一些冲动，如果你真的很喜欢这样东西，很想拥有它，为什么不破费一次？就当是为自己买一个高兴，买一份好心情，还有什么比这更重要吗？

女性朋友可能看中的是一件衣服，或是一条丝巾，想象自己穿戴后美丽的样子，更是欲罢不能。男性朋友可能看中的是一款相机，或是一条领带，想象自己拥有后的惬意，也是欲走还止。看看自己，压抑得多痛苦啊！其实生活正是因为有了这些满足和愉悦而幸福，而充实。还犹豫什么呢？既然很久都没有放纵过自己了，今天何不对自己好一点。偶尔奢侈一次又有什么关系。明天，你只会因为今天的这份"奢侈"而更加珍惜。其实你买的是一份快乐。

1月7日

送自己一束鲜花，送自己一份好心情

鲜花，代表美丽，代表芳香，代表祝福，代表快乐和幸福。自己的心情自己来掌管，不要等别人来送，自己也可以送给自己一份好心情。

你有多久不曾为自己的生活抹上一些亮色了呢？每天急匆匆地走，急匆匆地来，被很多世俗的东西缠绕着，让我们忘记了这个世界还有很多值得留意的美丽。原本很容易被周围的人或事打动的我们，不知从什么时候开始变得非常麻木起来。

自己送自己一束鲜花吧，不是所有的美与感动都能由别人带给自己，自己也可以为自己寻找。送束鲜花给自己，为自己的生活增添点芬芳，增添点温馨，增添点向往，何乐而不为呢？

送给自己的鲜花，不必去讲求太多，你可以随意去天桥卖花人那里凭自己的喜好挑选。天桥卖的花也许不像花店买来的那样经过修剪，完全是花市批发出来的原始样子。其实这样更好，这一捧捧随意裹着的鲜花，如同自己乱乱的心情，如同似有似无碾过思绪。

回家后，自己将花一枝一枝精心修剪，再一枝一枝地插满一个花瓶，享受这过程中的美丽和快乐吧！

一枝枝灿烂的满天星、纯洁的百合、清雅的马蹄莲、温馨的康乃馨，插在曾布满尘埃的花瓶里，大自然生命的美丽向自己昭示：今天一定有个好心情！

1月8日

认认真真地看一场电影

当我们全身心投入地去做一件事时，体会到的将是一种不同于以往的充盈的感觉。哪怕是去放松、去休闲、去娱乐，也不一定漫不经心才能彻底放下疲惫，认认真真去享受，是一种更高的境界。

休闲放松的方式有很多种，每个人都有自己喜欢的方式，但相信每个人都会或多或

少地看过电影，对于某些人来说，看电影更是一种不可割舍的爱好。

当我们结束了一天或是一周的劳累，安安静静地坐在电影院里，欣赏和体味别人演绎出的一种人生时，欣赏之余，有时候也会引起内心的震动或是思考，我们的人生也许会因此而得到一种启迪。让我们反思自己，学会更好地生活。

这一切都需要我们认认真真地去体味，电影是一种艺术，凡夫俗子的我们，有时候也可以试着用艺术的眼光去品味电影。艺术虽然高雅，但却很真实。懂得生活真谛的我们，也懂得艺术的真谛，认认真真看一场电影，对我们的精神和灵魂是一种难得的修炼。

疲惫的身心，仍保留几许热情，对生活的热情，对完善自我的热情，那么，就去看电影吧。认认真真地去看一场电影，既是休闲，也是修炼。

1月9日

去游乐园体验一把刺激

平淡无奇的生活有时候也需要一点刺激。给生活加点调料，给生活制造一些新鲜的空气和浪漫的气息。体验刺激的过程，也是一个挑战自我、战胜自我的过程。

平淡无奇的生活最容易让人失去斗志，安于现状，不思进取。很多时候，我们想做一件事，却往往因为缺乏勇气而退却。整日按部就班地过着没有波澜的生活，日复一日，年复一年，今天仿佛只不过是在重复昨天。这样的生活，会让人的眼睛变得迷离，看不清远方，也闻不到天际飘来的清新气息。

是的，我们的生活需要注入一点鲜活的元素，需要一点变化，需要一点刺激。走吧，去游乐园好好体验一次，玩玩心跳的感觉，一定会刺激你所有的神经，使你无法再麻木下去。不要把游乐园看成是小孩子的专利，爱玩会玩的人才会更加热爱工作，更加投入地工作。

走进游乐园，就要对自己说，豁出去了，什么过山车、空中摇滚等等，统统都要体验一次。感到害怕了吗？觉得恐怖了吗？没关系，勇敢地走上去，受不了了就大声地叫，闭上眼睛，不用去想自己身在何处，把它当成一种享受，这的确是种别样的感觉吧！

挑战了娱乐，你才敢挑战生活，生活才是最大的挑战。今天就去游乐园吧，说不定你的人生就从今天开始转折。

1月10日

享受一次，做个全身按摩

生活是种磨难，因为我们在不停地奋斗，克服重重困难，不容半点松懈。生活的节奏和味道需要我们自己去调剂，享受生活才是人生的最高境界。

累了一天，整个身体都变得沉沉的，很想让全身解放一下吧。听说全身按摩很舒服，就是觉得太奢侈，好像是有钱人才能享受的"贵族待遇"，所以，上班族们总是望而却步，累了倒在床上蒙着头睡个大觉就觉得是幸福中的幸福了。

别总是虐待自己的身体，偶尔去享受一次也不为过。让劳累的身体享受享受这优厚的待遇，就当是对自己长久以来辛勤工作的一种犒劳吧！

闭上眼睛，什么都不去想，不但让身体得到放松，让大脑也暂时小憩一下，让整个身心都舒坦下来。按摩师会带你进入另外一个世界，感觉就像在云中漂浮，身体一下子变轻了，这才知道什么叫做享受啊！

不用考虑太多了，去吧！对自己好一点，享受也是为了明天能以更加充沛的精力去工作。当你精神饱满、满心愉悦地迎接新的一天的工作和生活时，你才会明白生活真的是需要不停地调剂的，劳逸结合的人才是真正会工作的人。

1月11日

泡个热水澡，放松一下

享受生活，放松身心，并不一定要用多么奢侈的方式方法，有时候，很简单的日常行为，只要用心，就是一种放松和休闲。

很多人累了的时候，都想洗个热水澡，然后蒙着头睡个大觉。但洗澡对大多数人来说，也许最多的还是为了清洁，有时候甚至会有些厌烦，恨不能倒头便睡。其实，何不利用每天睡前的这个大好机会，把它作为一种放松的手段，好好享受一下呢！

想要更好地放松，一定要在浴缸里舒舒服服地泡上一个小时左右，淋浴虽然也很舒服，但是起不到舒展全身的效果。如果觉得太麻烦，可以不用每天都泡澡，而利用周末的晚上，烧好一浴缸的热水，然后轻轻地让热水把自己的整个身体都淹没。如果可以的话，在浴室里放上一段轻音乐，闭上眼睛，静静地欣赏，随着音乐的旋律，让思绪和情感随意地飘飞、流淌。女性朋友还可以在浴缸里放入一些花瓣，让花瓣将自己包围，是不是觉得自己在享受"贵妃"般的待遇呢？

泡澡的时候，应随心随意，慢慢地享受，切不可心急。如果只是为了洗澡，为了清洁，想要快点结束，就达不到放松的效果了。记住，洗澡是我们放松的一种方式，学会静静地享受这样一个过程吧。

1月12日

一天之内只吃水果，给你的身体排排毒

爱惜身体，除了需要摄取各种营养，还要适当为身体排排毒。身体就像一个容器，承载不了太沉重的负荷，满载的时候也要进行清理，排排毒。

人们在想要犒劳自己的时候，一般都是想去大餐一顿，品尝各种美味，以为这便是一种莫大的享受了。这也是人之常情，对于每个人来说，吃也是生活中的一种快乐。

不过，千万别忘了适时给自己的身体排排毒，爱惜身体，健康才是关键。

随着生活环境的改变，我们每天呼吸了太多被污染的空气，接受了太多辐射，吃了太多加工过的防腐产品，承受了太多情绪上的压力，这些都是毒素的来源。

当身体内的毒素"超载"时，我们很难做到靠自然的方式来排出毒素，这会让人出现找不到原因的头痛、体重大幅增加、便秘、口气难闻、脸上出现色斑、下腹部鼓胀、皮肤失去光泽、失眠、注意力不集中、无缘故的抑郁、生暗疮等问题。

给身体排毒，其实很简单，就是一天之内别的什么都不吃，只吃水果。因为当我们断食的时候，身体便会自动进行排毒。如果大肠堵塞，导致毒素无法被排出来，将造成自身中毒。因此，最有效、最安全的方法就是先让我们身体内的细胞进行解毒，当细胞内的毒素分解出来之后，再将这些毒素排出体外。

一天什么都不吃，可能会饥饿难耐，但是你要坚持，饿了就拿水果和开水充饥。你要想象体内的毒素正一点点地往外排出，体内变得越来越纯净，身体似乎也变得越来越轻盈了，这种感觉是不是很美妙。摸摸你的脸蛋，是不是觉得一下子嫩滑多了，这些可都是排毒的动力啊！坚持，坚持就是胜利！

1月13日

去户外远足，呼吸一下新鲜空气

除非你一直过着田园生活，否则你一定知道能呼吸一口清新的空气是一件多么幸福而又难得的事情。找个机会去户外呼吸一下新鲜空气，你一定会觉神清气爽。

今天是难得的假日，就别让自己窝在家里不动了，你不是经常觉得胸闷头晕吗？成天面对着嘈杂纷乱的车水马龙，过街闹市的人声鼎沸的确让人生出几分烦躁。听说郊区的风光不错，关键是空气清新，今天就走出家门，走得远点，躲过这些喧嚣混浊，让我们的神经轻松一下，舒缓一下吧。

出门之前，先简单计划一下，并做好一些准备工作。很多人都有很多新奇的想法，有人玩攀山，有人玩越野，有人玩攀岩，有人玩速降，更有人想要挑战沙漠，想要在波涛汹涌的大河大江里随流而下……虽然，一般的远足并不像这些玩法一样需要特别的技巧，但如果有适当的训练和准备将有助于我们应付大自然多端的变化，以及减少意外事故发生的机会。

首先，和谁一起去，找人同行还是一人独往。如果要去比较偏远而且地势崎岖艰险的地方，最好还是约人一起同行比较安全。如果你真的很想独自享受清静，那最好别走太远太偏。其次，远足前一晚必须充分休息，出发前吃一顿丰富而有营养的饱餐，以便有充足的体力持久步行，减少意外受伤。最后，因为户外运动的特殊性，还需要准备一些适合户外运动的装备，以便更好地保护自己。穿着适合远足用的衣服和鞋袜，有可能的情况下，携带登山手杖。其他的，还有地图、指南针、水、食物、手机、急救药箱等，视情况所需备带。

准备出发了，就要放松心态，放下生活中的一切烦恼和负累，以开阔宽广的胸怀来拥抱大自然，感受大自然，呼吸大自然的清新气息。

1月14日
背着行囊，到最想去的城市单独旅行

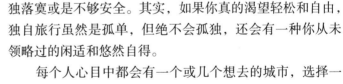

不是孤独的雁，也不是单飞的鸟，如果你想用自己的脚走出自己的路，心中又有一直向往的城市，不如背着行囊，独自做一次孤傲的旅行。

你有没有发现，大多数人都选择与其他人一起旅行。也许很多时候你都想一个人没有任何约束和牵涉地自由自在地旅行一次，但总是由于顾虑太多而作罢，也许是害怕孤独落寞或是不够安全。其实，如果你真的渴望轻松和自由，独自旅行虽然是孤单，但绝不会孤独，还会有一种你从未领略过的闲适和悠然自得。

每个人心目中都会有一个或几个想去的城市，选择一个，不用考虑太多，就当是给心情放个假。简单收拾一下行囊，不用带太多的东西，一个人出发，一切从简。不过最好还是带上手机，即使非常不愿意被别人打扰，因为无论如何，安全还是第一位的。

独自的旅程里，留一份自己给自己的骄傲，磨砺那站在高处的自我，保留着最深处的自信。不管是山间小路的尽头，还是铁轨延伸的远处，天涯海角的茫茫一线间，眼前的这条独自一人的路上，你期待风也期待雨，期待一切障碍和险阻，但这并不一定真的会发生。也许一路都是平平安安，顺顺利利，其实我们并不是为了见证多么绮丽的风光或是盛传的繁华，只是为了找个呼吸的缝隙，觅一份内心的坦然。

单独旅行吧，即使沉甸甸的心里开始有了一种无法名状的悲情，但在渐行渐远间就会把一切疏离，只为了归来时那依然温暖灿烂的笑容。相信这一定是个不错的历程，会让你收获很多，别想太多了，出发吧！

1 月 15 日

问候一下正在痛苦中的朋友

真正的朋友，不会只是共享快乐，还要共患难。虽然，朋友的痛苦你也许无法去帮忙承担，但至少，一句问候你还是可以送到的，其间传递的温暖和安慰也许是你自己都无法想象的。

朋友正在痛苦中，一时间你可能找不到合适的言语和行动来安慰他，可是千万别懊恼地走开，因为一个人在痛苦的时候有多么脆弱，是任何人都无法想象的。这个时候，需要我们的力量来支撑。

其实，并不需要你做什么具体的事，因为也许你做什么都是无济于事的，事情已经发生，就让它在时间的流逝中淡化，也许这是最好的办法。但作为好朋友，我们不能抱着这种想法听之任之，什么也不管，静静地等着时间的流逝。

如果你不在朋友身边，打个电话跟他（她）说一句："我在想你呢，希望你快点好起来。"安慰一个人，不能简单地说，一切都会好起来的，或者一切都会过去的。虽然这是事实，但会让人觉得你看轻他（她）的痛苦，倒不如说："我知道你很难过，如果是我，也很难抗过去。"

这表达了你的重视和理解。也不要轻易说，你一向都是那么坚强，这会使对方为了不使你失望，而不愿在你面前表露出他（她）的痛苦。相反，你应该让对方感觉到你愿意倾听和分担他（她）的痛苦。

打个电话也许还不够，为了显出你的诚意，你可以放下电话后，亲自跑到朋友的身边，陪他（她）度过最难过的一段时间。也许你并不需要说太多，只需要静静地待在他（她）

的身边，握住他（她）的手，扶住他（她）的肩膀，将你的力量传递给对方。

想想正在痛苦中的朋友吧！千万别只记得和快乐的朋友一起欢笑，而遗忘了还有人在暗自落泪。

1 月 16 日
给身边的弱者一份同情的爱

爱，不应只是给自己和朋友，还要给身边那些被你忽略的人，尤其是那些弱者，他们比任何人都更需要这个世界的爱。

同情是人类爱的具体体现，也是互助原则的具体行为。现实生活中总会有许多意想不到的灾难降临，人们在遭受灾难的时候往往显得格外孤立无援，这时候能够接受周围人的同情，对他们来说无疑是雪中送炭。

不要说你看不到弱者，身边的弱者比比皆是，也不要说我也很苦啊，我也需要人来同情。但起码，你衣食无忧，居有定所。看看街头的那些流浪人群，看看那些病魔缠身而又无钱医治的不幸者，看看山区那些渴望上学而又无奈辍学的孩子……你还能说你不比他们幸福吗？幸福的我们，每人只需献出绵薄之力，也许就能改变一个弱者的命运。拿出你内心炽热的爱，分一部分给这些可怜的弱者吧！

走过天桥，是不是可怜的老头每天都蹲在上面等待好心人的施舍。多少次你都漠然地视而不见，似乎都已成为一种习惯。那么，今天你就稍作停顿，掏出一点零用钱，掏出你的一份同情的爱，施与这个可怜的人，其实这样做你并不会损失什么，反而，你会因为施与，而在内心充满更多的爱。不信，你就试试吧！今天不要拒绝任何乞讨者，不要扭身走开，也不要转头不睬，微笑着施与。一份关爱，一份鼓励，他们能感觉到的。

1 月 17 日
给母亲一个问候

　　有一个人，无论她走到哪里都舍不下对你的牵挂，她把自己的一生无私地奉献给你；有一种爱，它让你肆意地索取和享用，却不要你任何的回报。这个人叫"母亲"，这种爱叫"母爱"。不要因为忙碌和粗心而忽略了对母亲的问候和关心。

　　我们每个人从一生下来，就在幸福地享受着母爱。母爱，是我们内心永远的温暖。可是，我们又给过母爱什么呢？

　　试问一下自己，有多长时间没有问候母亲了？或许我们已经远离母亲，开始了我们自己的生活，每日忙碌奔波，甚至都想不起来远方还有一份永恒而炽热的爱，一直在守护着我们。当我们结束一天的忙碌，静静地坐在家里休息的时候，眼角瞥见静悄悄躺着的电话机，会不会想从电话的那头听听母亲那熟悉的唠叨和叮咛呢？拿起话筒吧，因为远方的母亲天天都守在电话机旁，盼着铃声在耳边响起呢！

　　浓浓的母爱，并不需要我们太多的回报，就算我们想要回报，也是无法全部报答的。我们常常只会将这份同样的爱倾注到我们自己的孩子身上，这也许就是母爱的一种传承吧！但无论如何，我们所能做的，一个电话，一声问候，只是再简单不过的一种方式了，难道这我们还做不到吗？

　　问候的方式有很多，如果你离家太远，就打一个电话吧！如果你和母亲就在同一个城市，回家去看望殷切期待的母亲吧！无论以什么方式，只要你有心，还记得母爱时刻刻都在身边，便已足够，对我们伟大的母亲，便是最大的安慰了。

1月18日
带一件礼物赴约

与朋友相处，有如山中的涓涓细流，平静却源远流长，但终究只是缓缓流淌而没有波澜。倘若时而有小鸟轻啄水面，鱼儿追逐戏水，漾起圈圈水晕，溅起阵阵水花，便是对细水长流的一种绝妙的修饰和点缀。

约会对于你来说也许是件很平常的事，吃顿饭，喝个茶，或是看场电影。时间久了，次数多了，也许有些淡淡如水，并不是不美好，只是似乎少了几分期待或是雀跃。有没有想过花点心思，给对方也给自己创造一点惊喜呢？这样的生活才是充满情调的，有情调的生活会让人充满活力和热情，甚至会变得更年轻。

想制造惊喜其实很简单，无需去妄想诸如摘星星摘月亮之类的虚空的浪漫，只要在某次约会时，带一件小礼物，便是一个大大的惊喜了，尤其是当平静中的一丝波澜漾起，那刹那间的美好和浪漫会让任何人感动。

礼物并不需要如何与众不同，关键是心意，一件小巧且容易买到的东西即可——一束花、一盒糖或一瓶酒。但是，如果你真的很在意很喜欢这个人，又很了解他的喜好，你完全可以多花点心思，送给他别出心裁的而又能满足他的喜好的东西。

带一件小礼物赴约，可以显示出你对对方的重视以及对双方关系的认真在意，也是一种表达自我意愿的绝妙方式。约会之前，你也可以利用一些时机旁敲侧击探出对方最近想要的一件或是几件什么东西。如果你送给他正想要的东西，那真的是天大的惊喜了，你也会因此而有一种如愿以偿的欣慰。

想好送什么了吗？赶快给对方打一个电话，约好今天见面，惊喜马上就要登场了。

1月19日
做一件不经意的小善事

你不可能从根本上改变世界，但勿以善小而不为，你能通过自己的点滴努力，使这个世界变得更美好。只需做一件不经意的小善事，你就会发现，你的世界变得更友善了。

人们总是关心一些遥不可及的事情，比顺手做一件小善事的热情要高得多，但最终往往落得一事无成，空悲叹！

生活中有很多我们力所能及的事，无需耗费我们太多的精力和能力，只需我们有一双灵动的眼睛和善意的心。不论是一句同情的问候，还是重大的表示，发自内心的善行都能够增进你的健康与快乐。经常保持这样的善举，其能量是惊人的。

比如带迷路的小孩找到回家的路；比如帮正忙得焦头烂额的同事或其他什么人做点你能做的工作；比如给路边行乞的可怜人一点微薄的施舍等，这些小小的行为其实都是善举，而又不需要花费你太多的体力和脑力。这些真的都只是一些力所能及的小事。

做一件不经意的小善事，不仅会给别人带来了温暖，也能给我们自己带来无穷的快乐。理查德·卡尔斯说，"当你为别人做好事时，你会有一种身心宁静平和的感觉"，尽管那些全是小事情，但"善良的爱心行为会释放类似内啡肽的情感激素，之后，使你感觉良好的化学成分便会进入你的下意识"。

1月20日

参加一次篝火晚会

热烈、激情四溢的狂欢对身心是绝妙的放松，当熊熊烈焰燃烧起来，你的每一个细胞都变成了跳跃的因子，颓废和疲乏都会逃之夭夭。

想去野外狂欢吗？篝火晚会是你最佳的选择。在户外找一个合适的地方，召集一群朋友，大家计划一下，要带些什么东西，吃的，用的，还有策划出一些活动形式来娱乐。

地点的选择最好是在靠近水的地方，也可以在山脚下，但是一定要注意安全，在树木多的地方，要小心引起火灾。确定地点后，就开始收集树枝、木材等可燃物，一定要多多收集，以免柴少火小，或者一会儿火就灭了，玩不尽兴。

点燃篝火后，可以在火堆上架起支架，烤一些肉、红薯之类的食品，或者煮粥熬汤。野外烧出来的食物会觉得特别的香，关键是过程的享受。大家一起互助合作，比比看谁做的食物最香，这样的过程别有一番风味。

在篝火旁唱歌跳舞是最最快乐的事了，大家可以有组织地对歌，跳集体舞蹈，还可以讲故事、说相声，或者三五成群地嬉笑打闹，真是其乐无穷。

火变小了，可以继续添柴，直到你们玩得尽兴为止。或者是你们想来个通宵狂欢也未尝不可，累了可以选择在火堆旁躺下，学原始人那样呼呼大睡。这也是你可以享受的自由。

1月21日
向月儿许个美丽的心愿

● 人生在世，总会有一些美丽的心愿，这是一种追求，也是一种寄托。如果你可以闭上眼睛，慎慎许个心愿，就会感觉有一种神奇的力量正架着梦想遥飞，岂不妙哉！

很多人都盼望有一天能看到流星划过天际，然后双手合十，虔诚地对着流星默默许个心愿，据说那样许下的心愿很灵验。我们不知道流星什么时候会不期而至，但是月儿却常常挂在空中，对着月亮许愿其实也是一样的。我们只是需要一种寄托、一种带着点神秘色彩的精神力量，是星星或是月亮并不重要。

今夜皓月当空，不论是弯弯的月牙儿还是圆圆的月亮，都会在天上对着我们微笑，不如走到阳台上，对着月儿把心事轻轻诉说，月亮像一个善解人意的女神，仿佛在问你有什么心愿。

想想你有什么特别渴盼的事情，也许很多，但是不能贪心，一次只能许下一个心愿，所以想想什么是你最热切向往的。只要你心态摆正，虔诚热烈，并发誓为了理想而不懈努力，相信月亮女神一定会默默守护着你，赐予你无穷的精神力量，助你心想事成。

1月22日
和你所爱的人一起做一顿饭

对于相爱的人尤其是处于热恋中的人来讲，在一起做什么都是幸福甜蜜的。如果两个人在一起做一些家务，感觉就像一起生活一样，一定会是一件特别温馨的事。

在一起吃饭对于恋人来说是一件再平常不过的事了，但是你有没有试过两个人一起做一顿饭，然后共同享受劳动成果。虽然说这对于夫妻来说可能就如同喝一杯白开水一样没有味道，但是对于恋人来说这还是一件非常甜蜜的事，带着一点对未来的憧憬，好似对未来生活的一次预演。

如果彼此商量好了，就可以考虑一下做什么食物，怎样搭配。也许不用特意去科学合理地搭配，重要的是合作的过程。两人可以各自拿出自己的绝活，为对方做自己最拿手的菜，即使手艺并不太好也无所谓，每个人都会对自己和爱人的劳动成果格外的珍惜和偏爱。如果你们有兴趣，完全可以尝试着做一些从没试过的新菜，既可以是从各式各样的菜谱上学来的，也可以是自创的。不要担心做砸了，尝试本身就是一种快乐，更何况有两人的合作和努力，一起尝试一种新东西，然后一起享受，会是件特别浪漫和新奇的事。

也许你们两个之中有一个人从未下过厨，那么打打下手也可以，或者在旁边静静地看着爱人忙碌的样子，也会觉得是天大的幸福。这个过程你会发现，原来自己的爱人是那样的能干或体贴。这样的过程也可以考验和培养你们的默契程度，对于你们的关系的拓展也许会是一个新的契机。一起做顿饭吧，这真的会是件特别浪漫的事。

1月23日
给父母捶捶背

孝敬父母是做人的根本，不要只是在心里想着口里念着，更重要的是要付诸行动。不要总是以忙碌为借口，闲下来的时候，多陪陪父母吧！

许多时候，我们总觉得父母有他们自己的生活圈子，自己会照顾自己，还是尽可能地不去打扰他们了，给他们点钱就可以了，就是尽孝心了。其实，父母更需要的是子女的关爱和理解——一个问候的电话，一次家庭聚会，哪怕是请子女来吃一顿他们自己亲手做的饭，父母都会觉得十分满足。

有一首歌叫《常回家看看》，它之所以流传经久，不仅因为它旋律优美，更重要的是道出了人间真情——

常回家看看，

哪怕帮妈妈刷刷筷子，

洗洗碗，

老人不图儿女为家做多大贡献，

一辈子不容易就图个团团圆圆……

回家看看吧，去和爸爸说说工作的事情，去帮妈妈洗洗碗，然后帮爸爸妈妈揉揉肩，捶捶背……把给子女的爱，分一点给父母，哪怕是一丁点儿，都会让他们得到极大的满足。

有时候，父母就像一个孩子，为他们做一点小事，就好似对他们莫大的宠爱一般，他们就会像个孩子般开心满足地笑。从小到大，我们一直都是父母眼里的孩子，但年迈的父母又何尝不是"孩子"，在他们老年的时光里，我们还能为他们做些什么，才能不留更多的遗憾呢？

想想还有什么是我们能够做到的，例如坐在父母身旁，给他们捶捶背，然后像哄小孩一样教他们改掉一些多年的有害健康的坏习惯，叮嘱他们多吃点有营养的食品，少操心，多参加一些有意义的老年集体活动之类的。

1月24日

读一本好书

读一本好书，像乘上一艘万吨巨轮，载着我们从狭隘的小溪，驶向波澜壮阔的思想的海洋。读一本好书，像擎起一炬熊熊燃烧的火把，即使在没有星光也没有月色的黑夜里，你照样能够信步如飞而绝不迷途。读一本好书，可以为你指明一条道路。

读一本好书，有如与一位绝好的友人在一块待上几个时辰，即使一语不发，只默默感受那份书香缭绕中无声的宁静与温柔，心里也能踏实熨帖得不行。

一本好书，一杯清茶，一桌一椅，静心坐下来，和书中的人物神交，和高尚睿智的作者喁喁私语。这种生活，只怕连神仙也不会再挑剔什么了，难怪罗曼·罗兰要说："和好书生活在一起，我永远都不会叹息。"

不信，你可以拿起一本好书，认真阅读，你会感觉仿佛进入了一个绚烂多姿的缤纷世界。有沉思、有感叹；有激昂、有欢笑；有火山爆发、有狂飙倏起；

有淙淙细流、有洪波万里；有云卷云舒、有潮起潮落；有飞流直下三千尺、有一行白鹭上青天……

如果你喜欢听古典音乐，你更会觉得读好书的感觉就仿佛徜徉于一段经典名曲。托尔斯泰的博大精深一如贝多芬的深沉多思；欧·亨利的诙谐幽默仿佛海顿的轻松明快；福楼拜的精致入微恰似巴赫的婉转细腻；鲁迅的辛辣犀利正像瓦格纳的奔放不羁……不觉间，音符翩飞，旋律起伏，节奏纷沓，书人合一；一忽儿，白雪阳春，水清月朗，天高云淡，心若止水。这时候，世界不再喧嚣，内心不再浮躁；胸可纳百川，人可立千仞，如鲲蛟戏水，似天马行空；不扶而直，不攀自高；得失尽忘，宠辱不惊。

选择一本好书，认真读一读，你可以请教会读书的人，让他们帮忙推荐，也可以找来心中一直想读却没有足够时间阅读的书。

今天就给自己一个足够的空间，什么事都不做，什么事都不想，只用来专心徜徉于书中想象的空间。

1 月 25 日

写一篇日记，记下一天美丽的心情

日记，就是自己心情的一种记录。当一天结束，把所有感受都化为文字，既是一种回味，也是一种感叹，还有一份对未来的憧憬。当将来的某一天你再看到这段文字，便是对这一天的一种真实再现。

夜幕降临，一天已经结束，这么美好的一天，这么美丽的心情，似乎不留下点什么，将成为遗憾。也许最好的方式莫过于写一篇日记，记下这美好的一天，让这美丽的心情成为永久的记忆，可以时时翻出来回味。

如果你平时就有记日记的习惯，那么打开日记本，接着记录。也许今天有些特殊，因为快乐，因为有希望。今天的文字不会再有牢骚和抱怨，全部都记载着美好和幸福。如果你平时没有记日记的习惯，那就找一个日记本出来，可千万不要随便找一张纸来对付，日记最好能够保留，日后再打开来，你会发现这真是一笔宝贵的财富。

记日记，就要认真地记，写下详细的日期，以及当天的天气状况，越详细就会越丰富，越真实。你可以详细地记下今天发生的每一件事，或者只是记下一份美丽的心情，诉说你的感受。日记，就是自己跟自己谈心，或者假定有一个人，站在你的心灵深处，让你可以心不设防地畅谈你的爱好、追求、梦想。这样会比跟朋友聊天更加无所顾忌，在这个空间里，你可以毫无保留地袒露你的心迹。

不要懒惰，拿起笔来吧，你会发现，其实记日记也是一种精神享受。

1 月 26 日

今天不用减肥，吃一顿大餐

生活中总会有太多的束缚，让人无法随心所欲，然而有时候这些束缚其实是人强加给自己的，压抑自我的本性。找一个空间解放一下自己吧，偶然的放纵换来快乐无穷，何乐而不为？

这是个被肥胖困扰的年代，随着人们生活水平的提高，各种美食可以尽情享用，各种垃圾食品充斥、刺激着人们的味觉，半数以上的人都在嚷着要减肥。即使身材适中的人，也会因为对美丽的向往，而克制自己对美食的欲望，尤其是女性朋友，常常会采用节食的方法来减肥，其实这真的是件很辛苦的事。

不管身材如何，也不管是出于什么目的强制自己减肥，总之，今天给自己的味觉放一天假，尽情满足自己的食欲，想吃什么就放开肚子去吃吧，让"减肥"暂时见鬼去吧。

想想今天吃什么好，中餐还是西餐，什么菜系，想必你肯定有自己的爱好吧。想好了，就邀一个或者几个朋友一起去享受美食吧，人多应该会更有感觉，一个人品尝美食恐怕难有兴致吧。

不过，放纵归放纵，还是别吃坏了肚子，也别贪心，吃完这个，想着今天难得的机会，又去吃那个，还是得照顾一下胃的承受能力，别满足了嘴，伤了胃，那可就得不偿失了。

想好了吗？下定决心了吗？别顾忌太多了，一天的放纵不会让你长太多肉的，其实这也是给心情放一个假。

1月27日

对所爱的人深情地说一句："我 爱 你！"

这世上有三个字曾令无数人心潮澎湃、热泪盈眶。只需这三个字，任何其他的语言仿佛都成了一种累赘。这有着神奇魔力的三个字，便是："我爱你！"

这三个字在很多人心目中都是很神圣的，尤其对于初识的恋人，想说却不敢或不好意思说，这样的心情相信很多人都经历过。而当时光流逝，岁月匆匆而过，爱情变得有些疲惫和麻木的时候，你是否还会记得对身边的爱人说这三个字呢？

也许你已经觉得没有必要，也许你太过忙碌而忘了还有这三个字，也许你觉得已经说过的话再说一遍已经没有必要，也许你觉得用行动来表示更有意义。但是，你真的错了，这三个字真的是经久不衰的神奇字眼，它在每个人心目中永远都保持着至高无上的位置，所以，永远都不要忘记它的魅力。

今天，何不找个合适的时机对心爱的人说出那三个字。其实，不用怎样刻意营造气氛，清晨，你睁开双眼，对着睡眼惺忪的爱人可以轻轻说出来，相信他（她）一定会立马精神百倍，而且会保持一整天的好状态。上班临行出门之前，也可以抓住某个瞬间，在他（她）耳边轻轻呢喃一句，你一定会看到对方眼中的惊喜和兴奋，你也因此会快乐一整天，关键是，你们的关系也会因此有了新鲜的色彩。其实，这并不难，只是三个字而已，却可以让两人的生活发生很大的变化，也许你想都想不到。

记住，说这三个字的时候，一定要认真，深情款款，千万不可漫不经心，否则你就是在亵渎这神圣的字眼，而且也会让对方觉得你是在敷衍。如果那样的话，还不如不说。说到底，就是要你用心，发自内心地表达爱意，而不是一时的心血来潮，像交一份作业似的匆忙没有心情。

找个合适的机会吧，你的爱人在期待你带给他（她）的惊喜。

1月28日

找个地方狂欢

孤独，是一个人的狂欢；狂欢，是一群人的孤独。如果你觉得孤单而又疲惫，就和朋友一起狂欢吧，大家一起把孤独欢送。

当工作的压力越来越沉重时，不要长吁短叹，和知心同事、同窗老友来一次快乐相聚吧！喝喝茶、唱唱歌、一身的疲劳都会在狂欢中消散。

狂欢，就是要忘了矜持，忘了生活，忘了自我，让身心得到一次彻底的放松。彻底放松，多么奢侈昂贵的境界，很多人都在渴盼，却又难以做到。想想看，你的生活是否充满了挣扎与奋斗？你是否随时准备待发，随时准备应付你的上司、你的家人，甚至你的朋友。这样的生活是否已经让你疲惫不堪？如果是，何不趁今天放开自我的一切，找个地方狂欢一下。

狂欢，当然要带上酒，和朋友一起去一个有音乐的地方。不一定非要去酒吧，你可以自己找一个场所，就只有自己和朋友，那样玩起来也许会更放松、更惬意。

当我们意气风发、精神抖擞开始大肆庆祝这狂欢的盛典时，可以尽情歌唱，尽情舞动，甚至尖叫，在这里没有人会说另一个人过分得像个疯子。如果想让狂欢更多一点新奇浪漫，你也可以办个化装舞会，找一间温暖的小屋，布置各种迷人的璀璨灯饰，亮晶晶地会让人迷失好一阵子，像进入了一个童话世界。所有朋友都戴上各种颜色的高帽，扮成卡通人物。当音乐响起，脚步伴随着开心的舞曲，带来的将是最热烈的气氛。

1 月 29 日

照一张或一套艺术照

想象自己成为明星的样子，的确是件很美的事，不要以为这只是个梦想，找一个专业摄影室就能帮你圆梦。

照艺术照已成了时下最热门的事，化妆师能把一个个平凡普通的男男女女打扮成如明星般光鲜亮丽，然后大家像模特一样摆弄出各种姿势，让摄影师为我们留下一个个美丽的瞬间。

既然是这么热门的事情，又这么有趣，何不尝试一下。你会惊喜地发现自己原来还有这么美的一面。即使有几分失真，但毕竟是以你为原型的，明星也不过如此包装而已，你也可以变得那么美。

如果你只想简单体验一下，又不想花费太多，可以只照一张即可。如果你想好好过一把瘾，那便可以照一整套，选择一种风格或者多种风格尽情体验。有古典型的，戴着古式的头饰，穿着古式的服饰；有清纯型的，感觉清新自然；还有梦幻型的，像天使般浪漫……

每个人都会有一点自恋，这本无可厚非，不要觉得不好意思，欣赏自己最美丽的一面，让心情得到愉悦，这才是最重要的。

1 月 30 日

照一张全家福

一家人的幸福就是团团圆圆，能够欢聚首。如果不能，当思念袭来，有一样东西能让我们找到团圆的回忆和感觉，那便是一张"全家福"照片。

随着我们年龄的增长，生活越来越忙碌，就会越发感觉一家人团聚的时间稀少而短暂。当我们远离家人时，常常会有思恋在心头。如果今天有机会一家人聚在一起，赶快抓住时机照一张全家福吧！

如果大家还没有想到，你可以召集大家一起照一张"全家福"，相信这个提议肯定会被一致通过。然后大家可以

准备准备，穿戴整齐。"全家福"照片倒不必每个人都规规矩矩整整齐齐地站或坐成几列几排，大家可以自由摆姿势，自然才真实、亲切。当然，大家都要开心地笑，当以后每个人拿出这张照片的时候，看到的都是开心快乐的笑脸，幸福就会溢满心间。

1月31日
召开一次家庭会议

这是个个性张扬的时代，每个人都有自己独一无二的思想和见解，如果缺乏沟通，往往容易造成误解甚至关系破裂，亲密无间的家庭成员之间有时候也是如此。促进家庭成员沟通的有效途径之一就是家庭会议。

最好能指定一个时间，确立一个议程，比如每周一次。不管以前有没有执行，或者根本就没有人提议过。但可以从今天开始，找个机会对各个家庭成员倡导一番。有了一个好的开始，对于以后的家庭会议的进展会有很大的帮助。这是促进各个成员之间联系交流的好机会，每个人都可以畅所欲言，发表自己内心最真实的想法，相信大家都会欣然接受并参加。

一致通过之后，最好民主选出一个人作为会议主席。这个人并不一定非得是家长，任何一个人都可以，只要大家认为他有足够的组织才能，即使没有，这也是个很好的锻炼机会。

会议召开之前，最好能确定一下议程、大会讨论的主题，以及每个人在会上将要扮演的角色。会议开始后，主席应该能够调动大家的热情，就主题踊跃发言，还可以展开激烈的讨论。如果某人对某人有什么意见，都可以在会上说出来。家庭会议，讲究的就是真诚，家庭成员之间，无需太多礼数或虚荣。当然，家庭会议的目的是促进家庭关系的良性发展，千万不可揪住某一个小问题而争论不休，这一点主席应该注意把握分寸。

会议结束的时候，主席别忘了通知下次会议的时间，并提出一些问题留作大家会后思考，并提出一些建议供大家参考，希望下次会上大家能够谈谈心中的一些感想。希望今天是个好的开始。

笑对人生，感悟成功

　　没有人会一帆风顺，人生总是充满了挫折和坎坷。真正的成功，是经历了无数次失败后的一次转折，失败是成功之母。正确处理失败和挫折，才能迎来真正的成功。

　　笑对人生是一种境界，也许阅历丰富的长者知道，而壮志凌云的少年狂者却不知道；也许淡泊明志的圣人知道，而急功近利的小人却不知道。但它却是战胜暴风雨的法宝。

2月1日

今天，对所有的人微笑

世界上的每一个人，都想追求幸福。有一个可以得到幸福的可靠方法，其实很简单，那就是微笑着过好每一天，幸福就会在笑容里荡漾！

你的笑容就是你善意的信使。你的笑容能照亮所有看到它的人。对那些整天都皱眉头、愁容满面的人来说，你的笑容就像穿过乌云的太阳；尤其是对那些受到来自上司、客户、老师、父母或子女的压力的人，一个笑容能帮助他们了解一切都是有希望的，世界是有欢乐的。

微笑能改变你的生活。今天不妨就试试保持一整天的微笑，对今天你遇到的每一个人都微笑致意。其实这并不难，甚至都不需要你张口说一句话，一个微笑就足以表达你所有的友善。

微笑对别人是鼓励，是赞扬，是认同，哪怕只是一个简单的问候，也会传递给对方一种温暖。不要等着别人先跟你打招呼，你可以主动送出一个微笑。认识你的人会因为你的友好与你更添一份亲近，就连不认识你的人也会感受到一种莫名的暖意。

如果你平时就做得很好，今天就继续努力吧！如果平时你很少这样做，那么就从今天开始改变吧，不要觉得难为情，害怕别人惊异你的变化，这种变化是好事，每个人都会为你的变化而感到惊喜，也许从今天开始对你有了一个新的认识。

如果你不喜欢微笑，那怎么办呢？那就强迫你自己微笑。强迫你自己吹口哨，或哼一曲，表现出你已经很快乐了，这就会使你真的快乐起来。

快乐的你，不要吝啬，把你的快乐与别人分享吧！快乐不会因为分享而减少，只会因为分享而成倍增加。那么，把你的快乐用微笑送给你身边所有的人吧！让整个世界都充满了你的快乐！

2月2日

用心去感受身边的幸福

每个人的人生道路其实都是大同小异的，无非生老病死、吃喝拉撒、衣食住行、求学工作、结婚生子，然而，有些人觉得幸福，有些人却觉得不幸。为什么？一句话，幸福由心生。人人都渴望得到幸福，但是追求幸福的路却只有一条，简单地说，幸福需要用心去感受。

你是不是总在埋怨自己的贫困潦倒，羡慕别人的汽车洋房？总在感叹别人的幸福唾手可得，而自己的幸福却遥不可及？又或者你已经拥有了万贯财富，却总感觉幸福远在天边？

戴尔·卡耐基曾说过："幸福与不幸福，并不是由个人财产的多寡、地位的高低、职业的贵贱决定的。"是的，幸福就在你身边，只需要你用眼睛去发现，用心去感受。有亲人和乐融融是幸福，有爱人相伴一生是幸福，有朋友嘘寒问暖是幸福；工作一天疲惫不堪，回家和家人吃上一顿可口的饭菜是幸福；炎炎夏日喝上一杯清茶是幸福，冷冷冬日喝上一杯热咖啡是幸福；看到路边的小花绽放是幸福，看到小树苗吐出绿芽是幸福……

幸福处处在，你还在抱怨什么呢？幸福就是一种感觉，一种由内心深处冒出的感觉，一种对生活对人生满足的感觉。敞开你的心扉，你会觉得你是幸福的。

2月3日
用相机捕捉每一个幸福的瞬间

幸福生活是由一个个的片断，一个个的细节，一个个的瞬间组成的，如果可能的话，把这一个个美丽温馨的瞬间收录成册，供以后慢慢欣赏回味，那将是怎样的一种幸福啊！

幸福是种感觉，生活中的点点滴滴凝聚成的一种感觉，每一天的平淡生活中承载的都是满满的幸福。想要把这些幸福的瞬间都记录下来吗？最简单、最直观的方法就是用相机拍下来。

你可以选择带上相机和家人出游，拍下每个人在广阔的天地中真性情的一面，每一个表情，每一种形态，都是真情流露。如果不想出去，在家里也能拍摄，不要认为太过家居就没有拍摄的价值，其实我们要留下的就是这种最最平常、最最普通的家居幸福片断。如果你想拍下最真实自然的一面，可以事先不告诉家人，在他们欢声笑语之时，偷偷拍下这些温馨的瞬间。谁是经常做饭的那个人，为了记录他（她）的辛勤劳动，今天就把相机对准厨房，拍下他（她）忙碌的一面。饭桌上大家享受可口的饭菜时的温馨场景，饭后一家人坐在一起看电视的画面等，这些都是非常有价值的幸福瞬间。

2月4日
吃力没讨好，笑笑就算了

> 人生在世，总会遇到一些吃力不讨好的事。这个时候，怀恨是魔鬼，懊恼是阴魂，唯有超然处之，不去苛求一份感激，才会使你收获内心永久的宁静，这正是人生难求的境界。

不可否认，人都有七情六欲，而人世间又有那么多不平、不幸与不公，人的情绪总是不由自主地随外界的变化而变化。也许，这才是一个正常人应有的情绪反应。我们都是普通人，不可能凡事都能做到超然于世。

人世间很多恼人事、烦人事终究是不可避免的，我们用凡人之力无法去改变，无法去阻挡。既然如此，何不用一颗平常心去看待这一切，对于别人的误解一笑而过，快乐永远是属于我们自己的。

让我们试着去学会超然处世吧，慢慢地你会发现那真的是个美妙的意境。

这样做的时候，开始可能会很难，心里总是想不通，不痛快，最直接的想法可能就是下次再也不干这种蠢事了，或者再也不理这个人了。其实没必要如此，是金子总会发光，好心也总会被人领会，只是时间问题。即使看不到误会澄清的希望，也不要灰心，更不要改变做人的原则，只要想着自己问心无愧就可以安心了。

这个人不明白，总会有其他人明白的，永远保持热心和爱心，你永远都会是快乐的。

想通了吗？是不是即使这么想了还是有点难受呢？没关系，强迫自己笑一笑吧，开始可能笑得有些勉强，不太自然，慢慢地，你真的能会心地笑出来。

满怀激情地做一件事

一种生活过得久了，难免会有些麻木，失去了当初的激情和活力。然而成功的前提正是专注于一件事，当你满怀激情地做一件事时，便会找到一种久违的感觉。

今天你是否计划做一件什么事，或者和平时一样例行公事，其实做什么事都没有关系，只是要改变一下做事的状态。如果平时由于厌烦，你显得有些萎靡不振，那么今天尤其需要改变。

早上起床，洗把脸，轻轻拍打一下脸颊，吐口气，然后来一个深呼吸，有没有感到一下子神清气爽了呢？

不管怎样，给自己一点心理暗示，对自己说，今天精神百倍，有使不完的劲。接下来，集中全部的注意力到一件事上。如果是工作上的事，就当做自己是第一天上班，发挥百分之百的热情，并怀着强烈想要干出成绩的愿望，直到把这件任务圆满完成。或者你做的只是一些家务活，比如拖地、做饭、洗衣等，都可以充满激情，事不在大小轻重，而在于我们的精神状态。

干家务活的时候，你可以轻声哼首曲子，伴着你干活的节奏。在激情四溢的同时，一种愉悦灌满整个心间。

满怀激情地做一件事，还在于坚持，千万不可三分钟热情，做了一半精神一下子松懈下来，然后又恢复从前的样子，甚至停下手中的活，迷茫地发呆，仿佛做了一件多么自欺欺人的事。做这件事的时候，要不停地鼓励自己，告诉自己坚持到底，看看最后以不同以往的精神状态完成的工作成果与平时的有什么差异，是不是完成得更加干净利落。

不管结果如何，起码有一点值得肯定，那就是你的精神是饱满的，心情是愉悦的，这点不是比什么都重要吗？

2月6日
做一件曾认为做不了的事

做每一件事，都有两道墙会出现在前方，一道是外显的墙，那是关于整个外部大环境的围墙；另一道是内隐的墙，这是我们心中自我设限的围墙。而决胜的关键往往在于我们能否突破心中的那一道墙。

很多人花费许多力气去找寻"无法成功"的原因，其实自我设限就是主因，我们是自己最大的敌人。想要步向成功，我们就必需往前跨出步伐，勇于突破并且超越现状。

今天就做一件具体的事来实践自我突破，做一件从来不敢做、认为自己做不了的事。

突破自我围墙最重要的一点，就是面对现实，确实地了解自我，并认清环境，在自我与环境中摸索出突破的方向，这必须列为最优先考虑的因素。所以，想想做这件事我们需要具备什么样的条件，我们所处的环境具备哪些优势和弱势的条件，关键是有哪些不利的因素，要做出哪些改善，以及如何改善。而我们是否具有这个能力去改善环境，自己还有哪些缺点，自己又该怎样努力培养自身能力等。

同时，也是很重要的一点，我们要审视自我优势、加强自我优势。当优势获得高度发挥后，你就会愈做愈有信心，成就感也会随之而来，你也会愈来愈喜欢，做事的活力会源源不绝而出。如此，当你再遇到困难，不但不会退缩，反而更能激起热情，愿意努力突破。

2月7日

警告自己，别让信念动摇

在通往成功的路途中，最怕信念的动摇，信念是成功的基础，没有坚强信念的支撑，再好的目标也只是水中月、镜中花。信念让我们擦亮蒙尘的眼睛，信念让我们遇见理想之花频频点头，信念让我们坚定方向，步伐稳健，信念让我们直达光辉的顶峰。

人生的旅程是遥远的，只有不停地前行，才能不断靠近预定的目标。虽然目标不可能都能达到，但它可以作为我们奋斗的瞄准点。信念的力量在于即使身处逆境，也能重新拥有前进的毅力。

信念不是先天的，而是后天的。它是人在社会实践中对各种观点、原则和理论，经过鉴别和选择而逐渐形成发展起来的。当某个人确认某种思想、某种理论和某种事业是正确的、是真理，并去自觉维护这种思想理论和观点，就确立了信念。

如果把人生比做为杠杆，信念则好像是它的"支点"，只有具备这个恰当的支点，才可能成为一个强而有力的人。

所以我们要经常警告自己，别让信念动摇。因为人在困难面前总是很脆弱的，难免有畏难情绪。今天从早上起床开始，你要不断告诉自己：坚持、坚持，别动摇，胜利的曙光就在前方不远处。

不要感到厌烦，也不要觉得疲惫，相信这样做对你的人生很有帮助，因为信念是人生征途中的一颗明珠，既能在阳光下熠熠发亮，也能在黑夜里闪闪发光。

没有信念的生活，人生路上将黯淡无光。有了信念，即使遭遇任何不幸，都能召唤起重新开始的勇气。

确立我们的梦想，坚定我们的信念吧，这样我们才能有光辉灿烂的人生。

2月8日

装饰卧室

除了工作场所，一天中还有一个地方我们会待很长时间，这个地方的环境如何，可以直接影响我们的心情，甚至是第二天的精神状态，这个地方便是我们每晚睡觉的卧室。

每个人都希望有个"安乐窝"，那就想办法把自己的卧室装饰一下吧！怎么装饰完全随你自己的喜好。你可以事先在心里勾画一下，可以的话，画一个草图。

如果你觉得自己没什么主意，只要你愿意，去向专业设计师咨询一下也是没有问题

的。或者去看看相关的室内设计的杂志，并不用完全照搬，只是启发一下思路，希望你能从中得到一点灵感。

也许你并不想弄得太复杂，只是想简单装点一下，自己觉得舒服，看起来比较温馨自然就行。

比如买一些鲜花、绿色植物，放一瓶清香的鲜花在床头，早上起床就能感觉到大自然的美好，这是件多么惬意的事啊！

你也可以把自己认为比较满意的照片，扩冲放大，贴在卧室的各个角落，每天睡前和起床后都能看到自己甜甜的笑容，就像生活的希望在向自己招手。

如果你喜欢中国字画，也可以挑选一幅自己喜欢的字画，挂在床头。想激励自己的斗志，就选一幅励志类的题字；想欣赏中国水墨，就选一幅风景优美的山水画。如果你喜欢精致的小饰物，还可以挂一串风铃或者灯笼之类的在房间的某一个角落。

还有一个细节别忘了，铺一床漂亮的被单，会让卧室增色不少。被单的颜色最好选择和卧室的颜色基调一致的，这样看起来比较和谐，至于花色，就完全取决于你自己的喜好了。

养一盆绿色植物

人类有90%的时间是在室内工作和生活的。那么，在人类的生存空间不断遭受各种污染威胁的今天，如何才能拥有一个健康洁净的室内环境呢？

养一盆绿色植物，是治理室内环境最简单也最健康的一种方法。这不仅是出于健康的考虑，也可以作为一种陶冶性情的爱好。不管是出于什么目的，在房间里有选择地摆放一些绿色植物，不仅能愉悦你的双眼，还能驱除异味，带来清新自然的空气，这样做肯定是没错的。

你可以选择在工作的办公室或在家里养一盆植物。随着现代办公设备的自动化，每人的办公桌上几乎都摆放着一台电脑，这样我们每天都在遭受辐射的侵害。因此，有必要在办公桌旁养一盆绿色植物，最好是选择具有抗辐射功能的仙人掌，这样工作时，你可以每隔一个小时闭眼休息数分钟，再睁开眼睛观看绿色植物数分钟，眼周肌肉得到放松的同时，心情也会如绿色植物一般时时刻刻都是绿绿葱葱的。

在家居环境中养一盆绿色植物也很重要，在选择品种之前，先了解一下各种植物的特点和功能吧。大部分植物都是在白天吸收二氧化碳释放氧气，在夜间则相反。但仙人掌、景天、芦荟和吊兰等却可以全天吸收二氧化碳释放氧气，而且存活率较高。比如，吊兰是窗台植物的最佳选择，美观，价格便宜，且吸附有毒物质效果特别好。一盆吊兰在8~10平方米的房间就相当于一个空气净化器，即使未经装修的房间，养一盆吊兰对人的健康也很有利。另外，平安树是很多家庭客厅盆养植物的首选，平安树又叫"肉桂"，自身能释放出一种清新的气体，让人精神愉悦。在购买这种植物时一定要注意盆土，根和土结合紧凑的是盆栽的，反之则是地栽的。购买时要选择盆栽的，因为盆栽植物的根与泥土已融洽，容易成活。

特别提醒一下，植物在光的爱抚下光合作用会加强，能释放出比平常条件下多几倍的氧气。所以，要想尽快地驱除房间中的异味，也可以用灯光照射植物。

2月10日

对挫折一笑了之

没有人会一帆风顺，人生总是充满了挫折和坎坷。真正的成功，是经历了无数次失败后的一次转折，失败就是成功之母。正确处理失败和挫折，才能迎来真正的成功。

为什么我们总是觉得离成功那么遥远，那是因为我们被困难的阴影遮住了成功的欲望。人是有欲望的动物，往往是欲望促使我们去行动，欲望有多强烈，行动的速度和力度就有多大。如果让失败的阴影阻挡了成功的欲望，我们就永远只能在失败的阴影里过活，而成功永远都只能是个遥远的梦。

所以，面对挫折，真的不必太在意，笑一笑，重拾信心，然后继续朝着成功的方向迈开大步走下去。当然，不在意不等于对失败不重视。对于失败是个态度问题，也是个如何把握的问题。正确的做法应该是在战略上重视，在战术上忽视。对于失败，我们应该认真总结出经验教训，告诫自己下次别再犯就行，而对于具体的事情，完全可以不放在心上，应该把全部的精力放到接下来要做的事情上去。

今天要做的具体事就是让自己对着天空微微一笑，然后低下头来看看脚下正在走和将要走的路，在心里默默为自己唱一首战歌，然后甩甩头，就当把满身的灰尘抖落干净，重新上路。

2月11日

把烦恼写在沙滩上

人一旦进入红尘中，就会在忙碌中忘了自我，忘了快乐，忘了满足，而只剩下烦恼。烦恼来自于执著，来自于追求，来自于对尘世的这种执著的追求。其实烦恼可以像写在沙滩上的字，海水一冲就流走了。

有这样一个故事，话说有一个中年人，年轻时所追求的家庭事业如今都有了基础，但是他却觉得生命空虚，感到彷徨无奈，而且情况越来越严重，只好去看医生。医生给他开了几个处方，分四服药放在药袋里，让他去海边服药，服药时间分别为9点、12点、下午3点、5点。

9点整，他打开第一服药服用，然而里面没有药，只写了两个字"谛听"。于是，他坐下来，谛听风的声音、海浪的声音，甚至还听到了自己的心跳节拍和大自然的节奏合在一起跳动。他觉得身心都得到了清洗。他自问：我有多久没这么安静地坐下来倾听了？

到了中午，他打开第二个处方，上面写着"回忆"两字。他开始从谛听转到回忆，回忆自己童年、少年时期的欢乐，回忆自己青年时期的艰难创业，他想到了父母的慈爱，兄弟、朋友的情谊，他感觉到生命的力量与热情重新从体内燃烧起来了。

下午3点，他打开第三个药方，上面写着"检讨你的动机"。他仔细地回想早年的创业，开始是为了热情地工作，而等到事业有成，则只顾着挣钱，失去了经营事业的喜悦，为了自身的利益，他失去了对别人的关怀。想到这儿，他开始有所醒悟了。

到黄昏，他打开了最后一个处方，上面写着"把烦恼写在沙滩上"。他走到离海最近的沙滩，写下"烦恼"二字，一个波浪很快上来淹没了他的"烦恼"。沙滩上又是一片平坦！

当他走在回家的路上时，他再度恢复了生命的活力，他的空虚无奈也被治好了！

我们不妨也把追求的烦恼写在沙滩上，让海水把它冲走。然后，学会静静地"谛听"，让自己回归自然，享受自然生存的乐趣！静坐海边，让涛声带领我们去回忆、去感受，感受家人给我们带来的温馨，感受兄弟姐妹的情谊。这时，你会发现，人生的真正喜悦是浓浓的亲情、友情、爱情！

还等什么呢？现在就出发去海边吧！

2月13日

为自己拍一个DV短片

想让自己成为某个故事的主角或者把自己的生活剪出一个缩影，最简单的办法就是为自己拍一个DV短片。

拍短片之前最好写一个简单的剧本，以自己日常的生活为蓝本，浓缩成一个简短的故事，然后设计几个详细的情节。在这个以你为主角的故事里，也可以有其他的角色的存在，比如你的亲人和朋友，这样你的角色也许会更加丰满一些。

剧本的工作完成以后，就开始拍摄吧。你需要请一个人来帮你拍，这个负责拍摄的人最好能有一点专业水准，因为这样他能够很好地掌握拍摄技巧。比如镜头的把握、拍摄角度的选择，以及对你及和配角们的表演的指导，都需要有人能在一旁做一个整体的把握，所以，这个拍摄师不仅负责拍摄，实际上还担任了导演的角色。当然，你可以请人专门担任导演，这样短片质量可能会更好一点。

你在表演的时候，要尽量表现得自然一些。因为这些都是你平时做的事，是很真实很平淡的生活片断，你就是在演你自己，所以根本不需要刻意地表现什么，你就是要展示你最真实的一面。这样拍出来的短片才有意义，才有收藏价值。

2月12日

荡一次秋千

荡秋千——不用像小鸟一样展开双翅就能体验飞起来的感觉，有如在蓝天白云间翱翔，越飞越高，就像人生的目标步步高升。

很多人小时候都荡过秋千，似乎觉得这仅是小朋友的专利。长大后，看到小孩子在越飞越高的秋千上飞扬的欢笑，虽然也很怀念儿时的快乐，虽然也有些跃跃欲试，但总觉得这已经是一种远去的游戏，从而选择望而却步。

其实这种想法完全没有必要，为什么要剥夺自己享受快乐的权利呢？也没有谁规定荡秋千是属于小孩子的专利，任何年龄层次的人都可以享受这种快乐。关于荡秋千，古时便已流传，它是我国一项传统的竞技游戏。在古人的诗词歌赋中，有不少关于荡秋千的描写，如苏轼的"墙里秋千墙外道，墙外行人墙里佳人笑"，欧阳修的"绿杨楼外出秋千"，冯延巳的"柳外秋千出画墙"等。可见，荡秋千自古以来便是男女老少皆宜的娱乐项目。

无论是为了快乐，还是浪漫，今天就用心体验一下荡秋千的感觉吧。你可以叫上一个同伴，让他帮你推动秋千，让秋千随着推力越飞越高。你可以睁大眼睛看着蓝天白云在你身边旋转，也可以闭上双眼，用耳朵聆听飞扬的风呼啸的声音，用心感受腾空飞扬的澎湃。你甚至可以把自己想象成从天而降，落入凡间的神仙，把大地变成你喜欢的景象，你的身边已经开满鲜花……

这个想象的空间是让你放松的空间。荡着秋千，会让你整个身心都沉浸在一个梦幻般的世界里，会让你的梦境充满了真实感。

2月14日

放松心态去做一件事，不苛求结果的成败

会生活的人，不只是收获结果的喜悦，更重要的是享受过程的快乐。有时候，越不去在乎结果，却越能轻松收获。

有什么事是你特别想要成功而屡屡失败的，你有没有想过换一种心态试试。是不是每次开始行动的时候，就不由自主地开始紧张，只因为心里太过重视。

不如今天就当做一次试验，不去想结果会怎样，轻轻松松地从头再来一遍，即使失败了也没关系，反正今天只是试验而已。而且，没有希望也无所谓失望。

　　不要以为这是徒劳，没有意义，至少这样做的过程，会让我们体味到另外一种做事的态度，一种难得的做事态度。

　　不苛求结果的成败，并不等于不认真，只是要求我们在战略上要藐视它，但是在战术上还是要重视它的。做事的过程，还是要讲究方法得当，注意力集中。放松心态不是漫不经心，如果那样，就没有试验的价值了。

　　做一件事就要认真地做，否则就不做。过程我们可以控制，态度我们可以把握，结果很多时候我们无法掌控。

　　既然放松了心态，就要敢于尝试，以前屡遭挫败的结果可能是方法不得当或者有别的什么纰漏。

　　今天不妨认真分析总结一下，想不通的地方还可以请教别人，听取一下别人的见解。综合一下各方面因素，找准策略后就大胆尝试新的思路吧。

　　试验本身就是一个试错的过程，不知道这种方法行不通，怎么会知道哪种方法行得通呢？所以，大胆尝试吧，不用想太多，只要专注于如何行动就行了。

2 月 15 日

列举自己做过的错事

人都会犯错误，对待错误的态度常常显示一个人的品格。敢于忏悔，勇敢地面对自己的错误，才不会被错误玷污了你的灵魂。

在人们意识的深层，埋藏着一种叫"忏悔"的种子。正是这种种子，使人们明白了什么叫勇气可嘉，明白了什么叫诚实可贵。

忏悔是一种勇气，一种敢于面对自己、面对人生、面对社会，充满责任的勇气。只有当一个人把推进社会进步作为己任时，才有可能毫不留情地批判自身；只有坦坦荡荡地把胸襟敞开时，才能算得上一个真正的人。从这个意义上讲，忏悔是高尚的，也是坚强的。忏悔者没有一丝羞怯，因为真诚和使命感已经成为他力量的源泉。

忏悔的第一步就是要想想自己曾经做过什么错事。敢于承认自己的错误是开端，不要只是在心里暗暗想想就完事，而要认真地用纸和笔记下来，一件一件地列举出来，然后在每一件事后面写下自己的点评和感想。当时过境迁之后你是否变得成熟，当下次遇到这种类似的事的时候你是否还会再犯，这一切都要看你此时的表现，看你自我忏悔的深度。

这种高贵的、优秀的、不同凡响而又无比挚诚的忏悔，使我们不断超越自己，不断前进。这不是在祈求原谅，而是在对过去进行理性分析，这种分析是一个曲折的扬弃过程。

所以，冷静地回头想一想，好好忏悔一下曾经的过失，对我们以后的人生是一种鞭策、一种激励。

2 月 16 日

不和无理取闹的人争吵

吵架有时候是种发泄，但是，如果碰到无理取闹的人，你说再多也是白费口舌，对自己的精神绝对是种折磨，还不如睁一只眼闭一只眼，不予理睬。

这个人说话很不讲道理，让人恼火，你可能真的快沉不住气了，很想冲上前打他骂他一顿。但是，这种无理取闹的人，他的目的就是想闹，惹恼你他才高兴呢，看着你气急败坏的样子，他肯定在心里偷乐。

其实，对付这种人最好的办法就是不理他，任其吵闹，你还是继续做自己手中的事，保持你脸上的微笑，这个微笑是留给自己的。慢慢地，对方也会觉得很无趣，或者会为你的豁达所折服。

当然，这样做也许很难，因为人都有七情六欲，谁也做不了圣人，当别人真的很过分的时候，保持一颗平静的心就显得是那么的难能可贵了。

但是，你要相信自己一定能做到，并在心里默默地鼓励自己，甚至还可以对吵闹的人说，你要不要坐下来慢慢说？或者干脆逃开，说我有事要先出去，你自己慢慢说吧！

所谓"眼不见，心不烦"，走开了还落得个耳根清净。对方可能会大叫大嚷，故意拿话来激你，这个时候你尤其要沉住气，要知道一时的口舌之快只会带来更多的烦躁和气恼。除非你也不讲道理，跟对方展开大战，不顾形象地破口大骂。即使最后你在气势上压倒了对方，你也会累得筋疲力尽，值不值呢？

不管值不值，今天就让自己保持心平气和，做一个优雅有涵养的人，要知道，生气发怒的人老得快！

2月18日
幻想梦想成真的那一天

人生最大的幸福莫过于梦想成真，人生最大的希望莫过于对梦想成真的企盼。人生有一种快乐是幻想梦想成真的幸福。

也许你有很多梦想，但是不能太贪心，今天只能想象其中一个梦想实现的情景。不要再左右为难了，就是那个你一直最渴盼的梦想了。幻想的时候，应该选择在一个好的环境里进行。比如在夜晚月光柔柔的阳台上，靠着躺椅，静静地享受月光的温柔，在这迷人而浪漫的氛围中，最适合在想象的世界里徜徉，而且最好是一个人，保证没有人打扰你的静思和美梦。也可以在朦胧的灯光下，用被子将自己包裹在卧室的大床上，微闭着双眼，让视线变得迷离模糊，头脑中的想象似乎已经在眼前闪现。

根据你的梦想的性质，你甚至可以选择一种背景音乐，这样也许有助于你想象的深入。想象的时候，你可以想象得很具体，包括具体的场所、具体的人物、具体的动作、具体的语言，每一个细节都可以在脑子里像放电影一样。想象的时候，你可以完全忘了此时此刻的所在，甚至忘了此刻的自我，是另一个"我"在另一个世界里游走。

如果你想开心地笑，那就笑出来吧，这里没有别人，只有你自己，在这个自我的世界里，你可以随意做着任何你想做的事，可以无所顾忌地开心，因为，此时此刻，你要真的以为你的梦想已经实现了。

2月17日

写一页赞美自己的话

在我们每个人的精神世界中，都有一轮炙热的闪耀着激励和赞美之光的太阳。这轮太阳就是一个人发自内心的对自我的赞美和欣赏，只要这轮太阳不被自卑自叹、自怨自艾的乌云所遮掩，她的光芒就会照亮你的心灵，照亮你前进的道路，照亮你未来的岁月。

小草总是赞美大树的挺拔，可它忘记了自己风吹不倒、雨打不折腰的顽强意志最让人叹服；小溪总是赞美大海的壮观，可它忘记了正是自己的默默奔流，才成就了大海的波澜壮阔；绿叶总是赞美花的娇艳，可它忘记了正是自己心甘情愿的陪衬，才显现出花朵的美丽……

曾几何时，我们已经习惯了赞美别人，认为赞美一词就是为别人而量身定做的，认为别人处处强于自己，自己处处不是，注定平庸。因此自卑之感时不时地冒出来，模糊了我们远望的视线，扰乱了我们生活的平静步调。既然这样，就闭上你赞美他人的嘴巴，赞美自己吧！

想好了赞美自己的语言了吗？想好了就拿出纸和笔，写上满满一页赞美自己的话。如果还没想好，就自信地站在镜子面前，仔细地打量一番自己。也许你身材不好，还有些胖，那就赞美自己的健康；也许你眼睛不大，还是单眼皮，那就赞美自己的机灵；也许你的个子不高，还很消瘦，那就赞美自己是精华的浓缩吧……终于，你会发现，自己真的很不错，自己也是一道风景，这时你会信心满满，希望满满……

记住，一定要写上满满的一页，赞美自己一定不要吝啬语言的丰富和华丽。当然，一切也要从实际出发，写出你自己的个性特点。有些特性，从一个角度看是缺点，换一个角度看也许就是优点了，关键看你自己怎么发挥，怎么把握。这样做的过程，能够让你更好地完善自己的个性特点，做一个更加优秀的人。

2月19日
参观一个展览会

想了解一个行业最前沿的技术进展和产品更新，想了解一个主题产品更多的信息，想让你的眼睛收获应接不暇的惊喜，参观一个相关的展览会是你不容错过的选择。

展览会是一个新观念、新技术层出不穷的发源地，是新产品发布的一个平台，也是检验新产品是否被承认和接纳的一个场所。同时，还是保证最新技术的发展与时代同步的一种最高效的途径。展览会是行业的一个焦点，能够吸引来自媒体、贸易协会、买方和卖方等各行各业的代表，所以，参观展览会可以了解很多时代最前沿的信息，可以让我们学到很多有用的知识和信息。

不要把参观展览会当做看热闹，要本着获取知识的目的。如果想获取最多的信息，甚至是从中得到一些实惠，并不是想象中那么简单。在参观之前，做一些准备工作是必要的。第一，要搞清楚它展销的内容是什么，有购买意向的要选择重点对象。第二，要了解有哪些企业参加，其中有没有自己喜欢的品牌在里面。在进入展览馆之前，最好是先浏览一下展览馆的分布图，找出自己所中意的企业的展位位置，参观完以后再进行分析比较，最后再确定，免得多跑一些路。第三，多方面了解各种相关信息，不要轻易下定金落定。现在的市场资源非常丰富，选择空间广阔，因此要利用展览会了解每一个可能的选择。一般参展商在展览会上都会有各种联系方式，等你拿定主意后，再与他们联系也不迟，一旦交了钱，以后看到更好的后悔就迟了。

即使你没有任何购买意向，也可以把这次参观当做一次了解各种产品信息的机会，说不定以后哪天就有购买需求了，到那时候你就会庆幸今天的认真了解了。参观的时候，你要尽量找准各种机会向销售人员咨询，不管你是否已经产生购买的冲动，你都要显出一副很感兴趣的样子，这样对销售人员的工作也是一种刺激和鼓励，也更能激发自己的热情。

不管怎样，这都将是一次愉快的经历。

2月20日
为你希望发生的事祈祷

即使是没有信仰的人，遇到灾难和突如其来的意外时，也常常会呼唤神灵的保佑。正如人们在极度危险或痛苦万分之时呼喊"天啊"，这是一种自然的天性。人生来就有求助的本能，我们所发出的呼喊，就是一种本能的祈祷方式。

祈祷是人与心目中的神灵的沟通，是人对一种自己也无法说清的一种天意的依赖。祈祷能使人得到心灵的安慰，也能给人以生活的勇气和力量。祈祷能给人一种信念，一种对自己想要发生的事的一种信念。祈祷是一种对话，是"我"与"祈祷之神"的对话，那么把你想要发生的事告诉你心目中的那个"神"吧！此时此刻，你要坚信这个"神"的存在，他不在遥远的天边，而在你的心里，离你如此之近，他就在聆听你的心的声音。你的态度一定要虔诚，虔诚地告诉"神"你心中热切的渴盼，你打算为你的愿望付出多少，怎样付出，这些你都要认认真真地告诉"神"。记住，千万不要头脑发热，一时冲动许下自己根本无法实现的诺言，你在此许下的诺言必须要实事求是地根据你自己的实际能力，必须是你能做到的。虔诚的祈祷必须许下虔诚的诺言。

2月21日

想象一次浪漫的旅程

> 想象的世界，走进去之后，美妙得让人不想走出来，在想象的世界里进行一次浪漫的旅程，可以把想象的美妙发挥得淋漓尽致。

如果你经常看电视剧，肯定见过心理医生给病人催眠的情景，被催眠的病人进入的就是一个想象的世界，却可以让人感觉到很真实。其实，如果你想让自己的想象力驰骋，完全可以自己给自己催眠。

选择一个安静温馨的环境，很舒服地或躺或坐，闭上双眼，深沉而缓慢地呼吸。慢慢地捕捉自己呼吸的节奏感，当你感觉到呼吸非常均匀、非常和谐时，让大脑放松，让思绪自由飘飞。

在这个神游的世界里，你和你最想在一起的那个人，去你最想去的那些地方，一路上你们手牵手，肩并肩，欢声笑语传遍你们足迹到过的每一个地方。在茫茫草原上策马奔腾，在蔚蓝的大海边追逐嬉戏，海风吹着海浪轻轻拍打着沙滩，在险峻逶迤的高山攀岩，阳光映照着额头的汗水闪闪发亮，高喊一声，空旷的山谷回荡着你们的声音……

浪漫的都市之夜，仿佛白昼的延续，走在风月无边的大街上，华灯如锦，游人如织，逛逛那些精美的商店，看看那些街头艺人的夸张表演。走得累了，便和你的同伴，偎依着坐在街边的长椅上，观赏过往行人，也是一种温馨的享受。

也许你已经感到疲乏，那就停下来，如果你觉得还不过瘾，或者在一地流连忘返，那就继续停留，不必急着离开，你的旅程完全由你自己来安排。

这个世界是你创造出来的，是一个精神享受的世界，是一个你来去自由的世界，今天，就让你的幻想游历整个世界吧。

2月22日

装一天"冷漠"，不去理会任何人的联络

有时候你可能只想一个人静静地享受自我的孤独和沉默，不愿任何人来打扰。一个不用疲于应付的自由空间在这个纷繁忙碌的世界是多么的难能可贵。

今天只想一个人静静地待着，不仅不希望人来陪，而且任何电话都不想接，任何短信都不想回。那么就满足自己一次，装一天"冷漠"，不去理会任何人的打扰。

首先你得找个没人会来打扰的清静的地方，你可以把自己关在家里，一整天不出门，如果你害怕有人会来登门拜访的话，那就一个人去度假村之类的地方。事先不要告诉任何人你今天的计划，不向任何人透露你今天的行踪。

你可以不关掉手机等通讯工具，如果电话响起，不去理会，任铃声大作，直至它自己停止。也许电话还会继续响起，无论响多少次，都不要去接，就当做自己不在旁边。你甚至都不用停止你自己正在进行的活动，谁知道电话那头又有什么麻烦事呢，也许会是好事，但是别想那么多，今天就是让自己享受沉默的。

或者你想更彻底地自我封闭，那就关掉手机吧，还落得耳根清净，也不用去管今天是否有人联络过你，把解释和道歉留给明天吧。

2月23日

没有终点地坐车旅行

人做每一件事似乎都有一个特定的目的，就这样常常为生活中的"应然"而行动，抛却了心中真正的愿望。也许你在内心深处总在渴望做一件不为任何目的，只是心中想做，能让心态放松的事。

改变你平常坐车的方式，不用在站台苦苦等候某一辆车，只要有车过来，随便哪一辆，都是你的选择。上车之后，选一个自己喜欢的座位，心里不要给自己设定一个具体的终点。就这样静静地、悠闲地欣赏车窗外流动的景象，任思绪自由飘飞，不用刻意去注意乘务员的报站，不用去管每到一个站点的人来人往，也不用去理会你身旁的人群拥

挤，或是人声鼎沸。你可以完全沉浸在自己的世界里，想你最近发生的一些事情，把那些纷乱的事情都理出个头绪来。或者你根本什么都不用刻意去想，让你的思想享受这难得的清闲，你甚至可以微闭着眼睛，静静养神，反正你不用担心会坐过站。

车又到了某一站，也许你突然间不想继续，那就下车吧。不用在意这个地方你是否来过，是否熟悉。下车后你可以有目的或无目的地自由闲逛一番，然后又随便选择一辆车，让它载着你去下一个未知的地方。此时此刻，你可以随意地环顾着车内的其他人，他们是否都行色匆匆，一副焦急期盼的神色，对每一个站点有着下意识的关注。那就是平常的你，今天你终于可以暂时逃避这种劳累，心里一定觉得异常的轻松自在吧！

旅程的时间完全由你自己来控制，你想进行多久就进行多久，想到哪一站结束就到哪一站结束，甚至不用去理会这个终点站你是否熟悉。

终于决定结束这次旅程，那么现在的任务就是找到回家的路，可能这个地方你有些陌生，所以出门之前你一定要带上地图，甚至如指南针这样的工具也可以带上。如果一时间有些混乱，摸不清方向，千万不要着急，相信自己，在这个城市你一定能找到回家的路。

2月24日
寄一张贺卡给自己

你最想收到怎样的祝福语，想什么时候收到，这一切只有你自己最清楚。别人的祝福也许总是不尽如你意，那么今天你可以自己动手满足自己。

你可以自己去购买一张喜欢的贺卡或者自制一张贺卡，如果你有足够的兴致和创意，你就自己制作一张吧，充分发挥你的想象力和创造力，这是一件非常有趣的事。反正这张贺卡是送给自己的，你可以少却很多顾虑，大胆地进行创作，只要是你能想到的。

制作贺卡首先要把材料和工具准备齐全，材料最好是长方形的彩色卡纸，还要准备好水彩笔、剪刀和胶水。这些材料准备就绪后，就可以制作了。

制作贺卡可分为几步：第一，先把卡纸对折，再在表面抠出一个你喜欢的形状。贺卡的形状你可以借鉴其他市面上的各种样式，也可以完全凭借你自己的想象，一切看你在这方面的灵感和把握能力了。设计好形状，接下来就是设计图案和颜色了。在设计图案之前，可以先看看这方面的一些手册，甚至可以模仿一些样品。第二，把贺卡翻开，把你心中对自己的祝福写下来，写每一字每一句都要认真。至于落款，可以写上"最关心你的人"、"最了解你的人"之类的话。

写完以后，如果你想让这张贺卡更加精美，还可以加上一些别出心裁的装饰，比如加一些别致的花边，或者拴一个小铃铛，这些全都靠你自己的创意了。

贺卡制作好之后，用信封装起来，在信封上写上自己的地址，去邮局亲手把它塞进邮筒。最后的工作就是在日常的忙碌中静静等候自己的祝福了，这种期待的心情其实也是种享受。

2月25日
把昨晚梦境中的情境真实地演绎一遍

日有所思，夜有所梦，梦境总是现实中的理想状态。梦境与现实的距离，常让人叹息不止，如果梦境中的情形能在现实中还原，对每个人而言应该都是一种非常有趣的事情吧。

仔细回想昨晚梦境中的情境，努力回忆每一个细节，如果你还能记得很清晰，试着把那些情节在现实中真实地演绎一遍，给自己一种梦想成真的感觉。

如果你的梦境中还有别人，那么大胆地告诉他们你的想法，并且邀请他们配合你的

行动，相信大家都会觉得这是个好玩的主意。生活中本来就有太多压力，太多不想做却又不得不去做的事，用一种另类的方式让自己的精神得到放松，会生活的人都会乐意。

邀请到你的朋友，详细地告诉他们你的梦境，并对他们的演绎作出相应的指导。也许他们也有自己的见解，你要耐心地倾听，并和他们进行探讨。这样的过程会让你收获许多，说不定会让你对某个问题瞬间豁然开朗，对于你的梦境与现实顿时有了新的认识和看法。

如果你的梦境是发生在一个遥远的地方，比如冰山雪川、深山幽谷之类的，为了安全起见，你最好选择一个虚拟的地点。你可以在附近找一个类似的地方，把它想象成梦境中的那个地方，关键是把你想要做的那些事真实地做一遍。说到底，这只是一个游戏，一个让心情放松的游戏，是为了让我们在现实中以放松的心态去生活，所以，有些事情不必强求，不必要求太多。

2月26日
穿鲜艳的衣服出去逛街

生活需要活力，需要热情，需要用心去做每一件事。而生活的态度、做事的心情，有时候可以通过我们外表的改变而得到改变，关键在于你可以为了获得内心的兴奋，而敢于不去在乎别人的眼光。

我们常常顾及别人的目光，比如出去逛街，穿什么样的衣服才显得大方得体，更有些人故意打扮得很低调，以为这样便可以躲避别人的目光，自由自在。其实如果真的想随心所欲，不如把自己打扮得光鲜亮丽，兴高采烈地出去逛一圈，这才是真正的自由随性。

拿出自己最鲜艳的衣服，搭配好色调，最好再化一个淡妆（如果是女性朋友的话）。如果你觉得一个人有点孤单，可以邀上一个朋友，鼓励你的朋友也穿上鲜艳的衣服。

逛街的时候，怎么高兴怎么来，你可以和朋友大声地说笑。这可能会引来路人的侧目，不用去理会，我的快乐我享受，只要没有妨碍别人。

在商场或别的什么地方的镜子前照照自己的样子，自我欣赏一下，看着一个鲜艳的影子在镜子前活灵活现，你的心情会一直晴朗。

2月27日

主动与新邻居聊天

俗话说："远亲不如近邻。"邻里之间互相关心、互相帮忙是人之常情。和谐的邻里关系，需要用心去建立和维护，需要经常的沟通和交流。主动与新邻居聊天，是表达你对社区新成员的认可和欢迎的最直接和最好的方式。

如果今天是个周末，那刚刚好，吃过早餐，稍作休息，你便可以主动去登门拜访这位新邻居。如果是普通的工作日，那么就在吃过晚饭后，顺便带上一点小礼品，几个水果或糖果什么的，看起来就是顺手而已，不用显得是多么特意的一种安排。

敲开邻居家的门后，热情地送上你的笑脸，友好地问候："你好！欢迎你搬到这里，来看看你们，有时间吗？"相信你友好的开场白一定会感动你的邻居。

进屋坐定，你可以随意寒暄，热情地向新邻居介绍这个小区的环境和居民，介绍附近的超市、菜市场、饭馆之类的，还可以告诉对方你住在这里的心得体会。询问对方还有什么疑问，你可以帮忙解答。告诉对方不用客气，以后有什么需要帮忙的尽管说。

当谈话变得很融洽之后，你可以跳开彼此的客套，试着去聊聊其他彼此感兴趣的话题，就像和你的其他熟知的朋友聊天一样。当然，你也不可因为太过投入而忘乎所以，还要注意一下时间，不能聊得太晚而影响别人的休息。在谈话之前和过程当中，你都要注意是否在打扰别人的正常生活，也许别人还有要紧的事要做。你首先应该询问，而后还要自己去观察，既然已经是邻居，聊天的机会还很多。你的善解人意会感动你的邻居，真诚在你们之间已经开始流淌。

聊天结束，友好地道别，有需要的话，彼此留下联系方式，以便日后彼此有个照应。有缘相识并成为邻居，便是朋友。

2月28日

以自己为主角写一篇童话

我们常常羡慕童话故事中的主角，羡慕他们的智慧与美貌，羡慕他们浪漫的人生和幸福的生活，羡慕他们非同一般的经历和传奇。其实，只要你肯去为自己的梦想而努力，你一样可以抒写一段属于你自己的童话。

想让自己当一回童话故事中的主角很简单，你可以自己写一篇童话，以自己为主角。这样你就可以按照自己的愿望写就自己的传奇人生，让自己在童话故事里过过瘾。

首先想想故事的背景，什么时代？什么地点？然后是你希望自己拥有怎样的人格财富，拥有怎样的才能，你的生命中将要出现一些什么样的重要人物，这一切的一切都要预先设计好，有了一个大体的轮廓和线索后，就可以开始提笔开始你的浪漫旅程了。

你有什么样的愿望，都可以在这个童话里一一实现。但是不要贪心，也不要想得太完美，童话也有跌宕起伏和曲折离奇，正如生活中也有坎坷波折。真正美丽的童话既是对现实不圆满的一种弥补和填充，也是对生活的希望的一种寄托和激励。所以，以你为原型的主角也不能完全脱离现实，那里面必须有你的影子，这样写出来的故事才是有意义的。

童话中的你也必须经历一些磨难，正如生活中的你所经历的那些酸甜苦辣。童话中的你也许更加坚强，这正是你希望的人生态度。童话会激励你继续努力，因为童话中的结局，你已经克服了所有的困难和苦痛，如一只翱翔的雄鹰在蓝天白云间高歌。

童话里的因果机缘，在告诉你生活中的种豆得豆。童话会让你对生活充满信任，对人生充满信仰。人总是只有相信一些东西才会更快乐一些，正如"天真"的人总比"聪明"的人要幸福得多。

抛却犹疑和困惑，怀着对生活满腔的热情和信仰，认真写就你自己的童话故事吧！

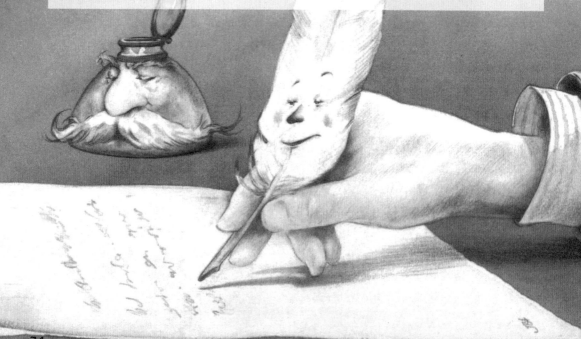

学会选择，懂得放弃

选择是人生成功道路上的航标，是量力而行的睿智和远见，只有量力而行的睿智选择才会拥有更辉煌的成功；放弃是智者面对生活的明智选择，是顾全大局的果断和胆识，只有懂得何时放弃的人，才会事事如鱼得水。学会选择就是审时度势，扬长避短，把握时机，明智的选择胜于盲目的执著。学会放弃才能卸下包袱，坦然地寻找新的转机。

学会选择，懂得放弃，纵然会有一点酸，一点苦，一点痛，但更多的是快乐和幸福！

3月1日

和一个你一直**钦佩**的人交朋友

所谓"近朱者赤，近墨者黑"，在一定程度上，什么样的朋友教会你什么样的品质和人生态度，聪明的人必定懂得如何选择自己的朋友。

你的心目中一定有你钦佩的人，他的某个或某些方面一定是你很想学习的，你渴望与他交流，与他沟通，像朋友一样与他相处，在耳濡目染中会学到更多。

既然你这么想，那就勇敢地走上前，向这个人靠近。不要把这想得太难，其实就像和你其他的朋友一样交往就好。子曰："有朋自远方来，不亦乐乎？"任何人都不会拒绝友谊，友谊就像春风一样，会吹暖每个人的心灵。

你可以主动去约这个人，打个电话给他，或者直接去找他面谈，就说有事向他请教。这是向他发出友谊邀请的第一步，第一次不可能去学到对方全部的优点，关键是今天要迈出交友的第一步。

你可以选择轻松的方式和他聊天，从一个具体的小事说起，这个事可以是你一直处理不好的，问他有什么好的建议。然后你可以说出你对他的景仰和佩服，并表达想和他成为朋友的意愿。你的态度一定要自然而诚恳，让人无法去拒绝，并能让人感觉到友好而欣然接受。

3月2日

逛商场为自己挑一件**最满意**的衣服

很多时候，选择成为人生中最大的难题，多少人在取舍间左右为难，备受煎熬。人生处处是选择，选择是一种能力，一种从容不迫、果敢决断的能力。

相信很多人逛商场都有这样的经历，同时看上好几件衣服，但是目前又只需要或只能买一件，尤其是年轻的女性朋友，于是便开始了艰难而痛苦的选择历程。虽然买衣服不是什么人生大事，但至少折射出一个人选择的能力，如果我们能在平时有意识地培养自己的选择能力，相信对我们的生活能力会是很好的锻炼，比如逛商场买衣服就是个很好的机会。

今天的目标就是一定要买一件自己称心如意的衣服，只能一件，不能多买，也不能因为无法选择而放弃，一件也不买。给自己留出充足的时间，认真仔细地去看每一个品牌，保证自己对所有款式有个大体的了解，在心里有个基本的印象。一定有些是你一眼就排除的，有些仔细瞅几眼还是摇摇头，但总有些是你一眼就相中的，如果这样的"一见钟情"是唯一还好，如果你偏偏"花心"，有些"博爱"，痛苦的选择便开始了。

没关系，不要抓耳挠腮，冷静地考虑一下，权衡各种因素，比如这件衣服你打算和其他什么衣服搭配，你打算在什么场合穿，你最初打算花多少钱买下这件衣服等各方面的因素都要考虑到，综合比较一下，理清思路后，是不是已经有结论了。

得出结论之后，就不要再犹豫，立马买下你最终的选择。

3月3日

仔细想想现在所处的这个**环境**，是否适合你的发展

决定我们一生成就的重要因素，不是一般所谓的命运，而是每个人身处的环境。或许我们没有能力去创造一个环境，但可以去选择一个环境。虽说内因是根本，外因只是条件，但倘若我们可以选择，为什么要执著地挑战自我的意志呢？更何况，环境的作用你真的可以忽视吗？

自古有云，"近朱者赤，近墨者黑"，"蓬生麻中，不扶自直；白沙在涅，与之俱黑"，可见古人早已认识到环境对人的重要作用，"孟母三迁"便是一个很好的例子，更何况处在现代社会聪明的我们呢。俗话说得好，"树挪死，人挪活"，候鸟还懂得随气候变化而迁移呢。

那么今天就认真想想你现在所处的这个环境，是否真正适合你将来的发展。比如你现在的工作单位，单位里的领导和同事，你是否在这个环境中得到锻炼，是否学到了你想学到的东西。不要认为自己的这种考虑是多余的，虽说环境只是外因，但外因不等于没有影响，更不可能被忽视，石头里蹦不

出小鸡，我们要善于选择对自己有利的环境。有人说，什么样的父母养出什么样的孩子，那是家庭环境的影响；也有人说，什么样的老师教出什么样的学生，那是教育环境的影响。

环境对于一个人的影响至深至远，我们切勿等闲视之。认真考虑这些环境因素，包括工作、生活、学习的各个方面，是否能够帮助我们成功，是否充满积极正面的力量，是否存在许多成功者足以带动我们。

环境虽然难以改变，却可以更换。如果你认为自己当下所处的环境无法提供你足以成功的帮助，建议你可以去寻找一个让自己成功的新环境，使自己的潜能得以激发，成功则必然可期。明天，你会为自己今天的明智选择而骄傲。

3月4日
动手去做一件自己最拿手的事

世上没有绝对的强者和弱者。在夹缝中生存，逃避挑战，是弱者天生的本领。只要你懂得利用自己的优势，适应环境因素，该强则强，该弱则弱，收放自如，弱肉未必强食，相反强肉也有可能被蚕食。

每个人都有自己的优势所在，关键就在于你是否善于捕捉自己的优点，并懂得如何去利用。千万不可在自怨自艾、妄自菲薄的阴影里埋没了自己的优点，要相信，弱者同样有自己的生存空间，更何况，谁说我们就是弱者了？

相信自己，只要认真地活着，不对自己的强大与弱小耿耿于怀，只要你找到了自己能游刃有余的空间，充分发挥自己的优势，到那时，你的优势会弥补你的不足，你定能获得别人也许苦苦求索而无法得到的东西。

所以，今天就来认真分析一下自己的优势吧！看看自己对什么事最擅长、最拿手，想好了就动手去做这件事。比如你觉得自己口才好，表达能力强，那你可以尝试参加某种形式的促销活动，做个促销员，并且努力创下佳绩。又比如你觉得自己文笔好，写作能力强，那你可以尝试写一篇你自己比较擅长的类型的文章，然后寄给某个杂志社或者报刊社，然后期待自己的文字变为铅字的惊喜。诸如此类，你的优势你自己最清楚，认真分析然后行动。

记住，利用自己被人忽视的空间，暗暗给自己鼓劲，努力地为我们的生活再创造一个"一鸣惊人"的美丽神话。

3月5日

勇敢面对自己逃避的难题，再用心去解决

人生总要经历许多道坎，有时候感觉真的很难迈过去，是真的迈不过去了吗？还是因为我们认为迈不过去？那么，先什么都不要想，勇敢面对这一切吧，慢慢地你会发现这一切终究会迎刃而解的。

许多人在困难出现时，退却了；在无法突破时，灰心了；更有人在没有达到预期目标时就丧失了斗志，甚至有人用放弃自己的生命来了结问题。

如果我们此时选择勇敢与豁达，先"放心"去面对，再"用心"去解决，你会发现，问题有时只是我们想象中的猛兽，一旦你带着武器反攻，它们可能成为不堪一击的泡泡，轻轻一刺，便消失了。

如果我们还可以选择，为什么不选择？那么就不要再踌躇不前了，先思考一下问题的重点，再搜集相关的、有助于解决问题的资讯，拟订解决的方案与取代的方法，然后把自己推向最重要的执行上。打破限制，突破牢笼，激发自己的潜能，成功就在眼前。

3月6日

不要争强好胜，退一步海阔天空

人生旅途中，前进固然可喜，后退也未尝可悲。有时候，前进一步，也许就是万丈深渊；而后退一步，也许你会发现，原来海阔天空。

你可能听过看过，或自己有这样的经历：朋友之间因一句闲话而争得面红耳赤；邻里之间因孩子打架导致大人拌嘴，老死不相往来；夫妻之间因为家庭琐事而争吵不休，导致劳燕分飞，等等。其实当我们静下心来，仔细想想这些事情，总会觉得有点可笑甚至荒谬。既然退一步可以化干戈为玉帛，又何乐而不为呢？会生活的人，并不会一味地争强好胜，在必要的时候，宁愿后退一步，作出必要的自我牺牲。要明白人生的路并不是一条笔直的大道，既需要穷追猛打，也需要退步自守，既应该争，也应该让。

明白了这些道理，那么想想自己的现实生活吧，你是否还在憋着一口气，因为某某说过一句不中听的话；你是否还在为某位同事在那次工作任务中抢了头功而耿耿于怀。告诉自己，放弃这些无谓的争斗，心平气和地享受现在的拥有，享受这份放弃的轻松和惬意吧。

3月7日

保持一整天的愉悦，用快乐的眼睛看每一件事物

万事万物都只是客观地存在于我们的世界，它们本身没有感情，是人类赋予它们灵性和寓意。用快乐的眼睛看事物，世界是明亮的；用忧郁的眼睛看事物，世界是灰暗的。

乐观的人是太阳，照到哪里就亮到哪里。我们的世界应由我们自己来装扮，不要总是埋怨世界辜负了我们的热情，也不要悲叹世界的苍凉与灰暗，看看别人脸上的笑容，看看别人眼睛里透出的光芒，世界在他们眼里又是怎样的呢？

学着改变心态，用快乐的眼睛去看世界。用各种方法让自己保持一整天都很愉快，你会发现万事万物都是那么的美好，充满了希望。踏上快乐旅程，你会发现，你的世界越来越精彩。

3月8日

不和不自量力的小人物一般见识

人一生的精力有限，能做的事和能得到的东西也有限，如果我们总是为一些无谓的事耗费我们的精力，那难道不是对我们生命的浪费和亵渎吗？在人生的取与舍之间，我们是否还在作无谓的牺牲？

你如果与一个不是同一重量级的人争论不休，就会浪费自己很多的资源，降低人们对你的期望，并无意中提升了对方的层次。同样的，一个人如果总在为生活琐事而烦心劳累，对大事的关注和兴趣就会越少，离成功也就会越来越远，而使自己归于平庸，烦恼一生。

威廉·詹姆斯说过："明智的艺术就是清醒地知道该忽略什么的艺术。"不要被不重要的人和事过多打搅，因为成功的秘诀就是抓住目标不放，而不是把时间浪费在无谓的琐事上。

因此，面对小人物可笑的挑衅，千万不可动怒，你应该保存你的实力去做更有意义的事。如果此人还在不停地骚扰你，也不要理睬他，或者斩钉截铁地回绝他，甚至可以对他说："算你赢了，我放弃比试的权利。"给这种小人物一个自欺欺人的"兴奋"，换来自己清静自由的空间，也是划算的。

3月10日

清理一下思想，丢掉那些包袱

生命如舟，载不动太多的物欲和虚荣，怎样使它在抵达彼岸之前不在中途搁浅或沉没？我们是否该选择轻载，丢掉一些不必要的包袱，那样我们的旅程也许会多一份从容与安康。

有时我们拥有的内容太多太乱，我们的心思太复杂，负荷太沉重，烦恼太多。诱惑我们的事物太多，会大大地妨碍我们，损害我们。

人生要有所获得，就不能让诱惑自己的东西太多，心灵里累积的烦恼太乱杂，努力的方向过于分叉。我们要简化自己的人生。我们要学会有所放弃，要学习经常否定自己，把自己生活中和内心里的一些东西断然放弃掉。

仔细想想你的生活中有哪些诱惑因素，是什么在一直干扰着你，让你的心灵不能安宁，又是什么让你坚持得太累，是什么在阻止着你的快乐。把这些让你不快乐的包袱通通扔弃吧！只有放弃我们人生田地和花园里的这些杂草害虫，我们才有机会同真正有益于自己的人和事亲近，才能获得适合自己的东西。我们才能在人生的土地上播下良种，致力于有价值的耕种，最终收获丰硕的粮食，在人生的花园采摘到鲜丽的花朵。

3月9日

是你错了，别怕丢面子，说声抱歉吧

人很多时候是为了尊严而活着，正所谓"士可杀，不可辱"。然而，在错误面前呢？如果我们一味地坚持自己的错误，还能有尊严吗？

有时候，只有舍得放弃蛮横地维护个人的尊严，我们才能拥有尊严，在自己犯下的错误面前绝不低头，反而会让我们失去更多。

如果是你错了，就不要死撑着不肯认输，你越是想维护所谓的面子，反而越会陷入一种难堪，让你自己进退两难。有人说过："做好人的工作要凭两种力量，一是真理的力量，一是人格的力量。"真理的力量在于我们的知识、我们的能力，那么，人格的力量呢？有时候，舍弃虚荣的尊严，反而会赢得人格。所以，别再瞻前顾后，大方地走上去，对对方说一句对不起，承认是自己错了，希望对方能够原谅。你可能以为这样说很难，其实等你张开了嘴，你会发现很轻松就说出来了，而且说完之后，你会有一种如释重负的感觉，心中也顿时变得明朗起来。等你抬头，迎接你的将是一张宽容的笑脸。

3月11日

放下无谓的**执著**

当我们坚守一样东西的同时，也在失去更多的东西，当新的机遇来临的时候，我们有没有问过自己，我们的执著是否值得？当执著变成一种固执，是什么在束缚我们的心灵自由飞翔？

大多数人都是一边自己放弃机会，一边又怪罪机会不降临在他身上。放弃是因为我们心中有自己坚持的东西，仔细想想，是什么让我们如此放不下？

内心的那份欲望与执著，使我们一直受缚，也许我们并不快乐。告诉自己，如果我们可以放弃一些固执、限制，甚至是利益，这样反而可以得到更多。

放下一些自己很在乎的东西，的确很难，尤其当你坚持了很长时间，而这几乎变成了生活中的一种习惯，但是你并不快乐，可是又在渴望快乐。也许，你唯一要做的，就是将双手张开，轻轻吐一口气，把心思放在那些对自己真正有意义的事情上。或者干脆断绝我们继续坚持的一切线索，比如你的心里一直放不下一个人，就狠狠心删掉这个人的一切联系方式，让自己再也无法与他联系。真的，放下无谓的执著，就能逍遥自在了。

3月12日

把那些痛苦的往事**抛到脑后**

很多时候，人的痛苦来源于一些不好的记忆，过去的已然过去，何不学着放弃那段记忆，学着遗忘，快乐就会重新回到我们身边。

遗忘，对痛苦是解脱，对疲惫是宽慰，对自我是一种升华。在人生的旅途中，如果把什么成败得失、功名利禄、恩恩怨怨、是是非非等都牢记心中，让那些伤心事、烦恼事、无聊事永远萦绕于脑际，在心中烙下永不褪色的印记，那就等于给自己背上了沉重的包袱、无形的枷锁。这样你就会活得很苦很累，以致精神萎靡，心力交瘁，而生命之舟就会无所依存，就会在茫茫的大海中迷航，甚至有倾覆的危险。如果我们善于遗忘，

把不该记住的东西统统忘掉，那就会给我们带来心境的愉快和精神的轻松。正像陶铸同志所说："往事如烟俱忘却，心底无私天地宽。"

遗忘是一种能力，一种品质。要学会遗忘，经常进行自我心理调节，想大一点，想远一点，想开一点，从名利得失、个人恩怨中解脱出来。对已经过去的无关紧要的事物，要糊涂一点，淡化一点，宽容一点，朦胧一点，及时将这些东西从大脑这个仓库中"清除"出去，不让它们在记忆中占有一席之地。

学会遗忘吧！放下过去那日益沉重的包袱，轻装上阵，精力充沛地面对现在，信心百倍地去迎接未来，就能开拓新境界，创造生命的亮丽风景线。

3月13日
忘记自己的优势，去做一件轻而易举的事

> 许多时候，我们不是跌倒在自己的缺陷上，而是跌倒在自己的优势上，因为缺陷常能给我们以提醒，而优势却常常让我们忘乎所以。

优势常常让我们恃才傲物，忘乎所以，正如"龟兔赛跑"的结局，强者反而输给了弱者。试问一下自己，学习中、工作中、生活中，有没有为自己的优点而沾沾自喜，洋洋得意，面对看似弱小的竞争对手，我们做好准备了吗？

哪一件事是你自认为很容易办到的，可能平时你都没有用心去做过，今天就以一种平静的心态重新审视一下这件事，然后像对待其他有挑战性的事情一样用心去做，并且坚持到底。记住，在做这件事的时候，注意观察外在的环境，你的竞争对手是否变得强大了？这件事本身是不是随着时间的推移发生变化了？你还能继续采用老办法去应付它吗？你的优势是否真的还存在？你要怎样做才能继续保留你对这件事的优势？认真考虑

这些因素，深思熟虑之后再行动。

万事万物都是变化的，都是能够发生转变的，不要躺在自己的优势和成绩上睡大觉，做美梦。真正的强者，应该懂得放弃自己的优势，把自己放在零的起点上，认真面对人生的每一次机遇与挑战。

3月14日
自觉自愿地做一件平时被压迫着才会去干的事

懒惰平庸的我们总在把捆绑自己命运的绳索亲手交给别人，一面在埋怨自己的渺小与无能，一面又对自己的奴性熟视无睹。想要摆脱命运的枷锁，何不试着舍弃自身的奴性？

相信没有人愿意生而为奴，谁都想做高高在上的主宰者，甚至去主宰别人的命运，然而，你自己的命运呢？

上学时我们渴望没有老师的束缚，上班时我们渴望没有老板的管制，然而，倘若真的让我们独立自主去做一件的时候，我们是不是还在幻想有人来为我们画下行动的蓝图，为我们铺设前进的道路？这就是我们的奴性啊！

试想想，生活中有多少事是被迫才会去做的，比如每天早起上班，每天回家做饭，衣服脏了要洗，地板脏了要拖，等等，这些事几乎每天都要做。还有些事，是不到万不得已就不会动的，比如一件工作任务，领导不催是不是就一直拖着。那么，能不能把这些事都尽早完成，自觉自愿地认真去做，不要等到火烧眉毛才去着急。

其实，只要学着自己的事情自己做，克服凡事依附于人的思想，你就能成为自己的主人，你就能掌握自己的命运。

3月15日

放下一些太沉重的包袱

人之一生，背负的东西太多太多，钱、权、名、利，都是我们想要的，一个也不想放下，压得我们喘不过气来，那么为什么不放下一些呢？

时下，人们成天名缰利锁缠身，何有快乐？成天陷入你争我夺的境地，快乐从何而言？成天心事重重，阴霾不开，快乐又在哪里？成天小肚鸡肠，心胸如豆，无法开豁，快乐又何处去寻？

一切的一切，都让我们背负得太累太累。想要快乐其实很简单，"放下就是快乐"，放下这一切，你会发现，它是一味开心果，是一味解烦丹。只要你心无挂碍，什么都看得开、放得下，何愁没有快乐的春莺在啼鸣，何愁没有快乐的泉溪在歌唱，何愁没有快乐的鲜花在绽放！

认真检查一下自己肩上的背负，掂量一下自己实际的负荷，自己到底能承受多少，又是什么把我们压得快喘不过气来？把那些太沉重的东西扔掉吧，放弃那些根本不可能实现的梦想，放弃那些太辛苦的追求，留下那些真正对自己的生活有意义的东西，然后认真对待。

3月16日

学会转弯

一个人要想成功，理想、勇气、毅力固然重要，但更重要的是，在错综复杂的人生路上，如遇到迷途，要懂得舍弃，更要懂得转弯！

我们都知道理想对于我们人生的重要性，人不能没有理想，可是常常有人为理想倾注一生心血却仍旧一事无成，不得志的我们是否想到理想也可以转弯。

可能你从来没有想过这个问题，或者对理想很执著，那就耐心地劝劝自己，认真分析利弊，分析理想的现实意义，坚持到底值不值得。有没有想过自己可能真的在某一方面不是很擅长，这可能不是你的优势所在，要知道，每个人的智能都不会是均衡发展的，人人都有各自的强项和劣势。人生中所经历的失败，并不是因为我们努力得不够，而可能因为我们暂时还没有找到最适合自己走的那条路。所以，当我们为了理想而努力，在错综繁复的人生路上迷途、碰壁的时候，要学会转弯，并随时校正自己的理想，因为有些理想未必就适合我们，只有最适合你发展的路径，才是你真正的理想。

3 月 17 日

接受生活中的一些残缺，放弃完美

谁都知道世界上不存在十全十美，明知是不存在的东西，为何还要千方百计得到，为此所付出的努力也只会付诸东流。

完美，的确是很美好的一种境界。但是，要知道，人在追求一样事物时，必定会失去另一样东西。我们在追求"完美生活"的同时，已经失去了完美与自由，体会不到生活的快乐和释然，反而让光阴白白流逝。其实，追求完美的结果，就是自己制造了一个思想枷锁将自己束缚，给自己层层设卡。

学会放弃完美吧，因为我们的确不是完美无缺的。这是一个令人宽慰的事实，越是及早地接受这一事实，就越能及早地向新的目标迈进，这是人生的真谛。

因此，不要再埋怨生活中的一些残缺，比如，你可能觉得自己长得不够漂亮，脑子不够聪明，或者没有钱过好日子，没有一份好工作等。想想你所拥有的吧，十全十美的生活是没有的，你应该想想你至少还有几分美，剩下的那些没有的，或许你还可以努力去创造，这就是生活的乐趣与动力啊。如果你什么都有了，那你活着还有什么可奋斗的，还有什么可追求的，没有理想与目标的生活该是多么的空虚无聊啊！所以，你应该庆幸你的生活还有残缺，还有你可以去追求的东西。

现今是一个理性极强的时代，完美虽然达不到，但我们可以做到"没有最好，只有更好"。

让我们放弃完美，努力求实吧！

3 月 18 日

整理一下房间，把那些没用的旧物丢掉

人生的循环，在于得与失的选择，而得与失的关键，是要舍得放弃。所谓"旧的不去，新的不来"，舍得放弃，其实就是为了得到以后更好的机会。这不是消极的人生观，相反是一种积极进取的清醒人生观。

人生有时就是这样，不得不学会放弃，也许这会很无奈，会有许多伤害，但如果一旦做到了，将会收获更多。今天休息，看看房间里越堆越多的东西，干脆整理一下杂物吧。看看那些被自己视若珍宝的收藏都是些什么，年代久远的，对现在是否真的还有意义呢？除了纪念，平时你是否还会再想起它们？这些陈年旧物，也许搬了几次家都舍不得扔掉，于是越积越多，还造成了搬家和收拾房间的负担。在今天看来，很多东西都已经发黄发暗，实在该下决心扔掉一些了。把那些实在没什么用处的东西统统放到一边，当然，如果是那些心里真的很珍视的东西，还是继续保留吧，直到有一天你不再看重它。这一切的过程，其实也需要顺其自然，关键是别让自己过得太辛苦。人有时总会觉得活得很累，往往是因为我们抓得太多，舍不得放手，让自己的生命承载了太多的包袱。

舍得放弃其实是一种选择，不止是对陈年旧物，对生活中许许多多的东西都是如此。收拾房间的过程会让我们学到很多，领会很多，也许会在瞬间豁然开朗。也许有那么一刻，你终于明白，当一切都已云淡风轻时，何必舍不得松开手呢？舍得，会让人明白珍惜是福，放弃也会是快乐的。

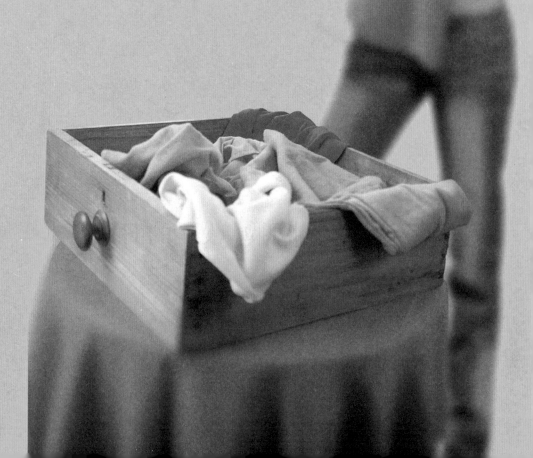

3月19日

为自己的选择作一个长远规划

智者曰："两弊相衡取其轻，两利相权取其重。"学会选择，就是要审时度势，扬长避短，用长远的眼光去规划你今天的选择会为你赢来怎样的明天。

人生一旦做出了某种选择，就不要后悔，但也不能盲目，一定要懂得为你的选择做一个长远规划，这样才能更好地为你的选择而努力付出。

任何一种选择后做出的行动，都犹如在爬树。譬如职业，一旦发现树上所结的果实并非自己所需或者上面的枝干已经腐朽时，唯一的

选择就是退下来，换一棵树或者朝另一个方向继续爬。在旧树干上爬得越高的人，退下来的难度也就越大，而且越是观望等待，所付出的代价就越大，这就是选择的成本代价。所以，正确的人生态度就是想方设法降低选择的机会成本，为选择作出一个长远的规划。

为选择作长远规划的时候，不能把自己关在家里空想，必须搜集相关资料，针对各种因素做详细的调查，然后认真权衡。有必要的话，还可以向有经验的人请教。

做这样的工作必须慎重，不能止于形式，必须立足现实，实事求是，也不能只是口头说说，最好认真做一份规划书，以备行动参考，将来环境发生变化时，还可以在原有的计划书上作出改动和批复。

3月20日

做一套测试选择题，测测自己当机立断的能力

人生旅途中，我们会遭遇许多两难的问题。选择就意味着你需要放弃其中一样，可有时我们所面对的并非西瓜还是芝麻这样简单的选择，它有可能是两朵美丽的花、两棵繁茂的树，让你两样都难抛下。如果在选择面前，你犹豫不决，踌躇不前，你连选择的权利和机会都会失去。

试想一下，假如比尔·盖茨依然在哈佛深造，学习课本上已经陈旧的东西，他还有可能革新电脑界吗？也许他会成为一名白领，但不可能成为一个改变世界的人物。本着人生短暂的信念，他及时地作出了选择。这让我们想起张爱玲说的一句话："出名要趁早。"

这都告诉我们：做选择时，一定要当机立断。当然，当机立断的前提是我们用睿智的眼光看清前路的方向。这种当机立断的能力虽有天生的成分，但绝不是全部都是与生俱来的，更多的需要后天的培养和锻炼。不管怎样，首先起码要有一个前提，就是你必须能够清醒地认识到自己是否具备这种能力，以及拥有这种能力的水平和程度。

了解自己当机立断的能力有一个很简单也很好玩的办法，那就是做一做各种测验题，比如测试性格爱好的，这样的题就是测试你对自我的认识能力。

这种题很多，你不要本着玩一玩的态度，随便做几个，这样就失去了测验的意义。最好从网上或者书上找到一套设计科学的题目，按照出题的要求认真地测验。在规定时间内按要求做完这道题，就像平时的各种考试一样认真对待。

最后看看自己是否真的能在规定时间内完成所有的题，自己在每道题上花的时间是否合适，有没有在一些题面前出现过犹豫，拿不定主意，而过多地在上面浪费时间。这些都是当机立断的大敌，必须引起重视。

3月21日

分析昨天做题的结果，看看自己在答案取舍时是否认真权衡

人生的过程就在于选择，每一次选择也许代表人生的一个转折点或是阶梯，在取与舍之间你认真权衡了吗？你懂得什么才是生命中最珍贵的吗？

拿出昨天做过的那套测验题，重新分析一下做题的结果。可能你能在规定的时间内做完这些题，那么再一次分析由你的答案得出的结论，是否真的切合你的实际，答案中对你的性格的解析你是否认可，认可的又有多少？或者又有哪些是你通过答案才发现自己原来有这样的特点，以前并没有发现，或者以前对自己认识得还不够深刻。

看完最后的答案，再回过头去看每道题及每道题的答案，仔细回忆当时你做题的情形，看看自己在取舍每个答案的时候，是否认真考虑过，是否对它们进行过认真权衡，是不是当时为了追求速度，为了证明自己当机立断的能力，而故意加快速度，随意选择呢？

检查完毕，记得写下心得体会。相信通过这两天的做题和分析做题结果，你自己会对人生有一些感想，甚至是启发，那就赶快记下来，激励自己在以后的人生道路上，在每天实际的现实生活中，在面临一次又一次选择的时候，懂得如何去规避自身的弱点，发扬自身的优势，在以后的人生路上走得更好。

3月22日
想想自己最近的选择是否只贪图眼前利益

　　一个选择也许是为了解决一个问题，我们有没有想过眼前的这个问题解决以后的情况呢？是否还会衍生下一个问题？试着把我们的眼光放长远一点，仔细想想我们的选择能为我们带来什么？能让我们走多远？

　　当我们做选择时，我们的目光最容易投放的点便是我们眼前就能得到的好处，仿佛只有看得见的才是可以摸得着的，能得到的。别忘了，我们生活在一个变化的世界、一个发展的时代，人不可能没有未来，我们今天所做的一切不仅仅是为了今天暂时的美丽，更多的是为了明天的灿烂。别让眼前的利益阻挡了我们的视线，别让你的选择拘泥于眼前的利益，我们的选择属于明天。

　　想想最近自己作出过哪些选择？为什么会那样选择？影响自己如此选择的因素主要有哪些？你的主要着眼点是什么？反思一下自己在乎的是眼前能看到的东西，还是未来的希望？我们在做自我剖析的时候，不要自我狡辩，态度必须诚恳谦虚，要敢于揭露内心的怯弱和虚荣，把自己放在一个旁观者的立场来冷静看待和分析自己的内心。

　　一旦发现自己的短视，马上重新审视和考虑自己的选择，及时矫正自己的一时冲动。

陪最亲的人度过美好的一天

> 生活让我们学会了忙碌，忙碌让我们忽视了身边很多美好的事物，因为熟悉，因为平淡，所以忘了用心，忘了留意。至少，我们应该多一点关心给自己的亲人。

　　今天暂时放下每日的繁忙，什么工作都停下，把所有的时间都留给身边最亲的那个人，可能是你的父亲或者母亲，也可能是你的爱人或者孩子。不管他们是谁，事先跟他（她）说好，今天一天的时间都是属于他（她）的，问他（她）想怎么度过这一天，想去哪儿，想做什么，不管对方想怎样，都要尽量去满足要求。

　　或者你想给对方一个惊喜，事先并不说明，等到早上，温柔地告诉对方，想带他（她）去哪，想和他（她）做什么。如果有足够的默契，你应该知道你的至亲有什么样的愿望，今天就是满足他（她）的愿望的一个绝好机会。

　　也许你的亲人并不需要你有什么特别的举动，只要陪在他（她）的身边就好，你能够留意到他（她）的存在便是最大的安慰和幸福了。试想想，你有多长时间没陪家人吃一顿饭了？有多久没有和他（她）认真谈谈心了？有多久没一家人和乐融融地坐在一起看电视了？这些只是很平常的事，可是你却常常忽略，或者有心无力。那么今天就一一实现吧，其实这对你来说也是一种休息和放松，更是难得的享受！

3 月 24 日
去书店选一本你感兴趣的书

> 读书，切忌囫囵吞枣，要认真解读，取其精华。读书，更要读好书，一本好书，如良师益友。学会择书而读，才能在知识的海洋中避开暗礁，躲过风浪，自由翱翔。

不管你平时是否爱看书，是否爱逛书店，今天就去一次书店，认认真真地选一本自己感兴趣的书。面对书店琳琅满目的书，你一时间可能有些头晕眼花，不知从何选起，别着急，首先去查查书的分类和分区，看看你感兴趣的那类书在哪个区。这样就可以减少你选择的范围，至少能很快理出一个头绪来。

择书的时候，切不可以停留于表面，要挑那些真正对自己有帮助的书，对自己的生活有指导意义的书，至少是对自己内心有所启发的书。当然，一本书，只有阅读后才能真正体会它的价值所在。所以，在书店选择书的时候，是考验一个人对好书的敏感程度和判断能力的时候。这个时候，要慎重，要细心，首先通过内容简介了解其主旨，然后通过翻看其中一段文字品味其语言风格及其思想寓意，一般一段文字的描写多多少少能窥见作者在本书中发挥的功力。

如果，你对自己的判断能力还不够自信的话，那就在去书店之前，通过互联网等途径查询相关信息，了解各类书的价值。一般网络上都会有这方面的详尽信息。或者，你可以向有经验的朋友咨询，通过他们的介绍和推荐来作出你的选择。这样做的结果，可以让你少走很多弯路。

3月25日

去花店选一盆自己喜爱的花回来养

清代医学家吴尚先曾经说过："七情之病也，看花解闷，听曲消愁，有胜于服药者矣。"根据人的情志、爱好、性格的不同，所处的自然条件与家庭环境的不同，有选择地莳养一些适合自己的花卉品种，可以达到怡情养性、消闷解愁、陶冶情操、焕发精神、增强活力、延年益寿之功效。

赏花之时，悠悠漫步，细细观赏，芳香扑鼻，给人以乐趣，纵有千愁也会顿时尽消。若是自己学会了种植花卉，其间的乐趣，要比单纯的赏花更胜一筹。由于自己花了心思，洒下了汗水，盛开的鲜花更会给你无穷无尽的快慰之感。

想象一下，一枝艳丽芳香的月季花摆在窗前，顿时给人以生机盎然和美的感受；一丛苍郁葱茏的文竹放在案头，立即呈现一派清雅文静的气氛；一盆芳香浓郁的兰花摆在室内，芬芳四溢，令人心旷神怡；一树密枝接挂的金橘，硕果累累于小巧中见到丰硕。花，赏心悦目优美动人；花，历来为人们视为吉祥、幸福、繁荣、团结和友谊的象征。

居家养花，乃怡情之首选。养花，还要学会选花，选择适合自己的花卉品种。走进花店，你可能会被品种繁多的花卉弄得眼花缭乱，不知从何挑起。这个时候，你可以请教花店老板或者店员，让他们帮忙介绍各种花的特征和功效，以及如何去养。如果你觉得让别人一一介绍太费劲，可以直接告诉店员你喜欢什么特征的花，你养花的主要目的，以及你能为养花付出多少时间和精力。然后，店员会根据你的描述介绍一些花种给你，这时候，你就可以根据你的感觉来选择，相信这个时候的选择应该容易多了。

养花也有养花之道，许多养花爱好者由于不得要领，而把花养得蔫头蔫脑，毫无生气。所以，养花切忌随心所欲，必须要得其要领。而一要细心呵护，对这些美丽的生命应有细心和勤勉的态度，勤动脑，多钻研钻研养花的知识；勤动手，记得经常浇水施肥。二要爱心适度，对花不能爱过了头，不能经常摆弄，胡乱施肥浇水，打乱其正常生长规律。

3月26日

放下缠绕在心头的烦恼事

伴你一生的是心情，它是你唯一不能被剥夺的财富。烦恼忧愁，开心快乐，都可以伴随生命的全部过程。生命是个过程，直面生命是一种态度。善待了生命，就是善待了自己，简单的感情，简单的快乐，放下烦恼，拥有快乐！

人生在世，每一个人都会在自己的哭声中到来，在别人的哭声中离去。在物欲横流的今天，我们常常因欲望而感受人生之累，为欲望而感受人生之暂短。也许我们懂得烦恼来自我们自身，来自我们自己的人生欲望。人生短暂，容不得我们常与烦恼纠缠，不能让烦恼伴随着自己去迎接崭新的太阳。

在平凡的生活中，不经意的来来往往，我们要对什么事都感觉新鲜，使生活充满乐趣。有心情的时候，我们可以随意写些文字，用文字叙述一下自己的心情；想念的时候，可以和朋友通通电话，说说生活中的趣事；也可以上网和网友聊聊天、听听音乐，有时间还可以看山以静神，也可以观海以开阔心胸。就让我们以一种普通人的目光看待世界，不为昨天的失意而懊悔，不为今天的失落而烦恼，不为明朝的得失而忧愁，知足常乐，随遇而安，凡事顺其自然。我们要喜欢这种恬然宁静的心境，享受这种简单而平静的平淡生活。

生活在这纷扰喧嚣的世界，有时真的需要有自己独处的空间，可以放飞自己的心灵，什么都可以想，什么都可以不想。一人独处，静美随之而来，清灵随之而来，温馨随之而来；一人独处的时候，贫穷也富有，寂寞也温柔。

可以漫步到江边，伫立在无声的空旷中，感受一份清灵。让心灵远离尘嚣纷乱的世界，默默地体验花香，聆听鸟鸣。欣赏自然带给我们的乐趣，静静地沉浸在自己的遐想中，不要谁来做伴，只有自己，而在这时我们是最真实的。抬头仰望天边云卷云舒，让心儿随着自己无边的思绪飘飞。此时，这个世界属于我们，我们也拥有了整个世界。

可以捧一品香茗，在氤氲的缭绕中慵懒地翻阅一本好书。让自己在这份难得的宁静中，去书中解读关于生活，关于情感的文字。此刻，孤独成为一支空灵的竹箫，悄悄地流淌着轻柔的曲调。可以被书中的人物打动，静静地流泪。这时的我已卸掉了生活的面具，返璞归真，不带任何伪饰的成分；抑或是微笑，这笑也是甜甜的，是久蓄于心的一份无法表达的秘密。

可以播放轻缓的温柔的《小夜曲》，静静地赖在床上，什么都不想，只让自己沉浸在这精心营造出的氛围里。让身心此刻回归本真，默默地享受音乐带给我们心灵的栖息。让音乐来诠释我们对浪漫的渴求。

无论生活多么繁重，我们都应在尘世的喧嚣中，找到这份不可多得的静谧，在疲惫中给自己心灵一点小憩，让自己属于自己，让自己解剖自己，让自己鼓励自己，让自己做回自己……

放下烦恼是一种美丽的真实！放下烦恼是一种真实的美丽！

3月27日

放下爱得太辛苦的人

爱得太辛苦，就会少了甜蜜，多了伤痛。放下手，放下爱，才会有新的幸福等着自己。若苦守，若委曲求全，只会让彼此离快乐和幸福越来越远，不如放手，或许就在那一刹那，你会赢来一片明净的天空。

如果你爱得太辛苦了，就放下吧。也许仍有留恋，也许仍舍不得放手。但要告诉自己，学会放弃，学会还自己一份轻松，还自己一份快乐。

当你可以把爱放下，说明你累了；当你可以把爱放下，说明你倦了；当你可以把爱放下，说明你伤了；当你可以把爱放下，说明你成熟了；当你可以把爱放下，说明你哭过了；当你可以把爱放下，说明你笑过了；当你可以把爱放下，说明你真的拼过了；当你可以把爱放下，说明你曾经为了心中的那个他（她）用心过；当你可以把爱放下，说明你心碎了。

心碎了，醉了，人累了，倦了，但我们幸福过，对吗？既然现在已经觉得太辛苦，那就选择放手吧！

3月28日

放弃追逐不到的梦想

梦想的实现，贵在坚持，但也要看追逐的路途是否太遥远、太崎岖，以致无法达到。放弃梦想，是一种钻心的痛，但为了能够更好地生活，我们必须学会忍痛割舍。

梦想也要建立在现实的基础上，这样才有实现的可能性。但人们往往站得太高，看得太远，这只能一路追逐梦想的影子，而始终抓不住、摸不着，还把自己累得筋疲力尽。如果是这样，何不干脆放弃那些根本追逐不到的梦想，重新建立一个更有现实意义的梦想呢？

强迫自己忘记那遥远的美好，那看不清楚的美好，收回你那因伸得太长而发酸的脖

子，放低你那因抬得太高望得太远已有些发痛的双眼。告诉自己，那不属于自己，那只不过是你生命中的一个幻影，用虚幻的美丽诱惑着你，让你在迷途中劳累自己的心灵。所以，明智的我们，必须学会迷途知返，放弃这些沉重的包袱。

3月29日
放下你不该忙的事

> 人生就像一只在春天里忙碌的蜜蜂，为了自己，为了人们能够得到香甜的蜂蜜，而忙碌着。怕就怕一不小心采摘到有毒的花粉，而毁了自己的一生。

你是否觉得你每天都在忙碌不停，为工作，为生活，为其他很多很多的杂乱无章的事。这么多事你都忙出头绪来了吗？是不是每件事都是你必须或者应该去忙的事？是不是每件事都对你的人生，对你的日常生活有或多或少的意义？这里面肯定有一些事把你的生活搅得一团糟，把它们都揪出来，停止对它们的操心和劳累，把它们抛到你的生活之外。

可能你不是很清楚什么事是你不该忙的，反而把一些你应该做好的事丢在了一边。比如你为了挣一份外快把自己的本职工作给耽误了，恐怕这就有点得不偿失了吧。又比如你很关心某人，为他做各种事，操各种心，说不定人家自己早有打算和安排，你的这些付出对他而言没有任何意义，你说你这不是白忙一场吗？

仔细想想，你的生活中这样类似的事情有哪些？如果有，赶快停止吧，越早停下来越好！

3月31日
买一件你从来不会选的颜色的衣服

> 大多数人都是根据自己的惯性作出选择，这样的选择总是缺乏创意。往往，打破习惯的新选择，别样和另类点缀的人生会焕发出奇异的光芒。

每个人都有自己喜欢的颜色，打开你的衣柜，是不是基本上都是一个风格，一个色系，这就是我们的惯性，也是我们的喜好。所以，有时候当我们看到某种样式和颜色的衣服时，就会想到某个人。

有没有想过尝试一下别的款式和颜色的衣服？试一试吧，看看什么感觉，说不定也很美妙。走进商场，让自己的眼睛跳过那些平时常选的颜色，专注于那些平时被自己忽略和排斥的颜色。挑出几件自己喜欢的，或者干脆就挑自己平时几乎不能接受的，试穿一下，然后站在镜子前面看看效果如何。最好带上几个同伴，让他们帮忙参谋参谋，看看自己在别人眼中的感觉。

综合比较和考虑之后，下定决心买下一件你最满意的。不要犹豫，不要迟疑，相信这样做的价值，明天你在大家眼中会是一个全新的你，原来你也是可以变化的，原来你也有这样的一面。给大家和自己一个全新的感觉，就只是换一件衣服这么简单，你明白了什么深刻的人生道理吗？有些事情的改变和转折其实很简单，创新其实也是这样，一小点的改变和新意，便可以让事物发生质的变化，有时候，事情就是这么神奇。

3 月 30 日
放下所有的工作和其他事宜，找个地方清闲一下

忙里偷闲，寻找一份夹缝中的轻松和快乐，对忙碌的人生是一味绝妙的调味剂，偶尔的品尝，在瞬间的神清气爽中享受人生的怡然自得。

每天都有做不完的工作和事情，很久没有好好放松一下了，心里虽然很想轻松一下，但又放不下手中的活。试问一下自己，是不是这样？人生也要学会享受，对自己好一点，今天就放下这一切的工作，不管它们有多重要，找个地方清闲一下吧。要知道，偶尔的放松，也是为了接下来能够精力充沛地投入工作。

到什么地方去放松倒不是最重要的，关键是要放得下一切的繁忙，不只是身体离开，手中放下，心也要放下。既然出来了，就要把整个身心都投入到轻松愉悦的休闲中去，否则，人在外面，心里还想着，焦急不安，还不如干脆别出来，出来就是为了放松。

既然下定决心全身心放松，就要事先把事情安排好，比如把留下的工作做个记号，跟合作的同事交代清楚，如果有必要，跟领导也汇报一下，以备明天上班接手的时候能够很快进入角色，投入到具体的任务中去。把这些工作都安排好，相信你也没有任何后顾之忧了，这样就可以放心地休闲。

诚信处世，大得大赢，营造友善天空

　　如果春天没有七彩的阳光，就不会有蝶儿的满山翻飞；如果人间没有诚信，那就是一个苍凉而荒芜的世界。诚信，如同一轮明月，普照大地，以它的清辉驱尽人间的阴影，它散发出光辉，可是，它并没有失去什么，仍然那么皎洁明亮。诚信待人，付出的是真诚和信任，赢得的是友谊和尊重；诚信如一束玫瑰的芬芳，能打动有情人的心。无论时空如何变幻，它都闪烁着诱人的光芒。有了它，生活就有了芬芳，有了它，人生就有了追求！

4月1日
跟朋友说说最近的烦恼

朋友之间，不只是要分享快乐，更重要的，还要分担烦恼和忧愁，这才是友谊的真诚和珍贵之处。不要把满腔心事都憋在心里，自己一个人默默吞咽，这种感觉很苦很闷。烦恼需要倾诉，有些事情说出来就好了，心情其实只是需要一个发泄的出口。

找一个信任的朋友，给他打电话，约他出来，就说想找他聊聊天。诉说烦恼不一定非得一把鼻涕一把泪，好像这样才能营造某种气氛似的。放松心态，平静地娓娓道来，烦恼也会如涓涓细流，从你的口中慢慢流出。不然，如山洪暴发一般，会在顷刻之间决堤，变得一发不可收拾，不但让你自己无法平静，可能还会吓着身边的朋友。

跟朋友诉说的时候，不要顾忌太多，如果害怕暴露自己的弱点，那你的烦恼只会永远在你内心深处，无法走出。

朋友的安慰和鼓励，你要用心倾听，并要诚恳地接受，不要顽固偏执地坚守着那份苦恼，否则也就失去了倾诉的价值。倾诉不是为了把烦恼倒给别人，然后两个人一起把烦恼一分为二地分担，而是要让烦恼化为云烟，消失在九霄云外。这才是倾诉的目的和初衷。

4月2日

跟朋友探讨怎样克服自身的弱点

很多人一面感叹社会的冷漠，感叹人与人之间的隔膜，一面又在朋友面前刻意掩饰自我。殊不知，社会是人的社会，想让社会变得温馨融洽，那就先从自己做起吧。

诚信处世，大得大赢，营造友善天空

人与人之间需要的就是赤裸裸的真诚相待。真诚、坦率、机智是人生的三大法宝，恰当地运用它们，不仅可以打破困窘，而且能够真实地表达自己的诚意，成为事业和生活取得成功的得力武器。

对朋友，不用刻意掩饰，哪怕是你最脆弱、窘迫的一面，这样反而能赢得朋友的信任，因为信任总是相互的。你自己可能总在苦恼如何克服自身的弱点，那么，就跟朋友一起认真探讨一下，也许站在旁观者的角度，他会有很好的建议。也许你对自己的弱点还认识得不够，那就应该诚恳地请求朋友对你作一个客观的评价。作为朋友，他一定会给你提出一个最佳的改善缺点的可行方案。

达成一致意见后，为了慎重起见，你最好拿出纸和笔，将以上方案记录在册，以备行动之需，作为一种指南，时时遵照。

4月3日

拒绝诱惑，保留诚实

人的本性往往是被世间形形色色的利欲诱惑所扭曲的，诚实并不难，难就难在当我们面对诱惑的时候，还要保持诚实。然而，诚实会让我们得到更多。

诚实是一种美德，是一种可以感动心灵的美德，如果世界上人人都诚实，那么我们的生活便会少了许多欺骗和悲哀。然而我们无法要求别人，那么就从自己做起吧！

福楼拜曾说过："一个机会可以失而复得，可是一句谎话却驷马难追。"谎言会伤害你的灵魂，让灵魂不得安宁。

当一种能够依靠说谎而得到的利益摆在我们面前时，我们能否依然选择内心的准则——诚实，这是衡量一个人品德的重要标准。

如果我们希望自己能成为一名品行高尚的人，那么无论何时都请选择与诚实为伍。

不要以为诚实会让你失去什么，当诱惑来临的时候，不是自己的就不是自己的，靠谎言获得的幸福终究是不牢靠的，因为它已经腐蚀了你的心灵。想要幸福，想要获得更多，就不要让诱惑偷走你的诚实。

4月4日

按时赴约，做个**守时**的人

守时是一种观念，更是一种素质，一种修养，是一个人信誉的体现。诚实守信的人，在任何情况下都会努力按时赴约。

时间的珍贵是无法衡量的。古往今来，时间吝啬而又公平地分给每个人一天24小时。对于我们每个人来说，时间就好比是生命。鲁迅先生曾经说过："浪费别人的时间就好比谋财害命。"

守时能够给人以良好的印象。每一次你的守时，都会在对方的心坎里烙下一个坚实而又深刻的脚印——你是一个值得信赖的朋友。守时，不仅节约了自己的时间，也为自己赢得了一个又一个的朋友。

因此，每次约会，我们一定要做到按时赴约。和朋友约定时间的时候，一定要认真考虑清楚那个时间你是否能到达，不要随口就答应。约定时间后，就不要因为其他的事情耽误这次约会，除非真的有非常重要的急事。有急事不能按时到达，必须提前通知对方，另约时间，不能因为事情紧急就将约会的事暂时搁置一旁了。要知道每个人的时间都很宝贵，不可白白浪费别人的时间。

守时，多么简单的两个字，遵守时间，遵守约定。然而它的意义深远，它为你的道德修养和信誉证书盖上了一个鲜红的印戳。

4月5日

找个**独我的空间**，忏悔一下自己曾犯过的错

罪恶潜藏得太久，会让心灵就像久置车库的跑车，经受不了岁月的斑驳和风霜的侵袭。懂得放逐自我，剖析自己的良知和灵魂，才会让孤独和悔恨找到出口。

忏悔不是原谅自己的过错，逃避责任，而是通过一种自我谴责的方式让自己受累的心灵得到喘息的机会。忏悔需要一个宁静的空间，一个人的时候是最好的。找个没人的地方，如果你是教徒，可以对着你的主来忏悔；如果你没有一个具体的信仰，那么就向自己，向另一个纯洁高贵的自我来忏悔吧。

如果你的过错伤害到了某人，现在虽已时过境迁，但是在心里默默地对那个人道歉是很必要的，虽然对方已经听不到，但是这可让你警醒，让你从今往后变得更善良诚恳。然后再默默地诉说自己的内疚，诉说长久以来心灵受累的折磨，相信自己会得到原谅，只要你以后不再重犯。因为你接下来要说的，就是你对以后的承诺，承诺以后要如何为自己的过错做出弥补，这不是让你为已经过去的事做出什么补救，因为这也许没有任何意义，事情已经发生，无可挽回。当然，如果还能有所补救的话，应该及时去补救。但更重要的是，通过其他的事情来偿还，不是为了让某人知道，而是为了求得你心灵上的平静。

4月6日
想想近期自己的所作所为，做做自我检讨

当一个人开始在前进中反省过去、拂拭历史尘埃、检点自己污点时，也正是他寻觅原来不曾发现的宝石，并从此走向新生与繁荣的时候。

"经营之神"王永庆先生曾说过："检讨为成功之母。"失败不检讨，只会继续失败。人非圣贤，谁能无过。犯错并不可耻，恐怖的是犯同样的错。

大凡成功的人，他们都有一个共同点，就是有经常思考的习惯，他们经常做自我检讨，改善自己的弱点，想办法提升自己的能力。

找个独我的空间，想想自己这段时间的所作所为，有没有一些违背自己做人原则的

事？如果有，当时这样做的动机是什么？是迫不得已还是自觉自愿而为？又有没有一些伤害到别人的事？如果有，当时有没有意识到？事后有没有采取一些善后行动？

从一些具体的事例中找出自己为人处世的弱点，可能有些是自己长期以来的苦恼，可能有些是不经意间才窥见的，不管是什么，都应该引起足够的重视，人生便是这样，要学会不断地剖析自我，然后完善自我，让自己学会更好地去生活。

如果害怕自己会忘记，可以准备一个备忘录，写满自己应该注意的事项，这样做的目的首先是让自己能够引起足够的重视，而后更重要的是让自己时时警醒，人生的错误不要再犯第二次。

自我检讨也是诚实守信的重要保障条件之一，道德是一种自我约束，而自我检讨更是一种高度自觉性的自我约束行为，只有时常在自我检讨中升华，才能保证自己不逾越道德的防线，永远做个诚实守信的人。

▼ *我曾经的过错*

_____

_____

_____

_____

_____

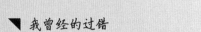

4月7日

收回想说的伤害别人的话

人与人之间常常因为一些彼此无法释怀的坚持，而造成永久的伤害。不要轻视伤害的话语，它有可能给别人造成永远的伤痛，如果你想说，请收回吧！

伤害的话语一旦说出，无论你说多少个对不起，伤口都将无法完全愈合，永远都会留下一道瘢痕，留在别人的心里，隔开了人与人之间的友善和融洽。

也许对方的态度很让你受不了，但是告诉自己忍一忍，一定要忍住。在说某句话之前一定要认真地想一想这句话一旦说出，会给对方造成什么样的感受，会给自己，会给你们之间的关系造成什么样的影响。冲动是魔鬼，人说话做事都需要理智，这就是人和动物的区别。凭冲动做出来的事往往都会让人后悔，譬如伤害别人的话。也许你只是凭当时的一时怒气，你们之间并没有多大的仇恨，可能等你说完，怒气也就消了。可是对别人也许并非如此，有些人天生敏感脆弱，你能想象你的这些话对他们会造成什么样的伤害吗？也许你一辈子都无法弥补。

所以，张口之前，要及时告诫自己，不要因为愤怒和恼恨而随便发泄你的情绪，也不要因为别人的伤害而变本加厉，因为伤害只会越来越大，无法弥补。如果我们能从自己做起，开始宽容地看待他人，相信你一定能收到许多意想不到的结果。帮别人开启一扇窗，也就是让自己看到更完整的天空。

4月8日

召集一帮朋友，玩一个说真心话的游戏

在漫长的人生路上，人们往往在得到的同时也在失去着。也许你在得到"健康"、"美貌"、"财富"、"智慧"这些贵囊的时候，却在关键时刻把"诚信"这个贵囊扔弃了，而失去了最宝贵的财富。

真心话游戏的游戏规则事先要设定好，最好能保证没有人能够在诚信面前逃遁。比如回答问题的时间限制，不允许有思考的余地，因为人的第一反应往往都是内心最真实的声音。问题的设计，最好能另请人，保证在回答问题之前每个人都是公平，对问题一无所知。如果事先有人知道问题的具体内容，就失去了游戏的意义了。

这个游戏不仅仅是为娱乐，所以务必请每一个参加游戏的人能够认真对待，当然，游戏的目的绝不是为了探究某人的隐私，因为游戏对每个人来说都是公平的，问题最好采取抽签的方式，谁抽到什么问题就应立刻回答。有些问题是公开的秘密，如果回答错误，必须有相应的惩罚。

当然，为了尊重人保留秘密的权利，也可以采取轮流讲故事的方式，故事必须是真实的，故事的主角可以是自己，也可以是别人。在这个场合，大家可以把憋在心里很久的故事讲出来，就当做是一种倾诉，这样对每个人来说也是一次情绪的宣泄。在这里，每个人既是倾诉者，又是听众。

4月9日
和你最信赖的一个朋友**约定**，互相给对方一个承诺

> 诚信是耀眼璀璨的阳光，它的光芒普照大地；诚信是广袤无垠的大地，它的胸怀承载山川；诚信是秀丽神奇的山川，它的壮丽净化人的心灵；诚信是最美丽、最圣洁的心灵，它让人问心无愧、心胸坦荡。

遵守承诺是诚信的一个重要表现，诚信的人一定会很重视自己许下的承诺，不到万不得已不会轻易背信弃义。所以，告诉自己，一定要信守承诺。

和你最信赖的朋友约定，互相给对方一个承诺。彼此之间建立起来的信任不容易，必定也会想着努力去维持这份信任。所以，一旦诺言许下，两人都会努力去实现，这对自己的诚信是一种考验，也是一种锻炼和培养。

许什么样的诺言，你可得想好，必须是通过努力可以实现的，一定要在自己的能力范围内。否则，如果一开始就意识到很艰辛，朋友除了赞扬你的勇气可嘉之外，更多的还是要责怪你的冲动。而且，这也是对自己、对朋友的一种不尊重。

许下诺言后，还要和朋友约好，诺言实现和没实现后的奖惩措施，这样才有实现诺言的动力和压力。当然，不必弄得太有压力，朋友之间可以轻松一些，就像做一个游戏一般，但是态度必须认真、诚恳，否则，就失去了约定的意义了。

4月10日
把新认识的朋友**介绍**给老友

> 结交新朋友，不忘老朋友，生命处处充盈着友谊的温暖，何愁快乐、幸福无处寻，何愁人生路途太遥远。

你可能和某位新结识的朋友有一见如故之感，不过千万不要因为新朋友而忘了老朋友。朋友之间是缘分，在缘分的天空里，珍惜缘分，不只是懂得当缘分来临时，要及时抓住，也要学会维系缘分。

告诉你的老朋友，你结识了一位新朋友，觉得他不错，问老朋友是否有兴趣大家认识一下。这样做会让老朋友感觉到你对你们之间的友谊的珍视，也会很乐意结识这位新朋友的。

把新朋友带进你的生活圈，也会让新朋友感觉到你对他的认可，你的真诚会让他感动。相信自己，这样做没错的。

这样做的过程不必特别正式，你可以约大家一起找个地方喝喝茶、聊聊天，这样自然就认识了，熟悉了。

4月11日
邀请认识不久的**朋友**到家里做客

朋友之间最重要的就是彼此的信任和真诚地对待，特别是对于刚认识的新朋友，这更显得难能可贵。你对朋友奉献什么，才能得到什么样的回报。

对刚认识的朋友发出友好的邀请，欢迎他到自己家里来做客。在朋友到来之前，认真收拾一下房间，保证干净整洁，要知道，你的房间的形象可是代表着你个人的生活作风。对于一个还不是很熟悉的朋友而言，了解你的途径就是了解你生活的每一个部分。收拾好房间之后，最好在家里准备一些水果、点心之类的，以备招待客人之需，这是一种礼貌。如果你的家里还有别人，比如你的家人都在，事先跟家人交代好，让他们也有所准备，在穿着上保持整洁，这是对客人的一种尊重。

把客人请到家之后，礼貌地把他介绍给你的家人。招待客人，除了热情大方之外，还要营造出一种友好随意的氛围，打消客人的拘束情绪，主动和客人开心地说笑，比如开开玩笑之类。如果人多，大家可以在一起玩玩游戏，比如扑克、象棋之类的，在玩乐中让气氛变得融洽和谐。

不管你的厨艺是否精湛，请客人在家吃一顿便饭都是必要的，如果你不会做饭，可以让你的家人代劳。你可以准备一些具有家庭特色的菜，这顿饭必须精心准备，要知道，饭桌文化也是一个家庭文化的体现。当然，最重要的，是要通过各种友好热情的方式让你的朋友轻松愉快，让他能够感受到你对他的友谊。

4月12日

邀请所有的朋友到家里聚会

如果说，友谊能够调剂人的感情的话，那么友谊的另一种作用则是能增进人的智慧。友谊像清晨的露一样纯洁，奉承并不能得到友谊，友谊只能用忠实去巩固它。

向你所有的朋友发出邀请，记得不要遗漏任何朋友，不论他们相互之间是否认识，只要都是你的朋友，邀请他们参加你家的聚会。然后，估算一下这次聚会的人数。

接下来，就该为这次聚会做准备了。聚会的准备工作可不是件容易的事，最好有人帮你的忙。首先，你得为整个聚会做一个详细的策划方案，聚会的主题是什么？聚餐还是舞会？想好之后，开始布置聚会场所，最好选择一个房间，把一些碍事的家具什么的都暂时挪开，腾出一大块空地来，周围准备一些让大家坐的地方。

如果是聚餐，准备一个大的餐桌，最好是一个长长的桌子，就像餐厅里那样，如果没有，可以用多个桌子拼成，这样方便摆放餐具，也便于大家边用餐边交流。除了准备餐桌，更重要的是要准备吃的，各种菜肴和点心，以及饮料，都得备齐。

如果是舞会，那么就得多花点心思布置会场，为了达到好的灯光效果，必须事先安装各种彩灯。除了灯光，舞会还需要合适的音乐，所以要准备各种音响设备和唱片 CD。

如果你不想搞得太复杂，只是想把大家聚集起来见见面、聊聊天，就可以一切从简，只需要准备一些水果、点心、饮料即可。

4月13日

送一件珍藏多年的礼物给你最好的朋友

人的生活，离不开友谊，但要获得真正的友谊并不容易。它需要用忠诚去播种，用热情去灌溉，用原则去培养，用谅解去护理。真正的友谊，必须舍得付出。

如果你舍得把你最为珍爱的东西送给朋友，这足以证明此朋友在你心目中的地位。对朋友，只有舍得付出，才能赢得最真诚的友谊。

也许这件物品已伴随你多年，让它离开你，的确于心不忍，但相信真正的朋友会像珍惜你们之间的友谊那般珍惜它的。你之所以如此珍爱它，一定有个动人的故事，在你心里，或者代表了你过去某段时期的心情故事。既然决定送给朋友，那么在将它送给对方之前，向对方讲述它的历史和你心中的故事，说出你对它的感情，相信你的朋友一定会很感动，也会因此代替你用感情来珍藏它。

也许对于这件礼物你有独到的保养之道，传授给你的朋友，并告诉他一些注意事项，如果很重要，而且比较复杂，最好记录在册，交给朋友保存。

既然决定送出，就一定不要因为不舍而犹豫，更不要在朋友面前流露出留恋的神色，这样会让朋友心里不安。要送就要大大方方地送出，开开心心地为友谊付出。

4月14日

和朋友约定，今天必须做好某件事

真正的友谊——十分理智的友谊，是人生的无价之宝，你能够对自己的朋友守信，永远无愧于他，那将是对你性格、灵魂以及道德的最高考验。

今天有哪件事是必须要完成又没有动力去做的，那么就和一个可信赖的朋友约定，今天彼此都要做好某件事。彼此必须认真把各自的事情向对方交代清楚，包括事情的具体内容、目前的进展情况，以及你计划今天完成多少。

在心里认真记录朋友所交代的他的事情，保证认真监督进程，同时要求对方也同样对自己严格要求。然后大家约定当一天结束的时候，再互相检查对方的工作成果。

彼此约定好后，为今天的行动做一个具体的计划，部署行动方案，包括每一个环节的要点。计划完后，就开始具体的行动。行动的时候，必须发挥实干精神，切忌偷工减料，企图利用朋友对你的工作不了解来蒙混过关。

如果行动过程遇到困难，想要放弃的时候，认真想想和朋友的约定，你一定不想在信赖的朋友面前失信吧。如果到时候朋友按时按量完成，而你却半途而废，那是何等的羞愧！

行动必须善始善终，当一天结束，按照约定互相监督，切不可两人同时懒惰逃避，因为没有完成便互不提起，会让事情不了了之。如果朋友没有提起，你也要主动提起行动计划，即使你没有完成任务，这是个诚信问题，是人格问题。

如果你没有完成任务，跟朋友交代清楚原因，并作出深刻自我批评，以示你对你们约定的重视和歉意。

4月15日

不给自己任何借口，把拖了很久的一件事做好

"明日复明日，明日何其多？我生待明日，万事成蹉跎。"要想不荒废岁月，干出一番事业，就要克服做事拖拉这个坏习惯。

拖拉者的一个悲剧是，一方面梦想仙境中的玫瑰园出现，另一方面又忽略窗外盛开的玫瑰。昨天已成为历史，明天仅是幻想，现实的玫瑰就是"今天"。拖拉所浪费的正是这宝贵的"今天"，这样他的生活必然是：陷入焦虑，拖拖拉拉，自以为"突击是完成任务的妙法"，结果，时间压力给人带来一个又一个的焦虑，天天在着急上火中生活。

让缺点合理化是拖拉者的一个最大退路，是找借口为自己开脱。也许你经常会说："要是再有一些时间，我肯定能搞得再好点儿。"而事实是，许多事情是很早就部署下来的。

那么，今天就别再给自己找这样的借口，开始着手干吧。你会发现这其实只不过是举手之劳的事，只不过因为你的拖延，让其成了一个紧迫问题，在你最紧张的时候来抢你宝贵的时间。

既然决定动手，就不要像平时那样逃避费力气的部分，先干一些简易的琐事，让它们占满你的分分秒秒，而又把困难拖到最后再说。倘若又是这样，你必定又会重蹈覆辙，把平时逃避的困难又拖到了明天。你之所以会逃避这件事，必定是因为它其中有困难的部分。所以，你必须着手其中最困难的部分，逼迫自己不再逃避，抬起头来面对，拿出实施的勇气。等把最棘手的部分完成之后，接下来的任务就很轻松了。当然，也不要因为剩下来的任务简单，就放松精力，甚至留待明天。倘若这样，你就又陷入了拖拉的泥潭，只是这次不是因为胆怯而逃避，而是因为轻视而搁置。

最好的办法是一气呵成，把所有的问题都一次解决，不要有任何遗留。只有全部完成，才可以完全放下，让所有事告一段落。

4月16日

翻出电话本，给久未联系的朋友打个电话

不要靠馈赠来获得一个朋友。你需贡献你真挚的爱，用正当的方法来赢得一个人的心。友谊也需要细心的呵护和经常的问候，不要因为忽略而把友谊丢弃在被遗忘的角落。

不知你有没有发现，大部分人在某一阶段都有某一阶段的朋友，经常联络的也只是此时此刻的一些朋友，而那些已经时过境迁的朋友，也许大部分只是留下了一个电话

号码保存在了电话本里。朋友如果久不联系，真的就会遗忘的。

今天留出一些时间，其他什么事都不做，专门用来给一些久未联系的朋友送出友好的问候。拿出电话本，一个一个仔细地对照，看看哪些朋友已经太久没有联络了，想想最后一次联络是什么时候，是因为什么而联络，彼此都说了些什么。这样的朋友也许比较多，加上时间比较久远，一时间也想不起那么多，没有关系，能想起多少是多少，回忆的空间能让你找到一点友谊的温情，激起你想知道对方近况的急切心情。

按照电话本里记录电话的顺序一个一个问候，问候很简单，不一定要说什么惊天动地的大事，也不要因为有求于别人才想起问候，这样的问候太功利，会让人心存芥蒂。所以，今天的问候只宜简单，表达你对对方的关心和祝福即可，如果你真的有所求，也最好留做下次联系再说。

可能有些朋友的电话号码已有变化，而没有及时通知你，如果有人的电话打不通，做下记号，留做事后再想办法询问；还有些人此时电话忙，也要做下记号，等联系完其他人再回过头来继续拨打，千万不可搁置一旁，不再理会。我们做一件事就要尽力做到圆满，要用诚心来做，尤其是对待友谊，千万不可敷衍，不可功利，否则，就会滑出友谊的轨道。

4月17日
想办法与儿时的好友取得联系

一段友谊，是一种记忆，更是一笔财富，珍惜你生命中的每一笔财富，就要想办法把不小心遗失的财富寻找回来。

儿时的记忆，肯定包含了儿时的友谊，纯洁的童年，友谊也是纯洁无瑕的，所以才显得珍贵。如果还能找回儿时的这笔财富，付出多少代价都是值得的。

回忆一下儿时的好友，你们是什么时候开始中断了联系？是什么原因失去了联络？最后一次联系时你们彼此之间都留下了什么，是否有可作为如今的线索的信息？你们之间是否还有共同认识的人，问问他是否还能联系到你的朋友？

利用这些线索想办法四处打听，从蛛丝马迹中寻找到有用的信息，这需要我们的耐心，可能很多人会因为一次又一次的失败而深受打击，变得沮丧。所以，首先必须做好充分的思想准备，这个工作可能不会很轻松，在茫茫人海中寻找一个人，实在不是件容易的事。

如果利用各种和过去关联的线索仍无法找到你的朋友，别绝望，别忙着放弃，想想我们现在处在一个怎样的时代——信息时代。现代信息科学的发展为我们提供了各种便利的条件，网络、报纸、电台等都是重要的传播和收集信息的媒介，通过这些媒介发布你的寻人启事，相信很快便能找到你要找的人。

什么方法，什么途径，全看你自己的选择，如果你有诚意，相信你一定会想方设法地找到你想要找的人。真的，关键就看你的诚意是否足够。

4月18日
主动与陌生人攀谈

许多人和陌生人相处时总是感到窘迫。其实，只要你大方地首先伸出你的双手，对方一定会给你热情的回报的。

我们的生命中，总会来来往往许多的陌生人，既然有缘相遇或是相处，就要学会珍惜，学会创造共同的快乐，那也是我们人生旅程的一部分，是我们生活的点滴。想要拥有时时处处的友善氛围，就得先伸出你的手，露出你的微笑，你的世界会因你而改变。

也许你今天在长途旅行，长途车上一定有陌生的同伴，不要先等别人来跟你打招呼，主动说一句"你好"就可以开始你们的攀谈。跟陌生人聊天其实是最轻松的事，首先从互相的自我介绍开始，或者根本不用自我介绍，随便就一个话题讨论。跟陌生人聊天不用顾虑太多，因为彼此的不熟知，你可以随意地发表自己对某事的看法，不用去担心对方对你的看法，因为他不是你生活中的重点。

也许你如往常一样上下班，那么在你无聊地等车的时候，在你坐车快要睡着的时候，在你孤寂地用餐的时候，都可以和你身边的那个不认识的人随便聊聊。短暂的聊天更随意，想到什么就说什么，等车就说等车的焦急，坐车就说车窗外城市的景象，用餐就说饭菜的口感，诸如此类，不为别的，总可以为你打发这些无聊的时间。而且，友谊的产生有时候就是在不经意之间，所谓缘分，就是这种偶然间的获得。所以，也许你一句简单的问候，便可以结交一个不错的新朋友，何乐而不为呢？

4 月 19 日

主动结交一个新朋友

有朋自远方来，自然高兴，但大多数朋友不会没有任何理由就聚集到你的身边。朋友，是需要主动去结交的，否则，没人能知道你那颗渴望友谊和关爱的心。

不是有了电话就有了朋友，同样的，不是有了金钱就会有朋友，怀着一颗真诚和主动热忱的心，才最重要。当你主动地付出关怀与热情，主动地帮助别人，那么你周遭的人便会因为你的付出而更加感谢你。爱是相互的，友谊也是相互的，只有付出，才有收获；先付出，是为了让别人知道你的友爱之心，是为了让别人知道你也是一个值得付出的人。主动结交朋友，不是说让你在大街上随便找一个人，便对人家说："你好，我们交个朋友吧！"如果那样的话，只会让别人以为你脑子可能不正常。朋友的结交其实也是一个顺其自然的过程，当然必须要付出，并且必须创造一些途径和采用一些方法。

比如，参加一个有陌生人参加的集体活动，在这个活动中，积极和一些陌生人接触，并用热情大方的态度和别人交谈，如果觉得投缘，主动伸出你友谊的手，给对方一个友爱的微笑，并留下彼此的联系方式，道声常联络。

4月20日
留意你不喜欢的人的**优点**

每个人都有优点和缺点，而你看到的是哪些呢？一个人在你眼里的形象，也许全在于你的发现，你是用优点去掩盖缺点，还是用缺点去掩盖优点。

每个人都有自身的"黑点"和"白板"，也许因为"黑点"的醒目，你常常忽略了那大片的"白板"。其实每个人必定会有很多的优点，换一个角度去看吧，这样你会有更多新的发现。那些发现必定会让你想从心底里笑出来，对着所有人，对着你的世界，这世界也会因为你的笑而变得格外的亲切和友善。

换一种眼光吧，多留意别人的优点，尤其是你不喜欢的人，你一定会有很多新的发现。

4月21日
站在与你敌对的人的**立场**上想一想

很多事情因为不是发生在你身上，所以你看不到，也想不到，因此，试着站在别人的立场上看一看吧，也许，你就会多了一些宽容与理解。

同样的状况，站在不同的角度去看时，就会产生不同的心态。

站在别人的立场看一看，或换个角度想一想，很多事就不一样了，你会更加的包容，也会有更多的爱。是的，这样很难，很多人都做不到，或是忘记了、忽略了，但是只要你拥有一颗善良的心，一颗友爱的心，就一定能做到的。

如果你想让你的世界有更多的包容和关爱，那么，你就可以做到，其实很简单，只需要暂时把别人当做自己。

尤其是与你敌对的人，站在他的立场上看看你们之间的敌对，看看你平时的态度，看看你曾对他做过的一些事，也许很快就能够理解他为何与你的敌对。因为从他的角度看，你可能的确做得比较过分，让他无法理解，无法忍受。这样换角度的结果，可以让自己用另一种眼光审视自己的所作所为，避免陷入自我的泥潭不能自拔。

这是个自我剖析和自我完善的过程，如果你这样做了，你一定会发现受益匪浅。

4 月 22 日
想想身边哪些人被我们忽略了

你怎么看一个人，那人可能就会因你而有所改变，你看他是宝贵的，他就是宝贵的。一份尊重和爱心，常会产生意想不到的善果。可常常的结果是，你的视线在那人身上停留得太短，以致还来不及思考。

我们身边出现的人太多太多，有些也许只是匆匆一现，你还来不及在意，就已消失在你的视线以外。可是，朋友，你有没有那么一个时刻，认真地，用心地，看待过这些匆匆的过客呢？甚而是你生命中的"常客"，也许你会因为熟悉而变成一种麻木的漠视。别忘了，每个人都在渴望被人尊重和重视，包括你自己，不信，问问你自己的心。所以朋友们，不妨用心看待这个世界，用心去尊重每一个人及自己，你将会发现，自己及周遭的人都有着无穷的潜力。

所以，找个空间，认真想想身边有哪些人常常被我们忽略，尤其是每天在你的生活中出现的人。这样的人，往往是你的亲人、朋友、同学、同事，因为常在你眼前晃动便变成一种漠视，也许其中有些人，一直在为你默默付出，你却因为天天享受而认为是理所应当，忘了给予回报。

认真想想吧，仔细留意，你会惊异地发现他们每个人的存在价值，原来他们对于你来说，是那么的重要。懂得珍惜，懂得回报，才会让我们的人生无憾。

4 月 23 日

把自己的**故事**讲给某个朋友听

懂得倾诉，懂得把自己的心事与别人分享的人，才是真正会享受生活的人。把自己隐藏起来，遮着面纱与人相处的人，永远只能独自吞咽孤寂与落寞。

可能你很想和某位朋友增进彼此的了解，那么就把自己的故事首先讲给对方听。也许你的故事并不传奇，也没有多少引人入胜的动人情节，但至少包含了你成长的某一阶段的快乐和忧愁，至少从你的点滴故事里能窥见你性格和人品的缩影，最重要的是，那是你的故事，而不是其他任何人的。

约你那个朋友出来，去咖啡馆，去海滩边，去山脚下，去湖畔，地点并不重要，关键是气氛的幽静闲适，彼此轻松地交谈，然后你娓娓道来。听的人也不必如听讲座般严肃，如同听一段美妙的音乐般带着欣赏的感觉来倾听，这样轻松愉悦的氛围易激发你回忆的神经更加活跃地跳动。

把你的故事讲给朋友听是因为彼此的信任，所以，你不必刻意地对你的故事进行修饰，原汁原味的最好，因为真实才会显得更加动人。也许朋友会对你的故事有所见解，认真倾听，看看你的故事在别人眼中是怎样的一种色彩，也许这会对你今后的人生有所帮助。

4 月 24 日

委婉地指出朋友的**缺点**

真正的朋友，不只是懂得互相欣赏，还要经常互相提醒，共勉共进。

如果你发现了某位朋友的缺点，不要觉得不好意思提醒而憋在心里，找个机会，提醒对方。这样的机会，在于你自己去发现或者创造，一定要采用一个对方能够接受的方式。如果你的朋友豁达开朗还好，如果对方性格敏感脆弱，就一定要考虑对方的承受能力。但要相信，你的善意的提醒，对对方而言，绝对是受益匪浅的。所以，不要因为害怕对方不能承受或者影响彼此之间的和谐相处而置之不理，如果你们是真正的朋友，就不应该有这样的顾虑。

你可以先主动问对方，有没有发现你有什么缺点，鼓励对方大胆说出来，不用担心你不能接受，等对方说完之后，你再接着说你也发现对方有什么样的缺点，这样就显出彼此之间的尊重。

最好的机会是对方在某件事上又暴露出某个缺点，此时你就可以当场提醒，这样显得更加自然而具有说服力。但这样的机会需要你用心去捕捉，如果你对朋友真心，那么今天就认真地关注对方，找寻这种难得的机会，瞅准时机，及时提出。

或者你可以干脆找个时间和对方谈心，说说彼此最近的心情，利用这样的空间，温柔地提醒对方，这也是任何人都可以接受的。

总之，采取什么样的方式，在于你和朋友相处的默契，在于你们之间和谐的程度，在于你们彼此的性格，相信你会找到适合你们相处的最佳方式。

4 月 25 日
微笑着表达你的善意

对人微笑是一种文明的表现，它显示出一种力量、涵养和暗示。微笑是一种宽容、一种接纳，它缩短了我们彼此的距离，使人与人之间心心相通。

如果说行动比语言更具有力量，那么微笑就是无声的行动，它所表示的是："我很满意你、你使我快乐、我很高兴见到你。"笑容是结束说话的最佳"句号"。

卡耐基说："笑容能照亮所有看到它的人，像穿过乌云的太阳，带给人们温暖。"的确是这样，喜欢微笑着面对他人的人，往往更容易走进对方的心底，微笑是一个人好意和友善的信使。

那么，今天就对你身边的每一个人微笑吧，这样保持一整天。不要等着别人对你表示善意，要先对别人表达你的好意。如果你没有表达错误的话，认识你的人会对你的改变感到惊讶，而不认识你的人也会认为你是一个特别温和、友善的人。

4 月 26 日
自制贺卡，送给所有的朋友

对朋友的馈赠，不在于价格昂贵与否，关键在于心意的表达，是否真情实意。

送朋友贺卡是件再普通不过的事了，相信大多数人都做过，也因为普通，似乎渐渐失去了原来的意义，因缺乏新意而不被人看重。那么，有没有试过自己制作贺卡，送给朋友，那一定是件很有意思，而且很感人的事情。

自制贺卡，当然是越精美越好，但这种事情也不必强求，量力而行便是，关键在于心意。自制贺卡，可以随着自己的心意，送出你要表达的祝福给特定的朋友，便克服了以往的对所有朋友的千篇一律。

制作每一张贺卡之前，认真想想这位朋友的性情，他的爱好，猜想他可能会喜欢什么风格的贺卡，然后用心编辑你最想对他说的话、最想表达的祝福。试想想，当这位朋友收到这张世上独一无二的贺卡时的惊喜，你是不是觉得很受鼓舞。

制作贺卡可能会比较费时，尤其当你制作了几张之后。但一定要坚持给每位朋友都制作一张，因为对朋友的祝福不可厚此薄彼，虽然每个朋友在你心目中的地位不可能均等，但这种差别只能在你送出的祝福语中有所差别，你可能想对这位朋友说这样的话，对那位朋友说那样的话，但相信你对每位朋友应该都有你想要说的话。

贺卡制作完毕，要立即一一用信封装好，写上每位朋友的姓名和地址，切忌张冠李戴闹出笑话。一切安排妥当，即可到邮局投递出去，接下来就等着朋友们向你表达他们的惊喜和感谢吧！

4月27日
和亲密爱人交换日记

英国有句名言："不信任朋友比被朋友欺骗更丢脸。"信任朋友，就应该懂得彼此分享心事，只有走进对方的内心世界，才会真正了解和理解对方，对待爱情更应如此。

如果你想告诉你的爱人你的某些心事，但又找不到合适的表达方式，交换彼此的日记会是一个不错的选择。

交换日记需要彼此之间绝对的信任，如果害怕对方知道你内心的秘密，害怕影响彼此以后的和谐相处，那还是不要冒这个险。

交换日记需要心胸的坦荡和平静，交换日记是为了分享彼此的欢乐忧愁，爱人之亲密在此可见一斑。

交换日记的前提是双方的自觉自愿，不可一方一厢情愿。所以，首先要试探性地问一下对方的意见，切不可蛮横地要求对方。即使是亲密如爱人之间，每个人也有保留自己隐私的权利，所以，对这种事还是要慎重处理。

获得对方的欣然同意之后，便可以开始认真阅读对方的心情记录。阅读的心态要摆正，交换日记的目的是增进彼此之间更深入的了解和理解，是为了让感情更加融洽和谐，不可抱着探究对方隐私，甚至想抓对方小辫子的心理，这是爱人之间和谐相处的大忌，因为你首先就抱着一种不信任对方的态度。

如果你发现对方有什么心结，就要及时用你的爱心劝导和感化对方，让对方感到时时刻刻有一个人在自己身边支持自己，这是人间最大的温暖。同样，你也会感觉到来自对方传递的爱心和温暖。

幸福就是这样，在于付出，也在于获得。

4月28日
和好友交换衣服穿

真正的朋友，是可以拿心与心来交换的朋友，更别说是那些身外之物了，和朋友交换物品使用，会是件很有意思的事情。

好友的衣服中一定有你比较欣赏的，反之亦然，你的衣服中也有对方比较欣赏的。那么，跟他约定，今天两人交换衣服穿一天。你们的所有衣服都随便对方挑，挑中彼此中意的后，两人可以穿着对方的衣服结伴而行，出游或者逛街。或者各行其是，各自办各自该办的事。

穿着好友的衣服出现在你其他的朋友面前，看看他们会有什么样的反应。是否觉得这件衣服不同于你以往的风格，是否会觉得你尝试这样的风格也不错，或者并没有什么异常的反应，因为和你以前的风格并无二样，其实这是在考验你和你的好友之间的默契。

当一天结束，彼此分享一天的感受。告诉对方今天的收获，别人对自己的打扮的评价，尤其其他人对好友衣服的赞美。这真是件让人很兴奋的事，因为每个人都期待别人能对自己有好的评价。

4月29日
和某人共同回忆过去的某个日子

重温昔日的美好点滴，心系一份美丽的心情，细细品味，品味那一瞬间的感动，品味那一刹那的惊喜，品味那铭心的痛、那苦涩的忧虑、那开心的笑，那是种难得的惬意。

回忆是美的，也可以与人分享，比如找个人和你一起共同回忆过去的某个日子。这个人可以是那天和你共同经历某件事的人，也可以是另外一个。

如果是那天和你共同经历某件事的人，你们共同回忆那天的场景，你一言我一语，共同描述当时的情节，然后说说当时自己的心情，以及现在的感受。从回忆中你们有什么样的启示和感悟也许是最重要的，回忆不能仅仅停留在过去的某一点，毕竟过去的已经过去，回

忆是为了怀念，更是为了前进。

这种回忆的过程，会让你们找到你们感情的轨迹，感情也会在这种回忆中慢慢沉淀，甚至升华。

如果这个人和你没有什么共同的回忆，过去的时间里彼此还没有在对方的生命里出现过，那么，你们可以约定一个过去的时间，各自回想一下那个时间你们都在做什么。这样回忆的过程很有趣，也许你们在做类似的事情，然后会感叹缘分的奇妙；也许你们在做非常迥异的事情，你们也可以从对方的人生轨迹中感叹生活的瞬息万变，从而激发与时俱进的动力和决心。

4 月 30 日
向自己的同事请教一个问题

> 同事，不只是工作伙伴，也可以成为生活中的良师益友。合作的默契，在于彼此的了解和互相帮助。

人际关系中一个很重要的关系便是同事关系，这是一门学问，需要我们苦心经营。当然，经营的过程不是钻研心计，尔虞我诈，而是互助互帮，友爱团结，和谐相处，为一个共同的目标而共同努力。

主动向同事问一个问题，这个问题可以是工作上遇到的难题，向对方请教。请教同事态度要谦虚，要相信每个人对自己的工作都有自己独到的感悟和经验。每个人都会从不同的角度去看问题，有些角度是你没有意识到的，别人意识到了那就是别人优于你的地方。也许这个同事平时的工作表现并不如你，但是你谦虚地向他请教会让对方提升信心，会让对方认识到自己的价值，也会在今后的工作中更加积极地与你合作，共同创造佳绩。

当然，这个问题也并非仅限于工作方面的，也可以是其他方面的，任何你感兴趣的领域内的问题都可以，关键看你们平时所关注的事情。如果你发现你的同事在某一方面有独到的见解或者在某一领域有优势，钦佩不已的你完全可以利用工作之余向对方咨询。

什么问题其实不是关键，重要的是你们有这样一个交流的空间和机会，这个机会是你创造的，在对方心里一定会留下印痕，等到下次，他也会寻找机会主动与你交流。人与人之间的交往其实就是这样的简单和自然。

留住美德，学会宽容

　　当我们看到一个人整天都能笑容满面地对待身边的人和事，哪怕是极其微小的花草树木时，我们就能想象到他是个多么幸福的人。正是因为懂得宽容和忍耐，笑容才会如此的恬静而动人。

　　生命短促，唯有美德能流传到遥远的后世，遵循美德行事，纵使没有更加快乐，也可减轻焦虑。当生命走到最后，我们是不是该仔细想想，自己到底为这个社会、为我们的人生留下了什么，倾注一生精力，是否已经找寻到生命中的宝石。

5月1日

成全别人的**快乐和幸福**

真正的美德如河流，越深越无声。成全他人的美好，然后在心里默默为他祝福鼓掌，你会得到一种无法比拟的快乐。"成人之美"不但是一种修养，更是一种无声的美德。

《了凡四训》中提到：人在日常生活里，要随缘尽力实践善行，十例之一就是"成人之美"。

成人之美不必是惊天地泣鬼神的大事，平时为他人做一件好事，帮别人说一句好话，助别人一臂之力，给别人一点因缘，都是成人之美。成人之美的人，必定有一种对别人的尊重和对自我的谦卑，他跟别人不太计较，甚至视人如己。如现在的器官捐赠，政治上的荐贤让能，乃至佛教的结缘，都是成人之美。

从今天做起，从小事做起，多给人一句祝福、一句鼓励的话，开启成人之美的大门，这必然给我们以继续努力的动力，定能让我们体会到更多的人生之美与乐。

成功不必在我，别人的成功，只要是好事，就尽力去帮衬，做一个"成人之美"的人，自己也与有荣焉，何乐而不为呢？

5月2日

搀扶老人过马路

尊老爱幼是人类敬重自己的表现。老吾老，以及人之老；幼吾幼，以及人之幼，尊老爱幼应从身边随处可见的小事做起，包括你遇到的每一位老人及小孩。

小时候写作文，总是会拿扶老人过马路、给老人让座等诸如此类的好人好事作为素材，不管你以前是否真的这样做过，起码在大家的心目中，这样的事的确能体现一个人的美德。

不要认为这样的事很难碰到，只要你留意，就会发现大街上行走着不少老人，有些甚至已经头发花白，却依然精神抖擞地拄杖而行，你在钦佩感叹的同时，完全可以上前扶他们一把，这是你力所能及的。

今天上班下班走在马路上要过十字路口的时候，环顾一下四周，看看人群中是否有需要帮助的老人吧！

看到需要帮助的老人，赶快走到老人身旁，轻轻搀扶，说声大爷或大妈，小心一点。红绿灯时间短暂，车多人多，扶着老人的你，要注意两旁的行人和车流，还要配合老人的步伐，不要光顾着自己而大步流星。

这真的是一个非常短暂的过程，你可能还来不及和老人说上三言两语，过马路的过程已经结束了，最后别忘了跟老人说一句，"一路小心"。

5月3日

想办法化解某两个人心中的积怨

> 冤家宜解不宜结，与人相处，难免有矛盾和积怨，关键要及时化解，用爱心面对，学会尊重和沟通，误会将无处藏身。

沟通是化解矛盾的最佳手段，因此你得想办法让这两个心存积怨的人，能够心平气和地坐下来沟通。这恐怕得要你事先做点准备工作。

首先，你可以分别找他们聊聊，有意识无意识地探听各自对对方的看法和对这件事的态度。通过和两方的聊天了解事情的来龙去脉之后，分析一下积怨产生的原因，这里面可能隐藏着一些误会。然后你再分别找他们谈谈，这次要有针对性，就两人的关系入手，发表你对事情本身的看法，站在旁观者的角度很公正地去看事情本身，然后客观对另一个人的为人作出评价。这样做主要是为了澄清误会，消除彼此之间的积怨，等到两人态度开始缓和，再提出让他们见面聊聊的建议。

或者你见两人情绪和态度都差不多变得平缓，就可以分别将两人约出来，事先并不说明，然后你做一个和事佬，让二人握手言和，之后你可以找借口离开，给两人交流沟通的空间。接下来你就不必做什么了，因为你的工作已经完成。

当一回正义使者

人间正义不在别处，就替藏在我们每个人的心里，给予它站出来的优先权，扳倒自私、权威、势力、亲疏、情面等几面大旗。

我们平时在遇到需要坚持正义的事情的时候，是否做到了挺身而出。

人生活在社会环境中，作为社会的一员，都有维护环境的义务。但现在有一种不良心理，好人在坏人面前硬不起来，一方面说明恶的因素比较盛，一方面也说明人的正气不足。人们明哲保身，事不关己，高高挂起，遇到坏人坏事不抵制，其结果只能是恶人越来越嚣张。

本来是做贼心虚的，是见不得人的，可现在竟有人在光天化日之下公开抢东西。如果今天看到坏人不抵制，也许明天的受害者就是我们自己。

做一回正义使者，机会很多，但要看你有没有勇气，当你看到有人在偷钱包，当你看到路边有人对弱者施暴，当你看到领导以权谋私……你是选择视而不见，转身走开，还是挺身而出，伸出你正义的双手？

伸张正义不能空凭一腔热血，还要讲求方式方法。因为与不正之风作斗争，往往要有所付出，有所牺牲。

所以，面对歪风邪气和坏人坏事，不可硬碰硬，否则只会枉成牺牲品。聪明的正义之士应该灵活应对，如发动援助力量，不可以寡敌众等。

开车不能离开车行道，做人更不能离开做人之道。如果我们要想长久地过着好日子，一定要区分是与非、善与恶，这样我们才能做得正，才能做到远离邪恶，才能做到不与邪恶为伍，也只有这样才能做到真正地对自己负责。否则就会在不知不觉中被坏人欺骗、利用，就会在不知不觉中被坏人所害。

人离不开所在的环境，每个人都应该抵制坏人坏事，如果人人都漠视坏人恶人的存在，人的生存环境只能是越来越恶化，如果我们想长久地过好日子，就应该同坏人坏事作斗争。

如果人们做不到同坏人坏事作斗争，但起码不要是非不分、善恶不分，不要认同邪恶，不要丧失人应有的正义感！

5月5日

给今天遇到的每一个乞讨者一点施舍

奉献爱心，是一个人价值的体现。每一次爱心的付出，都会让我们的心灵得到洗涤，让我们的心胸更加开阔，让世界更多了一份爱，让世界变得更加温馨。

不知你有没有发现，有时我们出门，会碰到形形色色的乞讨者，这时会心生厌烦，但我们不能排除其中有些人的确是因为生活陷入绝境才不得已而为之，所以，当我们不厌其烦地施与爱心的时候，有人可能真的会因为我们的施与而绝处逢生。

所以，不要去抱怨弱者太多，更不要鄙视弱者，我们不得不承认，他们确实比我们困难，比我们可怜，如果我们心中充满爱，为什么不能分一部分给他们呢？你难道没有从他们可怜的眼神中，看出他们对爱的渴望吗？也许这对于他们来说是一种无比的奢侈吧！而常常向世界呼吁爱的我们，为什么不能把心中的爱化作一份微薄的施舍，给予这些需要的人们呢？他们需求的仅仅就是这一份施舍而已，并没有要求更多。

不管今天遇到多少乞讨者，遇到什么样的乞讨者，不管他们以什么形式来乞讨，统统满足他们的愿望。而且不要面无表情，要面带微笑，相信你的表现一定会让这些弱者受宠若惊，而你也会因为这份爱心的付出而获得一种心理上的满足。

5月6日

宽容某人的过错

多一些宽容，人的生活中就会多一份阳光，多一份温暖。宽容别人就是解放自己。只要我们远离妒忌和怨恨，就会远离痛苦、绝望和愤怒。

"宽恕"就是对别人的过错能有所包容，也唯有心胸开阔的人才做得到。心胸开阔的人，会适时体谅别人的难处，宽容别人的过错。

就好比自己犯了过错，心中难免懊悔，总希望别人能原谅自己，能有补救的机会，从此不再犯错。将心比心，别人何尝不是这样想呢？如果我们能设身处地去体会别人渴望得到宽恕的心境，就能领悟到"宽恕"的意义和价值了。心胸开阔的人，不但能安抚别人不安的心，更能提供给不小心犯错的人补救的机会。

把你的宽容告诉对方，并鼓励对方不必再为过去的事难过，只要懂得从过去的失败中吸取教训，以后不再犯就好。

有位哲人说："教育的十之八九是鼓励。教育不是填鸭式的喂食，而是点燃心中的智慧火种。"这告诉我们：宽恕来自一种善念。这善念将成就一个真、善、美的世界。

宽容别人的过错，对方定能感受到你的善念，从而勇敢地面对过去，迎接未来。

5月7日
原谅某人对自己的伤害

对待别人的伤害，你是选择以牙还牙，还是选择以德报怨，就在于你是想拥有一个充满仇恨的世界，还是一个充满温馨和友爱的世界。

释迦牟尼说："以恨对恨，恨永远存在；以爱对恨，恨自然消失。"这也许很难，但爱不会平白无故地降临在我们身上，只有你先付出爱，才会收获爱。爱你所爱的人是幸福，爱你所恨的人，是一种更有意义的幸福。因为你在用你的爱，把爱的种子在一块贫瘠的土地上撒播，当它生根发芽，开满鲜花时，你收获的将是满眼的幸福与温馨，同时，你也把幸福带给了这个世界，你成了一个有价值的人。

对于采取何种方式对待伤害过你的人，莎士比亚提醒我们要放弃会使事态恶化的举措，用宽容的心态，原谅对方，这样做不仅能使怨恨止步，而且会让你的心灵获得轻松，因为恨一个人是很累的。

5月8日

培养节约的好习惯

"一粥一饭当思来之不易，半丝半缕恒念物力维艰"，中华民族自古便倡导勤俭节约，如今资源紧张，节约尤显重要。

一整天都牢记节约美德，用节约的意识做每一件事。

节约一元钱：少（或不）吸烟，少（或不）喝酒，少（或不）上网吧，少（或不）上舞厅。

节约一张纸：少用纸巾、纸杯；尽量用手帕、少用抽纸；打印纸要双面打，或者一面打完，另一面作为草稿纸用。

节约一支笔：尽量用中性笔，用完之后就更换笔芯，不用重新买笔。

节约一杯水：准备一个或多个水桶用以盛洗菜水或淘米水，以后可以冲厕所；厕所使用双挡开关；减少洗澡时间；衣物集中洗涤；用水后及时拧紧水龙头，避免长流水，见滴水龙头，随手关闭。

节约一度电：电脑启动或是开电视后，如果半个小时内继续要用最好不要关，因为重新启动会浪费大量电；家用照明尽量使用节能灯；光线充足时不要开灯；能用一盏灯时，不开多盏；杜绝白昼长明灯，做到人走灯熄。

节约一粒粮：尽量少去餐馆就餐，来了比较熟的客人还是在家请吃饭；在外就餐要文明用餐，减少粮食浪费。

节约一件衣服、一双鞋：买衣买鞋要有计划，不要过分追求时尚，不必买名牌。

节约电话费：不要有事、没事与他人打电话聊天，聊个没完；有事尽量直接和人交流，少打电话联系，这样还可以增进真实的感情。

节约一本书：到图书馆去看书，能不买的书就别买；一定要去买书，就买知识性的书籍，不买纯娱乐性的书籍，没必要就不必买精装本；看完的书不要扔掉，以后可以重新阅读，或者捐献给缺书的贫困地方。

5月9日

把看到的废纸捡起来

真正的美德往往表现在生活中的点滴小事中，从我做起，从身边的事做起，是每一个美德拥有者的行为准则。

无论你走到哪里，大街上，马上边，办公大楼的走廊上，办公室的拐角处，等等，

把你看到的任何一片废纸捡起来，扔到垃圾桶。不要想着自然会有清洁工来收拾，不要因为自己的匆忙而忽视这样的小事，也不要自认为干大事者不用注意这些小细节。这不过是举手之劳的小事，并不会花费你多少的精力和时间，而人类的环境却会因为你的这一举动变得更加干净整洁。不要以为这是在夸大其词，如果人人都像你这样做，而不是把所有的责任推给清洁工，当我们每一个人都有这种主人翁意识时，我们的环境危机必然会逐渐缓解。

不只是被动地去捡，最好能主动去观察我们周围的环境，不要让任何废纸垃圾遗失在我们的视线之外。

勿以善小而不为，勿以恶小而为之，从身边的这些小事开始做起，任何小事都是大事，集小恶则成大恶，集小善则为大善。培养良好的道德，就要从捡废纸这类的小事开始。

5月10日
把旧衣物 整理 好捐出去

爱是奇迹，它超越了智慧和文明，是人类灵魂的升华。人类以爱创造生命、传递温情、维护和谐！爱根本没有想象的那么复杂。爱，很简单：伸出一双手或者说一句安慰的话，甚至是捐出你生活中一些不再需要的东西。

也许，只是一根小小的木桩，就可以拯救一个溺水的人；也许，只是一床薄薄的毯子，就可以温暖一个冻僵的人；有时一句话，一双温暖的手，就可以唤回失望者的希望。要知道，这个世界上还有许多需要我们用爱心去帮助的人。当你喝完饮料，看完报纸，准备去扔垃圾的时候，想想那些可怜的人，也许他们连我们将要扔掉的东西

都是那么的缺乏，为什么我们不能把一些我们不再需要的东西捐赠给他们呢？比如一些旧衣物。

认真收拾一下旧衣物，打包整理好，然后打听一下有什么机构接受这些捐赠，不要怕麻烦，认真打听清楚，找那些为贫苦人民服务的机构。认真核实地址，然后把这些旧衣物邮寄过去，或者干脆亲自跑一趟，也不会花费你太多的工夫，以便和这样的慈善机构建立联系，了解贫苦地区的境况。有能力的话，你可以经常为他们奉献一份爱心。

5月11日

为小区做清洁工作

懂得将自己的爱分给角落里受伤的灵魂，把自己的关怀分给陌生的面孔，这样的无私奉献让人感动。还有一种奉献叫做默默无闻，不求回报，这才是奉献的最高境界。

为小区做清洁工作，得早点起床，因为你得赶在大家起床之前把小区打扫干净。小区可能有专门的清洁工人，那么你应事先和他们联系，表明你的意愿，你可以选择帮他们的忙，也可以独自承担全部的工作。

不管怎样，你必须能找到全部的工具，包括扫把、垃圾车、水桶之类的。请教清洁工人，问他们平时是怎样进行清洁的，不要小看清洁工作，小区不是你家的房子，清洁起来要费劲得多。清洁工人可能有他习惯的步骤和方法，耐心倾听，并用心记录，必要的话你可以请工人在一旁做你的指导，不过最好还是独自承担，这样可以让劳累的工人休息一下。

清洁工作可能很累，既然你已经接手，并选择承担，就要负责到底，千万不可半途而废或者偷工减料，必须保证每一块地都清扫干净。

工作过程中，你还可以用心去观察小区的每一个角落，这就是你每天生活的环境，可能平时没有机会这么仔细地观赏过。想想这个小区的人们，都是每天与你一起生活的伙伴，能为大家服务是你的荣幸，因为奉献就是一种美，一种快乐。

清洁完毕，回去休息一下，吃过早餐，再出来溜达溜达，看看小区里活动的人们，看看这个干净的地面，你会有一种无法说出的满足感。

5月12日
严格分类扔垃圾

遵守社会公约，维护社会公德，是每一个公民应尽的义务，这是社会道德建设的大事，却往往要求人们从小处着眼，因为我们常常忽略一些小事。

扔垃圾是常有的事，每个人都干过，但是又有几个人能够严格按照垃圾桶的分类要求来扔垃圾呢？不要以为这是小事，你知道你的随意一扔，给垃圾回收站造成了多大的麻烦吗？

把今天的垃圾分分类，你会发现这其实并不难，只是在装垃圾的时候稍微留意一下，什么是可回收的，什么是不可回收的，仅此而已。或者你可以特意观察一下平时未留意并排摆放的垃圾桶，看看它们是如何分类的，也许有更详细的分类，记在心里，回去按照它的标准分好垃圾。

叮嘱你的家人，今天改变平时扔垃圾的方法，把你们自己家的垃圾桶也分分类，按照外边垃圾桶分类的标准。改变平时随手扔垃圾的习惯，有意识地辨别手中要扔的垃圾，然后扔到它应该去的地方。把垃圾拎出去的时候，别忘了仔细辨别一下，可千万别弄错了，否则今天的心思可就白费了。

5月13日
赞美某一个人

生活中总有些人一直在扮演批评者的角色，做人何必如此苛刻？对他人，何必吝啬你赞美的言辞？以一颗宽广、包容的心，学习接纳和体恤，并常以鼓励的眼光看待他人，你反而会更加快乐。

泰戈尔说过，使鹅卵石臻于完美的，是水波的载歌载舞。人生若缺少了赞美和鼓励，便如同鹅卵石没有水波的装饰。人之一生，需要赞美和鼓励的水波来抚慰和雕琢，而成为一块美玉。

俗话说，"良言一句三冬暖，恶言一声暑天寒"。赞美与鼓励是滋润人一生的营养液。最感人、最具有意义的赞美和鼓励不是锦上添花，而是雪中送炭；是剥离尘埃，让一颗珍珠最终形成，放射出与众不同的光芒。

赞美别人吧，这不需要花钱。想不出来要赞美谁吗？那就从赞美亲人开始。对爸爸说："爸爸，您今天看起来好帅啊！您是了不起的男人！"对妈妈说："妈妈，您还是那么年轻，您真伟大，您今天看起来真迷人呢！"对爱人说："亲爱的，你在我心目中是最

好的，最优秀的。"……

赞美别人，是自己感情的一种表达和流露，是对别人的肯定和鼓励。赞美别人，就是赞美自己。鼓励是自信之母，赞美是好心情之父。鼓励和赞美会让我们的世界充满了激情和美丽。

5月14日

制止随地吐痰的人

讲究文明礼貌，不但要从自己做起，严格要求自己，还要用自身的行动来影响他人，带动他人，随时制止不文明的行为，为构建文明社会贡献自己的绵薄之力。

你可能平时非常注意文明礼貌，时时刻刻严格要求自己，你觉得这样就可以无愧于心。的确，你达到了好公民的基本标准。但是，你周围的人呢？昨天你是不是还在抱怨现在很多人不讲公德心，随地乱扔果皮纸屑，随地吐痰等。那么，怎么没想到过去制止呢？

把你的不满表露出来，当然要礼貌地劝告别人。其实，每个人都知道这样是不对的，只是没有引起重视罢了，所以你的制止是一种善意的提醒。有素质的人马上会意识到自己的错误，甚至会感谢你的劝告。当然，也不排除有些素质低的人，明知自己错了，还不肯认错，反而责怪你多管闲事。这个时候，你可千万别恼羞成怒，厉声指责，因为这样不是一个有涵养的人该做的，而且，这样做并不能让对方觉得内疚和理亏。面对这样的人，你要么选择耐心地进道理，要么就不理会他的无礼，自己动手把他留下的脏物收拾干净。你的行为必然会让对方羞愧，即使当面不认错，也会在心里内疚。相信这对他此后的人生一定会有所启发，这样就够了。

5月15日
参加志愿者行动

不求回报的奉献，为爱心，也为理想，参加志愿者行动。这将会是对你灵魂的一次洗礼。

形形色色的志愿者行动很多，其目的往往都是为了人类某项事业的发展，譬如支教、扶贫等。志愿者行动，以志愿参与为主要形式，以志愿服务为手段，有组织、有目的地为社会提供服务和帮助，推动经济发展和社会进步，推动社会公民思想道德建设的发展。一般来说，志愿者行动致力于创造美好的明天，着眼于开拓未来。

选一个你感兴趣的志愿活动，积极报名，不要以为报名就可以参加，很多志愿者行动还需要通过选拔才能参加的，因为这样的志愿活动都是很有意义的，很多人都是因为兴趣而参加。所以，决定参加后要认真准备面试，努力在选拔中脱颖而出。

志愿者行动一般都是为了弘扬"奉献、友爱、互助、进步"的精神，所以，你必须首先牢固树立这样的思想，跟随志愿组织，深入到具体的社会活动中去。如果选择支教，就要尽心尽力为普及科学文化知识贡献一己之力；如果选择扶贫，就要致力于消除贫困和落后；如果选择其他公益事业，就要为消灭公害和环境污染，促进经济社会协调发展和全面进步，建立互助友爱的人际关系而努力。

既然是志愿者行动，就得抛弃有偿服务的想法，树立无私奉献的观念。总之，这次行动绝对是对你的精神和灵魂的一次洗礼。

5月16日

看望贫困山区的孩子

我们的城市是灯光的海洋，明亮的路灯、变幻的霓虹灯、柔和的绿化灯、靓丽的广告灯，令人目不暇接。城市亮的灯越来越多，但山区贫困孩子助学的希望之光，仍等待我们去点亮。

今天就让我们去山区看看那些贫困山区的孩子吧。

不要害怕路途的遥远和艰辛，想想那些孩子一双双求知若渴的眼睛，怎能不叫人心酸！去之前最好和当地的组织取得联系，贸然跑去你会有点不知所措的。或者你可以跟随某一个组织或者团体，以集体的形式去那里。

不管以什么形式去，首先你得想好为那里的孩子带点什么礼物过去，一支笔、一本书，或者旧衣物，都是心意，也都是他们需要的。或者，你还可以想出点别出心裁的礼物，最好是能激励这些孩子上进心的小礼品，比如有关一些出身贫寒的名人的传记，比如宣传介绍全国高等学府的小册子，比如一些大学生联名签字的旗帜，等等。

首先应该去山区的学校看看，了解一下那些孩子就学的环境。如果你觉得自己的能力还不错的话，可以和学校领导或老师沟通一下，自己临时充当一回老师，给这些可爱的孩子们上一堂课，鼓励他们好好学习，长大后到大城市上大学，成为国家的有用人才。

学校参观完毕，你还可以有选择地去一些孩子的家里拜访，送去你亲切的问候。这对孩子的父母也是一种安慰，并表达你的爱心，鼓励这些穷苦的人们奋发图强。

5月17日
参加爱国主义活动

面对高山，你一定会感慨它的气势磅礴；放眼大海，你一定会惊叹它的汹涌澎湃；仰望青松，你一定会赞美它的高大苍翠；俯瞰小草，你一定会称颂它的坚忍不拔……因为，在它们身上，你看到了祖国大好河山的美好，因为，我们都有一颗爱国的心。

参加爱国主义活动，接受爱国主义教育，也是一种美德。爱国主义活动种类很多，纪念日宣誓、图片展览、万人签名、知识竞赛、红色之旅、爱国主义电影等各种形式。爱国活动是爱国主义精神的宣扬，是爱国主义教育的大课堂，绝不是一种哗众取宠的形式，所以，参加爱国主义活动首先要摆正心态。

你还可以发动其他人一起参加爱国主义活动，你的亲人、朋友、同学、同事都是你发动的对象，大家一起商量一下，什么样的爱国活动对你们最有意义，或者是你们最感兴趣的，你们想从这次活动中学到什么。参加爱国主义活动必须有一个明确的出发点，不是随大流的走过场。

参加活动过程中，要遵守活动规则和活动纪律，听从组织者的安排和指挥。参加爱国活动是一种庄重严肃的行动，所以你的着装最好庄重大方，语言行为必须严格注意个人修养，不要把社会的一些不良习气带到爱国活动中来，不可大声喧哗、嬉笑怒骂。

活动结束后，大家组织一次讨论，并有专人做会议记录。各自发表活动感想，每个人都必须发言，谈谈自己的体会，在活动中学到了什么，自己的思想和感情都有了哪些提高。最后，组织者就大家的发言总结活动意义和感想，并提出问题供大家会后思考。

5月18日
为集体争荣誉

集体荣誉感是集体凝聚力的来源，没有集体荣誉感会导致集体走向分崩离析。如果你热爱某个集体，就要努力为它争荣誉。

集体由个体组成。任何一个集体要建设、要发展，都必须依靠个体的努力。肯定和鼓励个人建立功勋、争取荣誉，是集体事业不断发展壮大的必然要求。但作为个人来讲，则需要正确认识和处理个人荣誉与集体荣誉的关系，积极为创造和维护集体的荣誉而奋斗。

为集体争荣誉，其实也是在为自己争荣誉，集体荣誉在个人身上会得到体现。荣誉是行为的结果。一个人如果抱着狭隘的个人目的去追求荣誉，必然不会忠实地、积极地履行义务，努力为集体作贡献，也不会实事求是、坦诚客观地评价自己的成绩，甚至会"贪天功为己有"，妨碍和窃取别人的成果和贡献，昧心地虚报功绩，掩饰缺点和错误，采取不正当手段捞取个人好处。这种行为，最终只会给自己带来耻辱，而绝不会获得荣誉。即使一时骗来荣誉，最终也会暴露无遗，受到人们的唾弃和良心的谴责。这种人对个人荣誉追求越积极，在人们心目中就越卑微。

我们应该看到，自己获得的一切荣誉都是因为自己身处在一个具体的集体中，你的家庭是一个集体，你离不开父母的养育和家人的支持；你的工作单位也是一个集体，你离不开领导的指导和同事的帮助。所以，当你为家庭、为单位，哪怕只是做了一件极其微小的事，也是在为集体争荣誉。

5月19日

做一件大公无私的事

人人好公，则天下太平；人人营私，则天下大乱。大公无私永远是社会发展的瑰宝。

在经济突飞猛进、科技迅速发展、物欲横流的当今社会，更需要大公无私，只要每个人都能无私付出，这种美德必能延续下去。

克服自己的私欲，做一件大公无私的事。比如，向领导举荐一个你并不喜欢的贤才。你可能和某位同事有些矛盾，但是他的工作表现和能力的确是无可挑剔，非常适合目前单位空缺的某个职位，当领导要你举荐贤才的时候，就是你发挥大公无私精神的时候了。抛却私人恩怨，任人唯贤，你定会赢得大家的赞扬和钦佩。正所谓"内举不避亲，外举不避仇"

又比如，把自己的私人财富或物品提供出来，作为公共之需，也是一种大公无私的表现。总之，为集体利益牺牲小我，从大局着眼，为公舍私，就是大公无私，相信自己，你能做到。

5月20日

用心做一件事来孝敬父母

百善孝为先，天下最不能等待的事莫过于孝敬父母。

感恩父母、孝敬父母是我们中华民族的传统美德。在人的一生中，对自己恩情最深的莫过于父母，是父母给予了我们生命，是父母辛勤地养育着我们，我们的成长凝结着父母的心血，每一个人都是在父母的悉心关怀、百般爱护和辛苦抚养下慢慢长大的。父母的亲子之爱只能用两个词来形容——无私和伟大。他们可以为子女付出一切，也甘愿付出一切。所以说，父母之爱位于人世间各种各样的爱之上。

我们中华民族历来崇尚受恩不忘，知恩必报，这也是做人的基本道德，也即一个人的良心。一个人如果对给予自己生命和辛勤哺育自己长大的恩重如山的父母都不知报答、不知孝敬，那就丧失了人生来就该有的良心，那是没有道德可言的。试想一下，一个人连生他养他的父母都不爱，怎么能指望他去爱别人呢？可见，人世间一切的爱都需要从爱父母开始。

用心做一件事来孝敬父母，是每一个人必须做的一件事，也是很容易做到的一件事。

比如，尊重父母的教导。父母所积累的人生经验是极其宝贵的，往往是我们在课堂上、书本里学不到的。并且他们对我们这些经验的传授是不计回报、真心实意的，所以我们应该认真听取，虚心接受，否则就会失却接受良好教育的机会。

比如，接受父母的监护。父母是子女的监护人，子女要自觉接受父母的监护，例如离家时要告诉父母，回到家时要先见过父母，告诉父母已经回家，使父母放心，平时要定期向父母汇报学习、生活情况，并且离开家之后，也要经常问候父母亲，以免父母牵挂。

比如，努力进取，认真学习或者工作，不抱怨生活，不辜负父母的期望。父母对子女最大的期望，先是成人，再是成才，最终有所成就。哪个父母不望子成龙、望女成凤呢？作为有孝心的子女要会学习，会工作，会生活，学会处世，学会做人，不负父母的愿望，实现父母的期望，这是最重要的孝行。

不要再抱怨工作太忙，时间太紧，没有空闲去看父母。比尔·盖茨曾说过，天下最不能等待的事情莫过于孝敬父母。步入老龄的父母，在生活上、精神上越来越需要子女，而且这种需要主要体现在亲情上，而非全都可用金钱或雇个保姆来替代的。随着年龄的增长，子女孝敬父母的机会逐渐减少。商机错过还会再有，而失去孝敬父母的机会，必定会遗憾终身。

5 月 21 日

在公交车上让一次座位

让座是种美德，是一个人道德和素质的体现，你这样做了，便可以问心无愧。

尊老爱幼是中华传统美德，是一个社会文明的体现，年轻人应该给老人、小孩让座，这是一个人道德素质和文明礼貌的体现，这一点不应该因为社会某些方面的变化而动摇，否则，只会让不良现象愈演愈烈。

上班下班的时候，不管一天的工作有多累，看见有需要的人，不要在内心犹豫挣扎，立刻站起来，对需要之人礼貌地说一句："您请坐。"即使对方不道谢，面无表情地坐下，也不要气恼，自己心安就行了。

去饭馆吃饭，在公园长凳歇脚，等等，这些场合，只要看见比你更需要座位的人，就要选择站起来，不要苛求一份感激，你会为你今天的表现而骄傲的。

5月22日

偷偷做一回好事

做一件好事不难，难就难在一辈子都做好事；一辈子都做好事也许还不难，难就难在一辈子做好事，还不留名。

偷偷做一回好事，观察一下你的周围有哪些好事可以做，只要你留心，肯定能发现。比如清扫街角的垃圾，比如维修小区的公共设施，比如早去办公室给每一个同事泡一杯热咖啡，比如送大街上迷路的小孩回家，比如把捡到的钱包交还失主，比如捐款献爱心，等等。

做完好事之后，心情很激动吧！自己偷偷在心里乐就行了，千万不要沉不住气四处张扬，否则你的高风亮节就要大打折扣了。做好事要默默无闻，做好事，是为了服务他人，而不是为了给自己留一个好名声。自己心情愉快已经是老天爷对你的好人好事行为最大的欣慰了。所以，默默做完，不要声张，自己该做什么还是做什么，恢复你的平静心情，继续过自己的平静生活吧。

5月23日

向领导毛遂自荐

如果你想在其他人还没有露脸之前抢得先机，最好的方式就是——毛遂自荐。

毛遂自荐的故事告诉我们，不要总是等着别人去推荐，只要有才干，不妨自己主动站出来，做出自己应有的贡献。

当今职场，毛遂自荐这一求职方式越来越被人们所运用，有人如愿以偿，有人屡屡碰壁。除去主客观因素外，自荐者所采取的策略、方法是否得当决定求职的成败。所以，在运用毛遂自荐这一招时，最好能独具匠心、别具一格。

要取得毛遂自荐的成功，至少应具备三大要素：胆大心细，适时果断出击；表现的

方式能立刻吸引领导的注意；要有真才实学。所以，胆量是前提、技巧是关键、水平是保证，三者缺一不可。

向领导自荐，要找准时机，趁领导有空的时候，说明你自荐的理由，你对你向往的职位或者某项任务的认识和见解，以及你自认为你胜任该职位或任务的能力。自荐，实则就是一个主动推销自己的过程，必须一开场就吸引领导的注意，你可以事先做一份职位计划书，边陈述边将计划书呈递给领导，并对此作出精辟的说明。

自荐完毕，礼貌地恳请领导考虑，对自己的打扰表示歉意，并诚恳地表示，无论领导考虑的结果如何，自己都会尽职尽责地在岗位上努力工作，发挥自己最大的潜能为单位作贡献。

5月24日
培养孩子的美德

我们很多的品质都来自于从小的教育，小时候的教育对一个人的成长是很关键的，不仅要教其文化知识，更多的是要教其做人的道理，只有具有传统美德的孩子才是品学兼优的人。

现在的家庭大多只有一个孩子，生活条件较好。大部分家庭在孩子的成长过程中，除了在物质方面尽可能地满足孩子外，关心最多的便是孩子的学业了。望子成龙，望女成凤，将来出人头地是家长们对孩子采取严厉管束的理由。不管孩子愿不愿意，他们总是乐于带孩子上兴趣班、上家教课、上各科补习班等，即使花费大量金钱和时间也在所不惜。但他们往往忽略了对孩子将来成长至关重要的一个方面的培养，即传统美德的培养。殊不知，从小培养孩子的传统美德比学业重要得多。教育学家说过："一个有传统美德的学生，其学习成绩肯定是优秀的，而一个成绩优秀的学生并不一定有传统美德。"

培养孩子的美德，就要认真观察孩子的言行，随时进行纠正。比如孩子可能会嫌爷爷奶奶啰嗦，对老人的态度不够尊敬，这就要及时告诉孩子，尊重老人是传统美德，孝敬父母是每个子女应尽的义务，而老人是爸爸妈妈的父母，等等诸如此类。还要专门找个时间，给孩子讲几个美德故事，讲完之后，问问孩子有什么感想，并告诉他一些做人的道理。

5月25日
带父母去旅游

"谁言寸草心，报得三春晖"，亲情是一个人善心和良心的综合表现。孝敬父母，尊敬长辈，这是做人的本分，是天经地义的美德，也是各种品德形成的前提。

每个人都知道应该孝敬父母，但很多人仅限于口头上的承诺，或者以为给父母一些物质上的补助和享受便是孝敬了。当然，让父母晚年在物质生活方面能够富足也是孝敬的一种表现，但是，这绝不是最根本的。孝敬父母，要用心，要体贴，要想父母之所想，要像对待自己的子女一样细心照顾，用心呵护。

大多数的父母，一辈子劳碌，很少有时间出远门旅游。给自己的父母一个惊喜吧，告诉他们今天和他们出去旅游，问他们最想去哪。如果你平时多用心观察，你应该了解他们最向往的旅游胜地，提前买好机票或车票，对他们说："亲爱的爸爸妈妈，走，今天咱们一起去旅游吧！"相信这对于每一位父母来说，都是一种莫大的欣喜。

帮他们收拾好行李，不用带太多的东西，一切从简，旅游是为了轻松，不可让他们旅途劳累。去目的地的途中，给他们介绍那里的风土人情，都有些什么景点，等等。

旅途中，时时处处注意他们的行动安全，注意不要让他们过度劳累，中途要注意休息。既要让他们玩得尽兴，又要保证他们的身体健康和行动安全。

5月27日
认真欣赏身边的某个人

社会是一个舞台，也是一个竞技场。人生是表演，也是奋斗。每个人都需要别人的关注、喝彩和鼓掌，就像需要批评一样。如果只有沉默，那生活就一定会索然无味的。

在社会生活中，每一个人都渴望得到别人的欣赏，同样，每一个人也应该学会去欣赏别人。欣赏与被欣赏是一个互动的过程，欣赏者必须具有愉悦之心、仁爱之怀、成人之美的善念。因此，学会欣赏，应该是一种做人的美德，肯定了别人也是肯定了自己，诚如爱默生所言："人生最美丽的补偿之一，就是人们真诚地帮助了别人之后，同时也帮助了自己。"

认真欣赏你身边的某一个人，欣赏你的同事，你和同事之间会合作得更加亲密；欣赏你的下属，下属会工作得更加努力；欣赏你的爱人，你们的爱情会更加甜蜜；欣赏你的孩子，说不准他就是一个英才……

欣赏别人不是让你去阿谀奉承，它应出于真诚，是对别人人生意义的肯定，是一种

高尚的情操，是一种现代人应该具备的修养。欣赏不是让你说出多少华丽的赞美辞令，其实，几下掌声，几句赞誉，或者一个眼神、一个微笑也可以。但别人却会从你的欣赏里得到对自我的肯定，得到了鼓励、欢乐、信心和力量。

欣赏别人，是善待他人的一种方式，是以人之长补己之短的明智之举。就在我们欣赏别人的同时，这个世界在我们的眼中也变得更加美丽。

培根说："欣赏者心中有朝霞、露珠和常年盛开的花朵，漠视者冰结心城、四海枯竭、丛山荒芜。"让我们在生活中多一些欣赏吧，欣赏是一种给予，一种馨香，一种沟通与理解，一种信赖与祝福。人人彼此欣赏，世界就充满了温暖与生机！

5月26日
带着鲜花去看望恩师

尊师敬师者不一定有大学问，但有大学问的人一定是尊师敬师者。任何一位学生，只有真正做到尊师敬师，才有可能很好地接受教育，才有可能充分开发自己的学习潜能，才能学有所得，学有所成。

尊师敬师不只是表现在求学期间，更重要的是要在离校别师之后，还不忘昔日恩情，时常看望当年的恩师。这也是对每位为教育事业默默奉献的人民教师的最欣慰的回报了。

看望老师并不一定要带多么贵重的礼物，一束鲜花最能代表心中的感激和恩情，康乃馨就是很好的选择。或者你还想给老师送上别的什么礼物，全看你的心意以及你对老师的了解。你需要了解一下他有可能会喜欢什么礼物，或者愿不愿意接受学生的礼物。要知道，有些老师不太接受学生的馈赠，这些都是个人性格问题。但无论如何，鲜花是一定要带上的，因为它是最好的祝福。

选好礼物后，事先给老师打个电话，送上你的问候，并表达你想去看望他的愿望，约好具体时间。记住约好的时间，按时到达，无论你有多忙，也不要耽误老师的时间。

你也可以和其他同学约好，一起去拜访，这样会让老师更高兴。见到老师后，如果可以，给老师一个热情的拥抱，问老师身体好，然后和老师谈谈你现在的境况，工作和生活各方面都可以谈，说说老师当年的教诲对你现在的帮助，感谢老师的育人精神，并询问老师现在的工作情况，学生是不是还像自己以前那般调皮，不懂事，师生之间的亲切感也会因此倍增。

5月28日
与朋友讨论国家大事

风声雨声读书声，声声入耳；家事国事天下事，事事关心。立身处世，心系天下，有助于个人高瞻远瞩，与时俱进，遇事果敢有主见。

天下兴亡，匹夫有责。我们不能时常为国家做一些轰轰烈烈的大事，但起码可以关心和讨论一下国家大事。

工作之余，改变一下平时和同事聊天的内容。平时可能家长里短的事情谈得比较多，比如，昨天看了什么电视剧，最近影院在上映什么大片，这几天哪几家商场在打折，谁家的新房真大，油盐又涨价了，等等诸如此类。那么，今天由你开头，挑起话题，谈谈国家最近又出台了什么新政策，哪项改革将引起国计民生的什么变化。

或者，召集一帮朋友，以非正式会议的形式，拟一个主题，就中心议题展开讨论。如果大家谈兴不高，想办法鼓动大家的情绪，发动你的带头作用，鼓励大家畅所欲言。每个人大胆发挥想象和创意，提出自己的见解，其他人可以就某人的发言发表自己的看法，如果有异议，还可以展开辩论。当然，辩论非争论，大家必须把握好自己的情绪。

讨论会最好有一个主持人，把握整个讨论进程，必要时对一个阶段的议题进行总结，防止跑题。另外，最好有做会议记录的人，讨论也是为了启发大家的思维，也是一种学习，不能讨论完了就没事了，这样就失去了讨论的意义，并非真正的关心国家大事。等到下次讨论的时候，还可以对本次讨论的内容进行一下回顾，也许会有新的观点产生。

5月29日

认真看一期新闻节目

看新闻类节目，关心时事，了解天下资讯，既可增长见识，又可增强记忆力。

有调查发现，看电视对人的智力和记忆力有破坏作用，但并不是所有的电视节目都不利于人的智力发展，比如新闻类节目就是一种使人获益匪浅的电视节目。

新闻节目也有很多种，总的来说，现在的新闻节目已经突破了以往单一的播报形式，在形式和内容上均进行了宝贵的尝试，突出情节性、故事性，悬念感已成为一种倾向。所以，应该改变对新闻类节目的偏见，认真地看一期新闻节目。

对形形色色的新闻节目，你可以凭兴趣进行选择，比如选择一些有文化深度的，可以让你在感受其文化底蕴的同时提升自己的文化内涵。再比如一些报道各地趣事逸闻的，可以让你在被其故事性吸引的同时增长了自己的见识。

看新闻，与看电视剧和综艺节目不同，应该用心去看，总的来说，它还是一个知识性的节目。与娱乐性的节目不同，它的主要作用不是供人消遣，作为茶余饭后的休闲活动，它往往是把一些社会热点通过视频媒介曝光，引起人们的思考，从而引发大众对自己所处社会的方方面面进行关注，实则也是在培养一种主人翁意识。

认真看、抱着鉴赏和学习的态度去看新闻，你会收获许多。

5月30日

认真完成自己对某人的承诺

花儿是春天的诺言，潮汛是大海的诺言，远方是道路的诺言。世界因为信守了许多大大小小的诺言，肃穆而深情。遵守诺言是一项重要的感情储蓄，违背诺言是一项重大的支取。导致情感储备大量支取的莫过于许下某个至关重要的诺言而又不履行这一诺言。

也许你并没有想过要逃避自己曾许下的诺言，只是总缺乏履行的动力，而一再拖延。今天就别再给自己找任何借口了，哪怕履行起来有点难度，如果轻松即可完成，那又何需通过承诺来向别人保证呢？

首先认真回忆一下当时你是怎样许下诺言的，你对别人保证过什么。诺言的实现不能偷工减料，你说过你要做什么，做到什么程度，都要一一按约定完成。

然后部署一下你的行动，既然许下诺言，就要做到最好。完成这个行动需要什么样的条件，需要什么人的帮助，需要你付出怎样的努力，你能做到多少，这些都要认真考虑清楚。

把完成这个承诺的行动当做自己的事情来做，尽心尽力，心甘情愿，摒弃抱怨和厌烦情绪。遵守诺言是一种责任，是一种精神，也是一种情操，这不仅是为别人，也是为自己，为自己的人格修养付出努力。

5月31日
纠正自己犯的错

世上最难的事莫过于认错，只要事情一出纰漏，人们很自然地会推卸责任，然而这样毫无益处。拒绝认错，固执己见，最终势必引起公愤，人们只尊敬勇于认错，并纠正自己错误的人。

古语有云："人谁无过？过而能改，善莫大焉。"人非圣贤，总会有犯错误的时候，可怕的不是错误本身，而是对待错误百般抵赖、死不认账的恶劣态度，让人想原谅他都找不到理由。为自己的错误辩护开脱，是人的本能，也是人性的弱点，也是愚蠢之极的行为。这样做只能让别人对你的品行更加怀疑，对你唯恐避之而不及。勇于承认自己错误的人，反倒能够获取别人的谅解和信任。

做错了事，伤害了别人，光是承认错误或道歉是不够的，必须尽力弥补，方能算是诚意。当然，有时尽力弥补也未必可以完全纠正过错，而且，最重要的是，自己尽力弥补的，是错事对别人造成的损害，不是自己在别人心中的印象。人家敬佩也好，不原谅也好，也要尽力。

别死撑着坚持自己的错误了，你无非是觉得认错有失颜面，一个人越重面子，所要付出的代价就越大，把个人的面子、名誉看得越重要，认错就需要越大的勇气。不如放开怀抱，轻松面对，你会发现认错其实并没有那么难。

有了认错的决心，再仔细想想自己到底错在什么地方，事情发展到了哪一步，自己的错误还能否挽回，如今还能作出怎样的补救。将所有的这一切都考虑清楚，再果断行动。

黄金心态，正面思维

　　你怎样对待生活，生活就怎样对待你；你怎样对待别人，别人就怎样对待你；在刚开始工作时你的心态如何，决定了你最后能否取得成功；当然，不是说持有积极心态就能够万事如意，可重要的是它能改变你做事的方式。从而改变你的人生。

　　面对现实，保持积极的心态，凭借自己和周围环境中能有效利用的一切积极因素来应对困难与烦恼，才能达到目的，获取成功。

6月1日

耐着性子做完一件你感到厌烦的事

任何一种工作或是生活状态，持续久了就会令人厌倦，感到没有出路。其实，问题并非出在工作本身，而是一种心理作用。

无论工作、生活，想要幸福快乐，就要用心去经营。

能力大于期望值和期望值大于能力的人都容易产生对工作厌倦的心理。是在厌倦中消磨岁月，还是寻求解决之道？要明白换一种生活方式未必就不会厌倦，可能每一种生活方式都会让人感觉单调，所以没必要这山看着那山高。

想要快乐，没有什么秘诀，调整好心态，对生活保持永远的热情，厌倦情绪还能藏身何处？

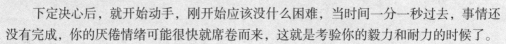

培养自己对生活的热情，和厌倦情绪作斗争，一个非常有效的办法就是强迫自己把一件烦人的事情完成。

下定决心后，就开始动手，刚开始应该没什么困难，当时间一分一秒过去，事情还没有完成，你的厌倦情绪可能很快就席卷而来，这就是考验你的毅力和耐力的时候了。

一遍一遍地在心里默念：坚持，坚持，再坚持！如果实在坚持不住了，那就暂时休息一会，听会音乐，或者静静地坐一小会，放松一下情绪，然后再接着干，直到最后完成。

6月2日

把工作任务当做休闲娱乐一样轻松地完成

越是放松地面对我们所在乎的事物，我们就越能游刃有余地去把握它；反之，越在乎，越紧张，情况只会越糟糕。

如果我们想比较快乐地过日子，可以让自己放松些。与其天天在乎自己的成绩和物质利益，不如每天努力学习、工作，享受生活中每一次获得经验的过程，并不断成长。一个真正懂得从生活经验中找到人生乐趣的人，不会觉得自己的日子充满压力及忧虑。

所以，不要把每天的工作任务当做一种压力，让自己的神经变得很紧张。其实，我们完全可以换个眼光，换种心情，把工作当做一种娱乐，培养自己对它的兴趣，轻松愉快地面对。

生活中很多乐趣都需要我们自己去发掘，去找寻，工作也是。兴趣是最好的老师。如果能够轻松面对，不但能顺利完成任务，而且能够从中学到很多知识。兴趣也最能出成果，因为有兴趣，才会去认真钻研，找到最佳的工作方法。

把工作当成休闲娱乐其实并不难，还有什么比放松心态更容易的呢？只要凡事不强求，放弃功利思想，抱着一切尽力而为，量力而行，顺其自然的心态，就能在工作找到愉快的感觉。

6月3日
寻找日常生活中的乐趣

兴趣是生活和工作的润滑剂，是点燃快乐火炬的助燃器，是消除疲倦的提神茶。而生活中处处都能寻找到属于你的快乐，关键在于你的兴趣在哪里。

当我们在做自己喜欢做的事情时，很少感到疲倦，很多人都有这种感觉。比如在一个假日里你到湖边去钓鱼，整整在湖边坐了 10 个小时，可你一点都不觉得累，为什么？因为钓鱼是你的兴趣所在，从钓鱼中你享受到了快乐。如果我们把生活和工作也当做一件有趣的事情来做，就会从中寻找到无穷的乐趣。

"我怎么样才能在工作中获得乐趣呢？"一位企业家说，"我在一笔生意中刚刚亏损了 15 万元，我已经完蛋了，再也没脸见人了。"

很多人就常常这样把自己的想法加入既成的事实。实际上，亏损了 15 万元是事实，

但说自己完蛋了，没脸见人，那只是自己的想法。一位英国人说过这样一句名言："人之所以不安，不是因为发生的事情，而是因为他们对发生的事情产生的想法。"也就是说，兴趣的获得也就是个人的心理体验，而不是事情本身。

事实上，很多时候，我们都能在生活中寻找到乐趣，正如亚伯拉罕·林肯所说的："只要心里想快乐，绝大部分人都能如愿以偿。"

6月4日

去操场练跑步，坚持跑到自己事先设定的终点

只要心中有明确的目标，并热切地想要实现它，你就有了坚持的动力，"水滴石穿，绳锯木断"，只要你坚持不懈，胜利就在不远的前方。

清晨或者傍晚都是练习跑步的最佳时间，找一个操场，事先给自己设定一个目标，比如今天一定要跑几圈，或者坚持跑完多长时间，但需要按照你自己的能力来设定目标。不要把目标定得太低，比如你平时能跑5圈，你却给自己设定今天跑4圈就行，那就没有任何坚持的意义了；假如你平时能坚持跑15分钟，那么，今天你就必须跑完15分钟以上。还有，在速度上不能减慢，如果你只是静待时间的流逝，那就有点自欺欺人了。

设定合适的目标之后，就开始你的训练吧。不难想象，今天的锻炼比平时更具有挑战性，因为你的目标比平时更高了。跑步的时候，在心里默默给自己打气。心里想着那个目标，不如事先对自己说好，今天完成任务之后，给自己一个小小的奖赏，比如给自己买一件小礼物，或者做一件平时很想做，但是又觉得那样太奢侈或者有点过分的事。这样想着是不是觉得动力更大了一些呢？

如果你喜欢听音乐，也可以一边听音乐一边跑步，用音乐来缓解你的疲乏，暂时转移一下你的注意力，让自己在不知不觉中渐渐接近目标。也许你听着听着，就猛然发现，哦，原来已经到达了目标。

6月5日

停止怨天尤人，给自己一个**自信的微笑**

人们常有一种"托付思想"，就是将自己的命运托付给别人或是外力掌控。这种"托付"有时是主动的——因为掌控不易，而干脆放弃掌控，懒得掌控；有时是被动的——因掌控不了，无奈之下，不得不放弃掌控权；有时却是不知不觉的……

有这样一个故事，一个小孩抓住了一只小鸟，问一位人人都尊称为智者的老人："都说你能回答任何人提出的任何问题，那么请您回答我，这只鸟是活的还是死的？"老人想了想，他完全明白这个孩子的意图，便语重心长地说："孩子啊，如果我说这鸟是活的，你就会马上捏死它。如果我说它是死的呢，你就会放手让它飞走。你看，孩子，这只鸟的死活，就全看你的了！"

智者给我们这样的启示：每个人的前途与命运，就像握在手里的小鸟一样，成败与哀乐，完全掌握在自己的手中。

怨天尤人会让你失去很多奋斗的机会，失去很多自我掌控命运的能力和机会，如果你还在继续，停止吧，收回你原本的权力，用自身的努力掌控自我的命运。所以，给自己一个自信的微笑，勇往直前地做自己想做的事，相信自己，只要你肯努力，就一定会成功。

6月6日

找个没人的空间大声给自己唱首歌

不论你身处何地，不论你的环境如何改变，你都可以一边歌唱一边生活，在心中响起动听的乐曲。

歌不一定是要唱给别人听，也不一定非要有人来欣赏，你完全可以为自己而歌唱。歌声不一定要有多优美，重要的是你的心情有多放松，有多愉悦。

找一个没人的地方，一间空房子，一片空旷的草地，湖边的小树林，只要你的视线里没有别人，你就可以放声为自己歌唱，不用去在乎别人诧异的眼光，窃窃的私语。为自己歌唱，不用去刻意地牢记歌词，你可以很随意地去唱，甚至可以自己编一些曲子来唱，想唱成什么样都行，没有人会取笑你，只要你自己能接受就好。你还可以把一些想对自己说的话，用歌曲唱出来，哪怕是心中积聚的苦闷和牢骚。把满腔的怨言大声唱出来，也是一种很好的发泄方式。最好能唱一首激动人心的鼓励之歌，或者是一首充满了祝福和期许的希望之歌，唱出自己对生活的美好愿望，唱出自信，唱出激情和勇气来。

如果你有雅兴，不妨用录音设备把自己的歌声录制下来，以后任何时候都可以拿出来回味一下，自我欣赏一番，那一定很好玩，甚至还可以为自己专门制作一盘专辑，就像那些歌星一样，只不过这个是用来自我收藏的。如果可以，把它送给你的好友，这么好玩的礼物，你的朋友一定会很喜欢的。

6月7日
早起去山顶看看日出

每一种生活都有其独有的魅力，只是我们期望太高以致常常忽略了生活本身，忽略了它美丽的一面，忘了把它当做一件有趣的事情来做。你们家附近有没有山，如果没有，你恐怕要起个大早，才能赶得上去最近的山看日出。看日出，需要根据日出的时间，科学地安排好自己看日出的行程，过早或过迟赶到看日出的现场，都是不妥的。太早了，不但影响自己的休息，还会因山头的气温低而容易着凉；太迟了，就会错过看日出的良机。一般而言，为了充分领略日出前后的奇景异色，应在日出前 10～20 分钟赶到现场最为适宜。所以，事先弄清楚你要去的那座山的日出时间是很必要的，这就需要去请教一下有过在那看日出经验的人了。

尽管在夏天，清晨的气温一般还是比较低，所以，记得多穿件衣服，穿一双适合登山的鞋，赶到山顶之后，稍作休息，眼睛盯着太阳升起的地方。你会看到：东方的天空，随着繁星的渐没，天空的颜色先是灰蒙蒙的，继而由灰变黄、变红、变紫，渐渐地，在地平线附近裂开一条缝隙。一会儿，缝隙变得越来越长，越来越宽，同时越来越亮，几道霞光射向天空，忽然一弯金黄色的圆弧，冲破晨曦，从地平线上冉冉升起。开始的时候像一轮金黄色的弦月，镶嵌在地平线上，然后慢慢变成扁圆形，宛如一盏巨大的宫灯，悬挂在东方的天边。此时，如果配以一望无垠的云海，其景象就更为壮观：天上霞光万道，红云朵朵，下边连绵云海，万顷碧波。初升的太阳，随着饱览这一瑰丽景色的旅游者的呼唤声，若隐若现，若明若暗。看到如此奇异的日出，足以让你流连忘返。

此时，也许你会想起一位诗人的话："太阳每天都是新的。"所以，每天都有一个新的开始，新的一天又到来了，这又是你人生的一次新的起点，加油吧，为了更美好的明天。

6月8日
一个人爬到山顶大声说出心中的郁闷

真正懂得生活的人，不是没有烦恼，而是懂得如何将心中的烦恼及时地排遣。

倾诉，不一定非要对着某个具体的人，如果找不到一个帮你收拾心情垃圾的人，就假想身边有一个人，对着一堵墙，对着一面镜子，哪怕只是对着空气，都可以大声说出你心中的郁结。

最好的办法是一个人爬到山顶，对着远处，大叫几声，把心中的郁闷全都喊出来，那种感觉真的不错。最好在清晨去，早上空气清新，顺便还可以晨练。到了山顶，最好是找一个没人的地方，因为也许山上还有其他登山者，否则，你夸张的声音和动作可能会把别人吓着。虽然说走自己的路让别人去说吧，但是，人是社会的一部分，我们还是应该尽量不要让自己的情绪影响到别人的生活，因为我们都是有社会责任感的人。

到了山顶，想象你的面前就是一个垃圾桶，你可以把你的苦水全部都倒出来，不用担心它是否承载得动。放心吧，它的容量大得很。你想说什么就说什么，而不用担心它听了你的倾倒之后会有什么样的反应。你可以说你最近工作上的压力，很卖力地工作却得不到领导的赏识；你可以说和朋友相处的困境，很真心地待人却总是被误解；你也可以说和亲人之间的小矛盾，父母不理解，孩子不听话等。情绪高涨的时候，也可以手舞足蹈，用动作来发泄你心中的郁闷，等你的声音叫嚷得嘶哑了，身体变得疲乏不堪了，你塞得满满的心似乎一下子也被掏空了，因为烦恼都被你赶跑了。

6月9日

去健身房，把自己累得筋疲力尽

把烦恼赶跑的方法，就是让身体变得很累，让自己没有精力去骄纵自己的心情，让它没有空闲去胡思乱想。

当健身逐渐变成一种时尚运动，慢慢成为生活的一部分时，越来越多的人走进了健身房。但对于一个追逐"时尚"的新手来说，通常令他们苦恼的是怎样选择一家适合自己的健身房。你是不是也正面临这样的问题呢？

选择健身房不能急于求成。你应该对你周围的健身房有个全面的了解，也许你对去过的第一个健身房印象不错，但也不要急于决定。大多数的健身房都会提供给"新人"一个免费的试训机会，对体验者没有其他约束，通常还会免费提供教练的辅导，这时正是你对健身房进行评估的好机会。

如果你今天是第一次去健身房，那么，你最好请教一下有经验的人士，让他们帮忙介绍一下，哪家健身房比较好。一般来说，选择健身房，要考虑如下因素：健身教练，一个健身房的好坏主要取决于他们能够为练习者提供什么样的健身教练，因为健身教练会直接对你的训练负责，而一个正规的健身房应该拥有一批高水平的、专业的健身教练。对于健身器材，不管做什么健身训练，安全都必须放在第一位，杠铃的螺丝是否松动、运动器械的电线是否漏电等问题，我们都应该在训练前就考虑、重视。另外，器材的清洁程度会表明它们是否被定期维护保养，这些都是我们进行判断的依据。训练计划，一个好的健身房会给健身者提供既实用又有趣的健身计划，除去器械、力量练习以外，还会安排拉丁、瑜伽、形体等内容丰富的练习，因为只有将有氧练习和无氧练习穿插进行，才能锻炼身体的各个部位，达到最好的健身效果。服务及氛围也很重要，健身房不仅是健身的场所，还是放松的好地方。这就需要给练习者提供周到的服务以及营造一个轻松的氛围。当你去健身房考察时，一定要对健身房所提供的服务进行比较，还要留意其他健身者的层次和气质是否适合自己，因为这些因素都会影响到你日后的训练。

人们常常错误地认为，器械会把肌肉练得过于发达，影响美观。其实这个观念是错误的，在任何时候，只要你对器械的使用够恰当，它们都一样会为你带来绝对窈窕的身材，更何况它也是现今流行的塑身运动——有氧运动中的一种。

掌握一些主要器材的训练方法是非常必要的，比如，复合胸部训练器的锻炼方法：身体保持正直，单脚站立，一脚点地，肘关节抬起平行于地面；呼气，靠胸部用力，双手向前推，吸气慢放。划船机的锻炼方法：身体保持正直，单脚站立，一脚点地；腹部贴住垫子，双手抓住把手，肩胛骨收紧；肘关节向回收，呼气，收紧背阔肌；吸气，慢放。复合肩部训练器的锻炼方法：身体略有前倾，单脚站立，一脚点地；双手抓住把手，呼气，三角肌用力向前上方推，吸气，慢放，放置肘关节略低于肩即可。立式背部训练器的锻炼方法：身体保持正直，单脚站立，一脚点地；双手抓住把手，呼气，背阔肌用力向下拉，吸气，慢放。

还有一些比较常用的训练器材，比如，臂部训练器、复合三头肌训练器、蹲式复合训练器、弓步训练器等。今天你可能不会将所有的器材全部训练到，跟着教练，不要偷懒，直到把自己累得筋疲力尽。回家之后，洗一个热水澡，再美美地睡上一觉，就什么烦恼都没了。

6月10日

安静地听听音乐，完全陶醉在音乐的海洋里

生活如同一叶小舟，只有扬起理想的风帆，荡起奋斗的双桨，才能达到光辉的彼岸。无论境遇如何变化，都要歌唱着生活，不要奢望太多，要珍惜今天所拥有的，要学会从各种名利中解脱，做到得之淡然，失之泰然。

音乐是个好东西，很多音乐都能把你日常生活中的沉重压力释放出来，你能因而得到精神上的舒缓、休息和平和，享受这些美妙的旋律，让你自己感受那恬静的气氛，享受到音乐的轻抚，重拾信心。

选取一组你喜欢的音乐，在一个安静的房子里，开着音响，如果你怕影响到其他人，塞着耳机也行。选择一个自己比较舒适的姿势，斜倚在沙发上、半躺在躺椅上，或者干脆随意地让自己倒在床上。总之，你觉得怎么舒服就怎么来。

然后微闭着眼睛，倒不用刻意地去留意音乐表达了怎样的一种情感，只是很随性很

随意地让音乐缓缓地流过，通过你的耳朵，传到你的心里。你可以随意地让自己的思绪飘飞，音乐让你想起什么，你就随着自己的心绪，不必强求，也不必压抑，一切都是那么的自然随性。

也许刚开始你无法完全沉浸在那片海洋里，没有关系，慢慢地让自己的所有神经都放松，不要再把心思放到那些扰人的烦恼事情上，抛开外面的一切，听音乐吧。想象这片音乐的世界里发生了什么，它可能是一个浪漫的爱情故事，可能是在诉说满腔的情思，可能在表达对理想的渴望、对未来的希冀；它也有可能让你回想起从前的某些人某些事，也许你已经许久都不曾想起，重拾往事，是不是会让你有一些新的感悟？

也许，在音乐的世界里，你的意识在慢慢变得模糊，不要紧，让自己慢慢放松吧，即使睡着了也无妨。这本是一个放松的空间，让身心得到完全的休息，不要因为自己在音乐的世界里睡着而感到惭愧，而应该感到幸福，让音乐伴着你入眠，是多么美好的一件事啊！

6月11日

幻想一下**梦想成真**的情景，包括每一个细节

幻想一下梦想成真的情景，会让你多几分乐观，多几分自信。

也许你的梦想不止一个，但是，一定有一个是你最热切渴望的，或者是你最近特别想实现的，期盼得太久，心都有些累了吧，给生活来一点幻想吧。

幻想一下这个梦想实现的那一天，不是把它当成一个概念在心里晃一下，而是把它当做一个完整的故事，在心里就像放一场电影那样，把整个过程都默默地演绎一遍，包括每一个细节。

这个幻想的场所要选好，最好是一个安静的、可以一个人独自思考的空间，没有其他人的打扰。而且你要保证你幻想的过程不会被人突然打断，如果当你忘我地投入其中，美妙的幻想却戛然而止，那样会让人很扫兴，大煞风景。

所以，最好选择你一个人在家的时候进行幻想，拔掉电话线，关掉手机，真正保证这段时间没有任何人的打扰。

最好放一段舒缓的音乐，感觉就像电影里那样，当某一些令人激动的场景出现的时候，总是伴随着跟主题相关的音乐，你也可以挑选一段和你的梦想主题相关的音乐，让梦想随着音乐的流动而慢慢展开。

你甚至可以把你要说的话，真正地说出声来，就像你就在现场，只不过其他人都是虚拟的。

你想笑的时候就尽情地笑出来吧，把梦想实现后的激动和喜悦真实地表现出来。

6月12日

淋一场雨

生命有限，人生的价值却望不到终点，我们可以把任何一点当做起点，整装待发，每走一步都是一个新的起点，都会有新的收获。

不管你是否喜欢下雨天，让自己淋一场雨，尤其当你心情郁闷和痛苦的时候，你会爱上淋雨的感觉。

把自己扔在大雨滂沱的街道上，广场上，任那大雨不徐不疾地打着自己。

在雨中，你可以放声大叫，也许雨声早把你的叫声给吞没了。你还可以放声大哭，任雨水和泪水流到嘴里。如果你感到悲伤，雨就像是泪，就像是上天流下的眼泪，它的

伤比你的显得更加来势汹汹。于是你可以肆意地放任自己，因为你知道一切的情绪都有雨来包容。雨过了，人便像死过再生一般，忘记刚才雨中那曾忘形的自己。

当然，淋雨不一定非要表现得如此悲壮。当细雨绵绵时，你也可以行走在大街上，在细雨中观望和欣赏街景，当街上撑起五颜六色的花雨伞，把朦胧的世界装点得更加妖娆美丽时，你会发现淋雨的感觉真好，雨水驱除了烦躁的心绪，湿润了伞下的欢笑。在雨中无语沉思，没有了杂念，没有了烦躁，只剩下一种绵绵的情思，一种柔柔的平静，这是份难得的意境。

在雨中你要怎样表现，完全看你当时的心情，但无论怎样，淋雨的感觉，真的不错！

6月13日
尽情地蹦一次迪

每个人都在用自己的方法活出热情，有些人等着自然的召唤；有些人承担着天降的大任；有些人没什么热情，只希望生活中有一两件刺激的事就足够了，那么生命只是一个逐渐衰退的过程；另一些人则喜欢无限的狂热激情，当他们追逐一个目标时，觉得自己全身都热情激烈。

首先我们要改变对蹦迪的看法。很多人认为蹦迪是年轻人的天地，或者又认为去那种场合的人都不太正经。其实不然，现在去蹦迪的人越来越多了，各种年龄层次的人都有，因为现在的人，工作和生活的压力都非常大，有机会放松一下，蹦迪是一个不错的

选择。

迪厅是一个众人聚集的公共场所，生活中的一个舞台。在这个满世界男女老少都热衷于减肥的今天，舞蹈和蹦迪成了一些人健美和减肥的绝好途径，它让人们拥有了健美、挺拔、妖娆的身姿。

如果你是第一次去蹦迪，不要紧张，蹦迪其实很简单，关键是要踏准节拍，一般人都能听出一首乐曲中的节拍。如果你没有自信，可以事先找一些 R & B 的歌曲来听，很容易找到感觉。

跳的时候，只要随着节拍踏出脚步就行了（俗称踩乐点、踩鼓点），开始时先一步一拍：一条腿略微抬起，同时支撑腿稍稍弯曲，接着将抬起的腿放下并轻蹬地板，顺势绷直双腿，此时正好一拍结束；然后交换成另一条腿重复上述动作，即完成第二拍的动作，依次反复，双手可以垂下或略微抬起，随节奏轻轻舞动。等熟悉节奏后，就可以随心所欲地即兴发挥了。如果实在感觉不行，就找一个节奏最明显的曲子，然后随着你听觉最明显的那一拍鼓点走路，依每一拍，一步步走下去。这就如同跳舞。

现在蹦迪没有什么固定动作，主要是即兴，目的就是放松。熟练后上半身及双臂还可以加一些（小幅度）动作。慢摇也是一样的，就两步，左右左右，轻轻随旋律挪动脚步，女孩的步伐完全是由男孩引领的，相依相偎管他往哪个方向移动，只要别踩了他（她）的脚就行。

在高分贝的音乐里，灯光变幻莫测，光影环飞横曳；在迷离虚幻的烟雾中，犹如置身在虚拟的世界；种种堆积的烦恼在那一刻宣泄。那种淋漓酣畅的释放后的轻松，有种说不出的惬意舒爽。

去蹦迪吧，你会爱上它的纯粹，爱上它的忘我，爱上它的粗犷，爱上它的淋漓酣畅。

6月14日
给心情放一个假

在我们每个人的生活中，都可能有不能承受之重。如果你在纷繁复杂的生活中挣扎得甚感疲惫，那么就给自己的心情放个假吧。

当一个人感到"累"的时候，他的心情一定比他还"累"。无论我们做任何事，我们的心情永远忠实地追随着我们。绷紧的弦会断，穿久了不换的鞋也会因疲劳而过早磨损。而我们的人生是件长久的事，很多的事情都不可能一蹴而就，为了将来，必要时一定要给我们的心情放个假。

给心情放个假，和心情谈谈吧。这样心情会告诉我们，我们真正需要的是什么。很多的时候，人们承学业之重，是为了工作的轻松应对；承事业之重，是为了生活的富足安定；持情感之重，是为了人际的和谐快乐。我们承"其"重是为了得到心情的"轻"。当我们的心情告诉我们"累"时，我们应该问问自己是不是太过于执著了。因而，每当在这时候我们应该放松我们的心情，给心情放个假。

6月15日

吃一顿自助餐

　　自助餐在西方叫做buffet，正规的解释叫做冷餐会。自助餐虽然比吃正规西餐自由些，但也有它的规矩。自助餐根据标准不同，其档次也相差很大。但一般的自助餐的布置、用料及菜品的种类大多是西餐中的焖烩煮类菜肴，再配上些沙拉、面包、甜品饮料作为辅助。

　　自助餐一般很适合两人世界、三四个朋友的小型聚会或商务活动，所以，邀上几个朋友一起去是最好不过的了，好过你一个人独自用餐。很多人吃自助餐都抱着这样一个心态：扶着墙进去，再扶着墙出来。这应该充分说明了一部分人的心态吧。大部分人总想吃够本，其实，大可不必如此，吃自助餐是享受那种自由自在享受美食的过程，享受的是一种随心所欲的快乐，而不是讲求是否够本。

　　自助餐的菜品一般是冷菜、汤、热菜、甜品、水果、冰淇淋等。通常应该从沙拉开始吃，新鲜的生菜加上一些开胃的调味汁，健康的什锦沙拉，还有各种海鲜、熏肉、精致的中式冷拼等。这些开胃菜不要吃得太多，因为还有很多的热菜等你去品尝：西式的烤肉、牛排、猪排、烤鱼、海鲜串、意大利面食、各种烩肉、蔬菜、美味的奶油浓汤等。丰富的中式热菜也不能错过，地道的北京烤鸭、香辣的水煮鱼、蒜香猪排、红烧丸子、什锦饭、竹筒清汤、各种主食蒸品。这些都尝过之后，再吃一些甜品、水果：软软的梅子芝士蛋糕、莱果派、巧克力慕斯、各种各样时令水果，还有女孩子的最爱——冰淇淋。

　　吃自助餐也是有门道的，首先应该选择离菜肴远一点的位置就座，走动一下对消耗热量有益。其次要知道，自助餐里有些食物只是用来充场面的，比如日式凉面、炒面或意大利面等。蔬菜中的一些便宜货色也是用来串场充数的，吃下太多这样的便宜菜意味着提早出局。同样的，可以无限畅饮的各色饮料也会让你的胃口提早达到饱和点，所以要小心。

6月16日

睡个懒觉

精力再充沛的人，也不可能一刻不停歇地让自己的身心处于紧张状态，适当的休息是为了让我们能以更充沛的活力进行工作。

睡懒觉也是一种本事，你不得不承认，懒觉代表了生命力的强弱，并不是每个想睡懒觉的人都睡得了懒觉，例如那些神经衰弱病患者。所以，如果你能睡懒觉就不妨睡个美美的懒觉吧。

关掉每天定点鸣叫的闹钟，睡个自然醒，醒了再接着睡也无妨，睡到自己实在不想睡了为止。睡懒觉还有很多好处呢，比如说有利于心情舒畅。大家应该知道，一天中，人的心情也有四季之分。春意盎然，欣欣向荣的春季；热情洋溢，充满激情的夏季；枫叶飘飘，诗情画意般的秋季；还有孤独寂寞、枯燥冰冷的冬季。而喜欢睡懒觉的人，因为睡的时间比一般人要多，所以他能以最饱满的精神来迎接一天中的春，又能以火热的激情来体验一天中的夏，然后用一点点时间去品味一下秋，最后在睡梦中度过一天中的冬季。所以说喜欢睡懒觉的人懂得分配时间，时刻把自己心情调整在最佳的状态。可以这样认为，喜欢睡懒觉的人，更会享受生活，更热爱生命，他们是一群健康的人。

睡懒觉还有利于梦想的实现。人生苦短，一个人在一生中的大部分时间都要为最基本的生计饱暖而奔波，好不容易剩下点时间，却已经筋疲力尽，没有心情再去憧憬未来的美好生活了。而爱睡懒觉的人，做梦的机会要比平常人要多，所以做到好梦的机会也比平常人要多。在梦中，他可能实现了自己的理想，生活在理想实现后的美好未来，这从很大程度上给人带来了向理想前进的动力。因为人看到了希望，看到了美好的未来，所以人们才会努力。

不要说睡懒觉的人在给自己找借口，不管怎样，偶尔睡个懒觉，给自己的身心放一个假，放松每天绷得很紧的弦，实在不失为人生的一大享受。

6月17日
累了伸一下懒腰

伸懒腰时可使人体的胸腔器官对心、肺挤压，有利于心脏的充分运动，使更多的氧气能供给各个组织器官。同时，由于上肢、上体的活动，能使更多的含氧的血液供给大脑，使人顿时感到清醒舒适。

一般人都认为，伸懒腰是一种懒惰的表现，这种认识是没有科学道理的。其实，伸懒腰对身体是有好处的。

经常坐着工作和学习的人，长时间低头弯腰趴在桌旁，身体得不到活动。由于颈部向前弯曲，流入脑部的血液流动不畅。这样时间久了，大脑及内脏器官的活动便受到限制，使新鲜血液供不应求，产生的废物又不能及时排出，于是便产生了疲劳的现象。少年儿童的身体正在生长发育，大脑和心肺还没有发育成熟，更容易发生疲劳。

伸懒腰的时候，人一般都要打个哈欠，头部向后仰，两臂往上举。这样做有不少好处。首先，由于流入头部的血液增多，会使大脑得到比较充足的营养；其次，身腰后仰时，胸腔得到扩张，心、肺、胃等器官的功能得到改善，血液流通更加顺畅，不仅营养供应充足，而且废物也能及时排除；同时，伸懒腰时的扩胸动作还能使人体多吸进一些氧气，使体内的新陈代谢增强，能提高大脑和其他器官的工作效率，减轻疲劳的感觉；另外，伸懒腰还能使腰部肌肉得到活动，这样一伸一缩地锻炼，可以促使腰肌发达，并且能防止脊椎向前弯曲形成驼背，对保持体形的健美有一定的作用。因此，每伏案学习或工作一段时间以后，伸懒腰对身体是有好处的。

累了，不妨伸一下懒腰，让身体舒展一下。偷偷提醒你，即使是在开会时领导讲话中也不要那么"中规中矩"，在桌底下不妨有点小活动，转转手腕、脚踝、动动腿，都能适度地解除疲劳。

6月18日
练习一下深呼吸

快乐是可以练习的，充沛的活力也是可以在锻炼中得到积蓄的，给自己一个空间，补充能量，是为了让我们能更快乐地工作和生活。

找一个舒适的位置，闭上眼睛，注意身体的感受，练习深呼吸。一边呼吸，一边充分发挥你的想象力，想象一切美好的景象和事物。想象你离开了现在的住处，离开了日常的烦恼和快速节奏的生活；想象你穿过山谷，向山区走近，想象你到了山区，走上了蜿蜒的山路，山路的两旁，开满了小小的野花，芳香扑鼻，弯下身，采一朵，放在鼻子

下面，嗅一嗅，是不是很美的味道，再一次深呼吸一下，你甚至会感觉到仿佛真的嗅到了那股清香。

进行数次练习，想象自己的能量正在膨胀，你可以做好你身边的一切事情，你会更好地处理日常生活中的一切人和事。所以，放下吧，放下那些焦虑和烦躁。你就是一只勤劳的蜜蜂，每天到处奔忙，为了采集到最甜的花粉，所以，勤劳的蜜蜂，趁这个空赶快休息一下吧。

6月20日
玩玩"射击"游戏

有些人为生活中的一两次挫折而垂头丧气，更有些人因为生活的波澜不惊而迷茫麻木，在平庸中逐渐丧失自我。如果你不想被平庸的生活"冷却"了斗志，就得用生命的激情与辛勤的汗水去把这盆冷水煮沸。

射击游戏有很多种，最原始也最真实的，就是到游乐场的射击游戏场，端一把枪，瞄准目标，狠狠地射击。有很多游戏把目标设计成一些小玩具，如果你能击中，就可以作为你的战利品了。这样玩起来就会更觉得有动力，特别刺激。

如果你不想出门，也可以上网玩各种虚拟的射击游戏，比如一些解救人质的游戏，寻找宝藏的游戏等。虽然是虚拟的，但是这些游戏都有情节的设计，仿佛是在拍电影，而你就是那个主角，玩起来非常有趣。

如果你想体会端起枪来的感觉，那你就去游乐园好了，去争夺你的战利品。当然，这样的游戏大多是小孩子在玩，不要在乎自己的年龄，给自己一个保留童真的机会，而且，童年的快乐正是最纯粹的快乐，找回点童年的感觉，何乐而不为呢？

不过，现在大部分的人已经习惯了网络游戏，那样玩起来也许会更刺激。如果你心中有愤懑，玩网络游戏更适合用来发泄。当然，要注意保护好自己的眼睛，长时间玩电脑游戏是最伤害眼睛的。所以，不可太过贪玩，适当克制自己的玩性，不要一不小心就掉进"玩物丧志"的漩涡。

6月19日
买一堆零食，把烦恼当零食吃掉

好心情会帮你渡过难关、奋勇向前；坏心情只会让你继续沉迷于痛苦中不能自拔、停步不前。心情的好与坏就看你如何选择。

现在热衷于减肥的人越来越多，尤其是一些年轻女性，饭都不想多吃，几片菜叶子、一点水果就可以当做一顿正餐了，更别说吃什么零食了。可是，人不能永远都让自己活得那么累，适当地发泄一下，打发一下坏情绪，就当是给自己一次享受的机会。谁能否认吃一些可口的零食是一种享受呢？

去附近的超市或者小商店买一些自己最喜欢吃的零食，最好是平时想吃却没吃上的，今天就放纵自己一次吧！

最好有一个有着同样心情的朋友陪着你一起吃，有时候就是这样，一件事情，一个人做起来可能没什么意思，几个人陪你一起做，就会趣味无穷，吃东西就是这样。两人可以一边吃，一边大声地交谈，彼此诉说心中的烦恼，比比看，谁吃得更带劲。尤其当两人抢着吃一样东西的时候，会觉得特别有趣。可能一个人的时候并不觉得这有多好吃，因为有人与你分享，才有了一种别样的乐趣。

想象那些零食就是你心中的烦恼。心中觉得愤恨吧，那就狠狠地把它们吃掉，看看它们还敢不敢出来神气。

当然，吃归吃，还是要注意身体健康的。很多零食吃多了对身体不好，所以还是注意要节制一下，不要因为贪吃，吃坏了肚子，可就得不偿失了。发泄得差不多时，见好就收吧！

6月21日

练习丢沙包，把心中的郁闷狠狠地抛出来

也许你不能改变一件已经变糟的事情，但是，你可以改变对这件事情的看法和它对你的影响，你可以选择你的心情。

丢沙包是男孩子和女孩子经常一起玩的游戏。当然，如果你的年龄早已不是什么男孩子或女孩子了，那也没关系，把自己当做年轻人就好了，只要在你自己的体力范围之内。先去找些补衣服或是做衣服剩下的布，用剪刀剪成6块相同大小的方形，再用针把6块方形的布缝起来，缝成一个正方体，缝的时候在最后留个小口，以便把沙包翻过来，再从小口里装进些玉米粒或是豆子，或是装一些沙子，放完后把小口仔细地缝起来，就成了一个完整的沙包。

丢沙包通常由3～4个人进行，但至少要有3个。3个人中有2个站在空地的两边，大约有十几米的样子，用沙包投在中间的那个人，若中间那个被沙包打中了，便要被换下来扔沙包投别人，若沙包被接住了，就算得了一分，可以抵消一次被打中。4个或更多的人一起玩的时候就分成两组，一组投，一组在中间被投，被投的为了尽量避免被打中，在中间跑来跑去，很是热闹。

丢沙包往往需要很大的空地，一般操场是最理想的场所。当你和你的同伴满头大汗地在操场上跑来跑去时，在此起彼伏的欢呼中，心中再大的郁闷也会被抛到九霄云外去了。

6月22日
去现场看一场体育比赛

激情，是生活的作料，它给我们平淡的生活带来了无限的憧憬。生活需要激情，就像沙漠需要绿洲，人体需要营养。

多数情况下人们都选择在电视上看现场直播，一则觉得在电视上看得更清楚，再则在电视上看，不需要门票。但是，亲临现场观看体育比赛，就像亲临演唱会现场一样，感受的是一种激情澎湃的气氛，而且，体育比赛与演唱会相比，更能揪紧人的心。

如果有自己喜欢的比赛，一定不要错过，最好能买到一个比较好的座位。看现场和看电视不同，我们看到的电视转播，不是用自己的肉眼直接接收到的视觉信息，而是通过电视媒体工作人员（如摄像师）用摄像机拍摄并且做过技术处理的画面。而经过这层中介传递的视觉符号信息与自己直接观察的信息是不同的，因为"用以象征现实的符号，并不是现实的完全翻版。符号的作用，是在我们的理解认知过程中，另外多加了一层中介的作用"。所以，体育比赛的转播中，镜头语言会传递一些在现场看不到的信息。比如，电视镜头往往爱对准体育明星和比赛的成功者，宣扬一种表彰成就、崇尚胜利的情绪。看电视的过程中，传递视觉信息的符号与传递听觉信息的符号相伴而来，后者以记者和主持人的解说、评价为主，传递的是一种观点信息。这样的"捆绑"传播使得电视观众在接受视觉信息的同时，自然而然地接受了电视媒体的观点。因此，"电视不仅将体育比赛本身送进我们家里，它还借运动为符码，和观众作有关个人与文化价值的交谈"。

在现场看比赛就不一样了，在现场观看比赛是用肉眼看，而通过电视观看比赛是通过摄像机镜头做中介的，观众看见的信息与肉眼所见不完全相同。在现场，我们始终坐在一个位子上，从一个角度观看，因而我们看到的也就与我们所在的位置有直接的联系。在比赛现场每个人看到的比赛场景都是属于他们自己的视角的场景，是印有个性化印记的图像信息。与之相比，通过电视看到的是电视拍摄过程中一个到多个镜头共同组接的画面，一个动作可能从多角度观看，而且它提供的视角必然也是看比赛的一个较佳的视角。这就避免了在现场看比赛位置不好等偶然因素造成的信息损失。比如乒乓球比赛，由于球小，而球速很快，在现场只能较远距离观看，许多决定胜负的回球可能会从眼前溜过。但是电视的多角度拍摄、慢镜头能弥补这一缺憾，使电视观众看到每一个不容错过的画面。当然，看电视也意味着这些信息不是在电视机前的任意一位观众所能垄断的，选择看电视你就和其他千千万万人看到的都是同样的画面和场景。在现场观看的观众，从某种意义上说是比赛的"参与者"，而通过电视观看比赛则始终是"旁观者"。戏剧理论认为，作为一种剧场艺术，戏剧受到时间和空间的限制，戏剧演员和观众处在同一现实空间之中，互相之间能够真切现实地感受到对方生命的跃动、怎样创造、如何作出反应。两者共同影响着舞台的创作。显然，体育比赛和戏剧表演在这一点上有相似之处。在现场特定的空间中，无数观众处于相同的地位，就像戏剧表演时的观众一样，他们看到的、想到的是一样的比赛，尽管他们可能想的细节不一样。但是，这个庞大的群体聚集在一起，就形成一个集群，促成一种气氛的形成，就好像形成了一个"情绪场"。心理学理论认为：在这种集结大型开放人群的运动会会场，常常出现"感染"现象，这种现象的一个重要特点是"循环反应"，即一个人的情绪可以引起他人相应的情绪发生，而他人的情绪反过来也会加剧这个人的情绪，整合成一个有效的群体。这大概就是为什么到了现场，许多人就会比在电视前观看得更加投入，情绪波动也更加剧烈的原因。

这样投入的积极的接受心理势必会使观众对比赛现场的观看更加投入，更有助于他们对视觉信息的获取和接受。

到现场观看比赛还是坐在家里看电视？实际上两种方式无好坏之分。因为它们各自面对着不同的受众。但是，对于经常坐在家里看电视的你来说，去现场感受一下体育比赛的紧张和狂野，会是个不错的选择。

6月23日
一整天待在家里

人要抵达彼岸，必须先经历黑暗和痛楚。就像一个人的生活态度，并不是单纯的乐观或悲观，颓废或积极的问题，而是一种互相交织的过程。

一整天待在家里，只有窗外天空的颜色在发生变化。

待在家里，放下平日在外奔波的劳累，让自己的身心安静地休息，你可以和家人一起享受天伦之乐，也可以一个人自由自在地随便做点什么。

待在家里，你可以趁机收拾一下房子，是不是很久都没有整理了，来一个彻底的大扫除也是一个不错的选择。如果你只是想好好休息，那么就在房间里放上美妙的音乐，坐在沙发上看看小说，渴了吃几口西瓜，兴致来了，哼几首小调，随意地舞动一下身姿。

当然，如果你觉得一个人闷得慌，也可以找几个同样闲得无聊的朋友，煲煲电话粥。

如果有人邀请你出去玩，不要觉得不好意思拒绝，或者你可以邀请他们来你家来玩，大家坐在一起随便聊聊天，看看电视，玩玩扑克，吃点小零食，难得大家在一起享受这种可以暂时甩开工作压力的休闲。

暂时抛开那些吧，自己的心情自己做主，自己的生活也可以自己修整，如果你愿意，你完全可以做得到。

6月24日
打一次水仗

如果说平淡让人感悟生活，那么激情让人赞美生活。人生需要接受平淡，但同样也需要享受激情，这样的人生才算完整。

小时候，每到夏天，男孩最爱玩的一种游戏就是打水仗。现在，夏天又到了，找几个同龄人，大家再打一场水仗吧。

这种游戏可以两人玩，也可以多人玩，看看你们能凑成多少人，分成两队，然后用滋水枪互相射击。这种滋水枪可以自制，首先要选取一段带竹节又没有裂纹的竹管，用锯条截成30厘米左右长，在竹管的一段留着竹节，不能打通。再找来一段细铁丝，在火上烧红，然后用它将竹节烫出一两个小孔。这项工作我们必须干得十分认真，因为这两个孔就是滋水孔，孔太大，水流粗，滋不远；孔太细，抽水和滋水都费力。竹节烫好后，再找一段细竹棍，顶端绕上破布，用线扎牢，制成抽水活塞，插入竹管中。将竹管带孔的一端放入水盆，抽动活塞，水就被抽进竹筒，就像打针的注射器。然后迅速用力推动活塞，竹管中的水就被滋射出去。制作较好的滋水枪，射程能达到七八米远。

打水仗时，每个人面前只需备上一盆水作为水枪的子弹，双方就可以开战了。谁的滋水枪做得好，射程远，水力强，谁打水仗就有优势。

打水仗时，女孩子就不要穿平时舍不得穿的漂亮衣服了，打水仗就是豁出去了，大家不顾一切地奋力拼死，那样才能尽兴。拼杀到最后，免不了每个人都被弄得浑身水淋淋的，玩累了，再回去洗个热水澡，别提有多清爽了。

6 月 25 日

在黑暗中跳舞

人生的境遇难以预料，有些人可能生而富有，但难求一生平安顺利；而有些人可能生而贫穷，但不代表一生潦倒困苦。

如果你害怕自己的舞姿太难看，觉得难为情，那在黑暗中跳舞是最好不过的了，谁也看不到你的样子，连你自己都看不到。

如果觉得一个人跳舞没有气氛，就找一帮朋友过来，在一间大大的空房子里，开大音乐，关掉所有的灯，一群人尽情地舞吧。

没有灯光，在黑暗中，你可随意地跳，甚至可以边跳边唱，即使你的歌声被淹埋在音乐声中，看不见自己的样子，听不见自己的声音，但是你可以尽情地发泄，那种感觉是不是特别棒吗？

在黑暗中，你可以尝试最近新学的舞步，虽然你看不到自己的姿势，但你可以暗自感觉一下，是否能够找到流畅的感觉，你可以反复地尝试，如果不行，那就抛开这一切，不讲求任何规则和章法，能让你的身子舞动起来就行，直到大汗淋漓。

6月26日
计划一次冒险活动

世界上没有人会心甘情愿地去冒险，因为风险常常是失败的导火线，但是如果你能化险为夷，那么你获得的回报将远远要比不冒风险做事所取得的回报高得多。

这个世界上一定有什么事是你很想做，但又一直不敢做的，因为在你看来，这无疑是一次冒险。人生苦短，何不让自己的人生多一点点刺激的经历和回忆。

你的冒险活动可能是独自一人去某个地方，比如沙漠、雪地等一些人迹罕至的地方。想想你要如何到达目的地，到了那之后，该如何生存，要做些什么事，如果遇到危险状况，该如何应付。所有这些问题你都要一一想到，如果你真的要去的话，这些情况很有可能都是会遇到的。

认真计划，包括每一个步骤和细节，因为说不定哪一天你真的就付诸行动了。你在计划的时候，难道没有感觉到你内心的冲动已经愈加强烈了吗？不过，千万不要凭着一时的冲动就立马行动，问问自己，现在时机成熟吗？你觉得自己已经具备了冒险的能力了吗？

记住，这是一次冒险活动，而不是儿戏，所以，要详细地计划一番。

也许你的冒险活动是完成某项工作，做一件在你能力范围之外的事，比如你想通宵工作，比如你想参加模特大赛，比如你想和外国人对话，等等诸如此类。

虽然有些事情在别人眼里，并不是一件特别难的事，但是每个人的能力是不同的，每个人所擅长的项目也不一样，不要因为某人的轻而易举，而对自己的冒险活动羞于启齿，敢于挑战自己就是人生最大的勇气，就是人生最大的冒险活动。

6月27日
去咖啡馆坐坐

追逐情调并不是追逐一种物质上的满足，而是一种心理的宽慰，更确切地说是一种思维情绪的升华。没有情调，生活就没有颜色。

咖啡馆是一个非常有情调的地方，弥漫着一种浪漫的气氛。在那里，你可以和情人讲绵绵情话，窃窃私语，甚至来一场求婚也不错。

当然，你也可以独自一人很随意地喝喝咖啡，然后什么也不用做，只是静静地坐着，让咖啡馆里的音乐缓缓地流过，然后你微闭着眼睛，想想今天你都做了什么，遇到了什么人，什么人什么事给你留下深刻的印象，明天你打算做点什么呢？或者你可以静静地思考某个问题，这是一个很好的沉思的场所，没有人打扰，没有其他事情的压力，你可以很专注、很放松地去思考任何问题。

你还可以把你要做的事搬到咖啡馆去做，比如起草一份文件，写一封信，写一篇日记，或者看看工作计划。

如果看到有和你一样孤单的人，不妨走过去和他（她）打个招呼，问对方自己是否可以坐下来，大家一起聊聊。当然，这个人最好看起来比较有意思，看起来比较随和，喜欢结交朋友。

如果觉得一个人有点落寞，那么就找个人和你一起坐坐。这个人不一定是你的爱人，甚至找一个同性的朋友都可以，两人可以随意地聊聊天，或者就某一个彼此都很感兴趣的话题，认真地交流一番。谈谈人生，聊聊彼此的梦想，或者只是谈谈彼此生活中的一些小插曲。

6月28日
像个孩子一样地捉萤火虫

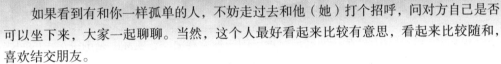

童年，在每个人的心目中仿佛都是那么的无忧无虑，因为简单，所以快乐；因为容易满足，所以幸福。如果能永远保留一颗童心，就可以让那份天真与浪漫永恒。

夏天的夜晚，最快乐的事莫过于捉萤火虫，相信每个人的记忆中，都有关于捉萤火虫的快乐回忆。虽然我们已经长大，但是萤火虫依然在迷人的夏夜快乐地飞舞，追赶它们快乐的舞步，追赶我们童年的脚步，快乐还要去何处寻找？其实，它就在我们的身边，用心去体会，就能发现生活的乐趣。

像从前那样，拿一个网兜，追在萤火虫的屁股后面，看准了，就猛地罩过去。别看现在长大了，跑起来可能比小时候更加快了，但是你肯定失去了小时候的灵活，别灰心，今晚能捉到一只也算是成功了。况且，我们追求的是捕捉过程中所得到的快乐，而不在于最终是否能捉到，能捉到几只。

最好能和某人合作，一人追着，一人用一个小瓶子装着这些捕捉到的萤火虫，小时候和小伙伴不就是这样愉快地合作的吗？如果能和爱人一起捉萤火虫，那一定是一件非常浪漫的事情，虽然看起来有些傻气，但恋人之间的浪漫，在外人眼里，有多少是明智之举呢？因为傻气，所以快乐；因为傻气，所以难得。

如果你已经为人父母，那就和自己的孩子一起玩这个游戏吧，有这么可爱的父母，你的孩子该是多么幸福啊！

6月29日
参加一场辩论赛

会说话是一种资本，是一门艺术，好口才是人的金字招牌，口才是成功与幸福的阶梯。培养魅力口才，塑造完美人生。

辩论赛是参赛双方就某一问题进行辩论的一种竞赛活动，实际上是围绕辩论的问题而展开的一种知识的竞赛、思维反映能力的竞赛、语言表达能力的竞赛，也是综合能力的竞赛。

如果你知道某个协会正在组织这样的活动，赶快报名参加吧！如果没有遇到这样的机会，你也可以自行组织这样的活动。作为发动者，号召你的朋友都来参加，可以不用搞得很复杂，组成正反方两队人就行。一般每队参赛人员4名，那么两队人就应该有8人。安排好每队人员中的角色，谁是一辩、二辩，以此类推。

辩论赛活动，要有一名主持人，亦称主席，负责主持辩论活动，以及维护辩论会场的良好秩序，保障辩论活动按照辩论规则有秩序地进行。所以，这名主持人的选择，要慎重，一定要是位有主见、果敢干练的人。

辩论赛既然是一种竞赛活动，那么参赛者谁胜谁负，就需要有人作出评论和裁判。评判人员最好是具有与辩论内容相关的专门知识的人员，他们数人组成评委或评判团，其中设一名评委主任或一名执行主席，由主持评委或评委团会议进行评判。评委人数视情况而定，看看你能召集到多少有实力的人，四到五人是最好的，人太多，意见容易出现分歧，人太少又容易有失偏颇。

正规的辩论赛，一般都有公证人到场，负责对辩论竞赛活动及竞赛结果进行公证，为辩论赛活动及有关人员提供法律认可的证据。当然，如果你们是自行组织的活动，没有那么正规，就不必那么麻烦了。

整个比赛应该按照规则来，每个人都要认真准备，尽心尽力地发挥自己的思辨能力和口才。

最后评出最佳辩手和其他奖项，至于奖品，就得你们共同出资筹备了，关键是让每个人觉得这是一次有意义的活动。

6月30日

练习瑜伽

生命在于运动，健康需要运动，充沛的大脑活力来自运动，多给自己的身体一些运动的机会，让你的人生充满活力。

上班族每天为前程打拼，疲劳的眼睛、僵直的颈椎、酸痛的腰背，是否正困扰着你？聪明的你，有没有自己的应对之策？没错——运动！没时间去健身房，不妨在工作的间隙来做做瑜伽工间练习，舒展一下筋骨，抖擞一下精神，让你一整天都神采奕奕！

瑜伽一定要空腹练习。如果胃里有食物的话，练习时就会感觉身体沉重，不能充分扭转伸拉身体。因为在做动作时，食物还会在胃里和身体一起动，这不利于身体健康。而且瑜伽不仅作用在身体上，还作用在能量上，如果胃里有食物的话，能量就不能平衡流动到身体的每一个部位，大多数的能量都会流向消化系统，用于消化食物，练习也就得不到益处。因此，瑜伽最好的练习时间是在早上空腹练习。如果吃了丰盛的食物的话，至少要间隔3～4小时才能练习，而且练习完以后要等半个小时才能吃东西。

练习瑜伽的态度非常重要。练习时要谨慎，动作要轻柔。眉头紧蹙，过于紧张都会降低练习的效果，甚至导致损伤。要记住，脸上只是挂着一丝微笑，也会有缓解面部紧张的作用，微笑会给你带来轻松，使全身松弛。从练习中寻找到乐趣也很关键，它反过来可以增加身体的灵活性，加强力量，增大运动幅度，使身心意识的境界得到提升。

要在安宁、通风良好的房间内练习。确保室内空气较新鲜，以使自己可以自由地吸

入氧气。也可以在室外练习，但环境要愉快，比如在有花木的美丽花园里，不要在大风、寒冷或不干净的、有烟味的、难闻的空气中练习。

练习场地不宜太硬或太软。瑜伽是不受场地限制的活动之一，无论在家里的客厅、卧室、阳台，或是办公室、户外场所，只要有一个可容全身平躺或伸展的空间即可，但由于瑜伽动作涉及许多柔软动作，练习时难免有挤压肢体和肌肉的状况，所以应避免在坚硬的地板或太软的弹簧床上练习，否则会意外受伤。因此，在家练习瑜伽时，最好在地上铺块毛毯或瑜伽垫。

练习前要做好充分的思想准备。练习时要先进行热身，这点非常重要。因为热身可以帮助身体做好准备，在练习时感到更轻松，防止发生意外伤害。还可以改善意识状态，有利于瑜伽练习和身体健康。热身可以改善血液循环，有利于全身的协调和舒展。

热身有助于把注意力集中到呼吸上，使呼吸均匀。这样可以增加氧气吸入量，提高能量水平，更好地集中注意力。不仅如此，练习所带来的肌肉绷紧也会因为事先热身而减轻，热身使血液循环加快，肌肉的供氧增多，加速了体内毒素和废物的排出。

认真接受老师的指导，从最简单的动作开始，按要求逐渐加大动作难度。按照所建议的时间来保持某个姿势，不要产生紧张感。经过一段时间的定期练习就能达到更高水平，不要为了获得最大益处就尝试难度最大的姿势。按照自己身体的实际情况，保持当前的练习水平就会收到最好的效果。如果受生理条件的限制，如肌肉紧张、关节不灵活或旧疾等，不能练习更高一级的姿势，你也不应灰心，要相信你正从当前练习中获得益处。练习时应小心谨慎，不要强迫身体练习某些姿势。

懂得付出，珍惜拥有

花园里之所以能一年四季开满不败的鲜花，是因为花粉在不断地传播。花粉之所以能不断地传播，是因为花朵把它付出给了蜜蜂，这样，花才能获得生命的延续。

阳光雨露，鸟语花香，公平地属于每一个人；快乐喜悦，烦恼哀忧，却仅属于自己。生命，总是美丽的。不是苦恼太多，而是我们不懂生活；不是幸福太少，而是我们不懂把握。

7月1日

想想今天能为**理**想做点什么

理想的实现不是如流水般顺势而下，也不是如落叶般随风飘落，而是一颗深埋土壤的种子，需要我们不断浇灌施肥。为了实现理想，必须付出代价。

理想能否实现不在于你现在拥有多少财富或是知识，而在于你现在或是将来准备为理想付出多少。

有时候，在实现理想的路途中，成功的三大要素天时、地利、人和都已具备，而仅仅因为缺少了那份不懈的努力和不断付出的毅力，而前功尽弃。

想想今天你能为理想做点什么，不是空喊几句口号，也不是对着某人表表决心，而是要做具体的事，付出实实在在的努力，哪怕是很微小的一件事。朝理想的方向往前迈进了一小步，总比永远原地踏步好。

你的理想是什么？怎样努力才能实现你的理想？先把这个问题搞清楚，再开始行动，否则就会像无头苍蝇一样，到处乱碰，把自己累得筋疲力尽，结果却一事无成。所以，为理想付出要有明确的方向和计划，今天能做什么？该怎样做？懂得付出，还要有清醒的头脑。

舍得付出，理想就会通过我们的努力从梦里来到我们的眼前，但这并不意味着从此便可以高枕无忧。成就理想，是一个不断付出，从一个高度飞跃到另一个高度的过程。

7月2日

检查一下付**出努力**的方向对了吗

如果不确切明白前进的方向，即使付出再多努力和艰辛，也只能是竹篮打水一场空。人生如同驾龙舟，方向没有掌握好，撑船的人无论如何拼命努力，离目标也只会越来越远。

彼得斯说过："要有人生的目标，否则精力全部白白浪费。"

检查一下你付出努力的方向对了吗？付出了这么多，你与理想的距离是越来越远了，还是越来越近了？在付出努力的路上你收获了什么？如果你离理想更远了，是不是该冷静地想一想，你为理想努力付出的方法是不是不当。如果是这样，赶快停止，及时回头，你还可以少走一些冤枉路。

有时候当局者迷，旁观者清，也许你自己并没有意识到自己在实现理想的征程上背道而驰，自己觉得越来越疲惫。那么就听听身边朋友的意见吧！也许他们会给你一些启示，给你一副眼镜，看清楚前方的路。

付出是一种精神，是一种美德，而目标正确，却更是一种处世哲学，是一种智慧。我们在培养舍得付出、敢于吃苦的毅力的同时，别忘了练就一双慧眼和一颗智慧的心灵，帮我们看清前方行进的方向。

7月3日

参加一次义务劳动

有一种魔力，它没有太阳的热烈，没有月亮的柔情，却始终散发着微弱的光芒，在你看得到或看不到的地方。这是一种叫做奉献的精神，它成全了多少人的快乐啊！

你是不是常常只为报酬而劳动，我们每天的工作，甚至兼职，最大的动机都是来自于劳动后能获得报酬。尝试一次义务劳动吧，不计报酬，体会一种叫做奉献的快乐。

参加义务劳动的方式很多，有单位集体组织的，也有专门的义工组织的，或者你可以自己发动一些朋友，为需要帮助的人提供义务帮助。参加义务劳动，必须最好事先跟被服务的对象取得联系，征得对方同意后方能行事。不要以为我们义务提供服务，对方理应感恩戴德，因为，为对方服务也必须在别人方便的时候，否则，可能好心反而给别人制造麻烦。比如，去敬老院照顾孤寡老人，就必须事先和敬老院的负责人取得联系，说明来意，由敬老院的负责人根据老人们的活动安排来确定时间，否则，可能会破坏老人们原本的活动计划。

义务劳动，也要像平时的有偿劳动一样尽心尽力，甚至更加投入，因为平时的劳动可能是迫于压力，而今天却是心甘情愿的付出。义务劳动也要讲究劳动质量，不能因为没人督促和检查就马虎对付，比如，去公园做清洁工作，就要注意清扫每一个角落的垃圾，不能在公园转一圈就算了事。义务劳动不只是为了乐趣，更是为了奉献，是真正的付出。这点首先要从思想上认识清楚，可能对于很多学生，或者工作人员来讲，参加集体组织的义务劳动，只是把它当做普通的一次集体活动，仅是从形式上完成一次任务，倘若如此，就背离了义务劳动的初衷。

7月4日
参加一次募捐活动

> 奉献是一种美德，也是一种快乐。这个世上，总有一些人是值得我们无所求地去奉献的。奉献后收获的是快乐的果实，沉甸甸的，在我们心里，永远鲜亮。

慈心为人，善举济世，关注社会弱者是社会各界共同的义务和责任。伸出你的手，伸出我的手，就能为贫弱者撑起一片蓝天。

参加一次募捐活动，不论是哪个机构组织的，不论是捐献给谁的。总之，我们知道，组织者是为了给献爱心的人一个奉献的入口，接受捐献的人是需要我们关心和温暖的不幸者。

捐款或是捐物，捐多少，这都不是重点，尽力而为，量力而行，一切视个人能力和爱心而定，没有法律强制规定，也没有政府的强行指令，这是个人付出的自由之举。你要相信，你捐出的不仅是一点金钱或物资，而且是关爱生命的一片爱心，得到的回报将是受益者一生的感谢。

捐赠不分多少，善举不分先后，爱心点点，汇流成河。阳光五彩斑斓，生命生而平等，爱心的阳光照耀生命，生命从此多姿多彩。你献出一片爱心，将给困境中的弱者带来生命的温暖、生存的勇气和生活的希望。

7月5日
给路边的乞丐一点零用钱

一个让人尊敬的人不应该总想着自己得到了多少，也要问问自己这一生中施与了多少。

不管你每天行走是多么的目不斜视，你的余光也能瞥到路边的乞丐，蹲在那里，用乞求的眼神望着来来往往的行人。其实他们要求得并不多，只是你的一点零花钱而已。也许你的内心在厌烦他们为什么不能自食其力，在疑问他们难道真的就丧失了劳动能力吗？不管怎样，你要相信，他们其中有些人真的是有困难，衣食无源，否则，谁会愿意日晒雨淋地饱受路人鄙夷的眼光；你要相信，人人都有自尊，人人都需要温暖。如果我们有能力，施与我们微不足道的一点，便能给予一无所有的人们一点生活的希望，何乐而不为呢？

今天，无论上班还是下班，当你再次路过这些可怜的人面前，稍作停留，弯下腰，给他们一点零用钱，你甚至不用有什么表情，更不需要什么语言，一点零用钱，便是他们要求的全部。

7月6日
为工作加一次班

勤劳或懒惰都不是与生俱来的，而是习性所致。我们只要善于在实际生活中培养自己勤劳的品性，就会发现勤劳不是费劲的事，而是一种轻松的快乐。

工作不可避免会遇到加班，但很多时候都是被迫加班，为了做一个项目，为了交一份计划书。今天不妨自觉自愿地加一次班。

自愿加班，少了赶任务的压力，可以为自己平日的工作查漏补缺，可以为了工作所需进行知识储备。加班可能有些枯燥无聊甚而有些痛苦，因为你想着本来可以回家吃上可口的饭菜，看看电视，听听音乐，和家人、朋友聊聊天。不管怎样，让自己静下心来，安安心心做点事。

决定加班后，首先要事先订好饭，吃饱饭才好干活，身体是革命的本钱，加班归加班，还是要注意身体。如果有同事一起加班，吃饭的时候可以和同事开开玩笑，听听流行歌曲或者抒情音乐，吃完饭后再投入到火热的加班中去。如果觉得自己要撑不下去了的时候，就放摇滚乐震撼一下，或者去茶水间喝咖啡、冰冻可乐，刺激一下疲倦的神经。

加完班回到家，洗个热水澡或者泡泡脚，然后睡个扎扎实实的安稳觉，这一天过得很充实，这才是人生的乐趣。

7月7日
为全家人做一顿可口的饭菜

为爱付出，不在于多么轰轰烈烈，只在于生活的点滴，因为体贴，所以感动，所以幸福。

家里总有一个人经常做饭，那个人可能是你，也可能不是你，不管是谁，今天你掌厨，精心为全家人做一顿可口的饭菜，拿出你的绝活来。

下班后早点回家，回家的路上，想想今晚你都要做些什么好吃的，在心里仔细谋划一下。当然，别忘了事先告诉大家，早点回家吃饭。

可能你的家人每一位都有自己的最爱，那么为每一位烧一道最爱吃的菜，你还可以试验刚从菜谱上新学来的菜。不要担心做不好，即使失败，家人也会原谅你的失误，因为你的心意已经让他们万分感动。

你还可以做一些小点心，如果你自己做不好，去外面的点品店买一点也可以。总之，这顿饭要尽量丰盛，让家人有一个不同以往的晚餐。另外，准备一些饮料和水果，完美的晚餐少不了这些点缀哦！

做完后，准备好餐具，静静等待他们的归来，等待收获一份份的惊喜和感激吧！

7月8日

为不敢实践的**梦想**勇敢地跨出第一步

我们每一个人都可能获得自己的天堂，关键是你想不想去获得，敢不敢去获得，会不会去获得，怎样去理解和认识这种获得。一个答案在耳边响起：勇敢付出，为梦想跨出第一步。

很多事情不是你不想去做，而是你不敢去做，因为你害怕失败，因为你还没开始行动就认为自己不可能成功。每个人应该都有这样的隐藏在心底的梦想吧！比如，你想做一名歌手，但从来不敢在大庭广众的场合唱歌；你想当一名作家，但你从来不敢投稿；你想做一名服装设计师，但你从来不敢拿着你的作品去参加任何的比赛；你想做一名新闻主播，但你从来不敢站在演讲台上……所有的这一切，都源于你缺乏自信，也不敢付出。也许你现在的水平离实现你的梦想还很遥远，但是，你真正害

怕的，其实是为实现梦想所要付出的艰辛，因为你觉得，那实在遥不可及。

其实，你错了，任何事情没有真正尝试过，谁也无法预料它的结果。起码，你可以先跨出第一步。勇敢地跨出第一步，起码可以让你清楚地看到你真实的水平。如果你想唱歌，就勇敢地大声唱出来，说不定会赢来鲜花和掌声；如果你想写作，就勇敢地把你写的东西投递出去，说不定你会等到一个惊喜；如果你想设计服装，就勇敢拿着你的作品去你梦想的单位应聘，说不定你会从此踏上你梦想的职业生涯；如果你想播报新闻，就勇敢地站在演讲台上大声朗诵一次，说不定你会让自己都觉得惊讶……

不要再犹豫了，拿出你的勇气来，大不了重头再来。

实现梦想并非遥不可及的事，只要勇敢地跨出第一步，就会离目标越来越近。

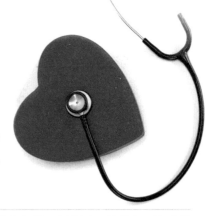

7月9日

献一次血

无私奉献是一种美，是一种从心灵深处散发出的美，它因你的沉默而美，因你的善心而美，因你的无私而美。

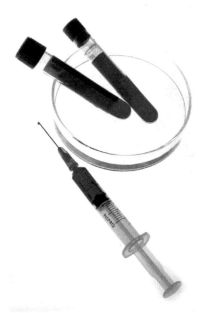

献一次血，自觉自愿地去做，只是为了领悟一种叫做奉献的美。

很多地方都会停有无偿献血的车，或者你可以直接去医院献血。献血的时候让自己放松心情，抽血并没有那么可怕。据说，献血还能促进自身的新陈代谢，有利于健康，又可以为需要输血的病人做点贡献，何乐而不为。想想，我们献出一点血，却有可能挽救一个生命，这是多么有意义的壮举。

献完血后，按照医生和护士的吩咐，多休息，补充营养，很快你就会恢复旺盛的精力了。

热血献社会，真情为他人，让爱再延伸。生命中最重要的是爱，心中有了对家庭、对社会、对他人无尽的爱，每一天都会令人神往，值得纪念。

7月10日

亲手为所爱的人做一件礼物

爱是件让人幸福的事，无论是获得，还是付出，都是一种享受。为爱付出，在生活的点点滴滴中用心投入。

送爱人礼物，相信是每一个沉浸在爱河中的人都做过的事，每个人送的礼物各不相同，都是为爱人精心挑选，但你有没有人试过亲手为所爱的人做一件礼物呢？

亲手为所爱的人做一件礼物，不在乎做得多么别致，只要是你用心去做的，对爱人来说都是莫大的幸福。想想你能做什么，织一双手套、做一顿丰盛的晚餐、制作一个随身携带的幸运符、折几个幸运星，等等。哪怕只是写一首诗，编一个花环，制作一个小玩偶，不要觉得可笑，也不要觉得幼稚，不要以为这是少男少女们才玩的小游戏，即使相处得久了，平淡的生活也需要制造一点浪漫，这样生活才会有情调。

亲手为爱人做一件礼物，不要在乎形式，每个人都有每个人的方式，也许你和你的爱人有你们之间独有的默契，相信你会做得很好。

7月11日
去敬老院当一次义工

人好比一棵树，关心你的人越多，生存的意志就越强。你对他人的爱是从身上长出的根须，将土地牢牢抓住，其中，有一种爱的根须最长，抓得最牢，那便是对老人的爱。

去敬老院之前想好为老人带点礼物过去，比如，老人的营养品、保健品，等等。给老人买营养品不能随心所欲，要注意种类。因为有些老人患有糖尿病、高血压、高血脂等疾病，所以，去之前最好咨询一下敬老院的工作人员，给老人带什么样的营养品比较合适。

去了之后，注意自己对老人的态度，要有耐心。老人就像一个孩子一样，有时候可能会比较任性，你要学会多哄哄他们。比如，老人有时会跟你倔一下，不让你帮他们打扫房子，但如果你坚持一下，你"吓唬"一下，娇嗔地说一句："这么脏还不让打扫，下次不来看你了。"他们会做出让步的。

这些上了年纪的老人，有一些已经分不出现在和过去的不同，他们只知道，幸福是一件十分简单的事，就是有人聊天，有人关心，吃饱穿暖。所以，要多陪老人聊聊天，做做游戏，给他们讲笑话，告诉他们平时要吃好睡好，多注意身体，就是对他们最大的爱心和付出了。

老人老了，但心不老；眼不好，但心明，他们知道谁是真心的，他们能体会到那种无私的爱和关怀，他们会感受你带给他们的温暖和快乐。所以，你的付出是很有价值的。

7月12日
培养业余爱好，
认真练习

勤劳不是一种刻意的磨难，不是强迫自己的无奈，而是一种可以收获许多快乐的品质。当勤劳成为你发自内心的最为自然的一种习性时，你便已经拥有了这种难得的品质。

每个人天生都具有独特的视、听、触以及思维的方式。正因为这样，每个人都有可能具有一技之长。因此，每个人都应该及时发掘出自己的特长和潜能，多加练习，让潜能变成真正的一技之长。

兴趣是最好的老师，兴趣常会使人表现出积极的情绪，从而导致行为上爱好某项活动。想想你自己都有些什么业余爱好，体育、音乐、美术、文学，哪一方面能让你产生兴趣。如果你想取得很好成绩，最好请一名比较专业的老师来指导你，这样你的练习才能不偏离正轨，不要抱着这样的观点：业余的爱好，随便玩玩就行。学会认真对待，就像对待你的专业一样，至少，可以让你不只是一架只知道工作的机器。业余专项特长的精湛，绝对是你个人魅力的展现。

7月13日

把一些看似无用的东西整理一下收藏好

我们想要的，总是那些还没有得到的，而身边拥有的，在我们眼里却是暗淡的。我们常常在随意丢弃这些拥有，你真的确定它们没有价值吗？也许有一天，你会后悔没有珍惜。

在我们的生命中，有些东西开始看不出它的价值，我们便将它当做无用的鹅卵石丢弃了，而等到发现它原来是钻石的时候，已经后悔莫及。

所以，有些东西看似无用，碍眼，占地方，但如果我们找个时间认真整理一下，收藏好，说不定哪天就能派上用场了。

你的家里必须准备一个收藏杂物的盒子或是袋子，把那些一时间还分辨不出价值的东西收集在一起，比如家电、家具的零件。

这些东西现在的确没有什么用处，那么整理好之后，找一个比较隐秘又不占空间的地方放起来。

但是，千万要记住自己放哪了，否则，等真正想用的时候，找半天都找不着，那么你的收藏在一定程度上就失去价值了。

如果害怕记不住，可以在记事本或者备忘录上记上一笔。

7月14日

认真学一门**外语**

虽然勤劳并不一定能获得成功，但如果一味懒惰是肯定不能成功的，即使投机取巧得到成功，也是经不起考验的。所以，相信自己，只要能够有决心辛勤工作，就能够获得个人最大限度的成功。

其实要想学好任何一门外语，最重要的一点是把学习的主动权掌握在自己的手中。

首先，要确立明确的学习目标。而这个学习目标必须是具体的。比方说，你现在可以制定的具体学习目标就是"我要通过全国硕士研究生入学英语考试"。

其次，要制定明确的学习计划。要明确到学习进度、时间分配和作息时间。

再次，要把强记与使用相结合。强记也就是通常所说的死记硬背，是指在较短的时间内，根据学习的目的，对所学内容进行有意识的记忆活动；使用是指把学到的语言知识或强记的语言知识有意识地运用于语言交际实践中，在语言交际的过程中激活语言知识的记忆，提高语言使用的流利度与准确性。

最后，要把精与泛相结合。这里的精包括精读、精听、精说（指背诵精典范文和对话）和精写（指写限制性作文，如命题作文，然后反复写，反复改）；相应地，泛也包括泛读、泛听、泛说（指大胆用英语交流信息，不必过分担心语言错误）和泛写（指自由写，没有任何限制，只规定每周完成的写作量或写作时间）。

针对你的具体情况，比如，最近要去国外出差，或者是要陪老板见一个外国客户，这些都是锻炼口语的好机会，也可以通过这样的机会验证一下自己的学习效果。如果没有这样的机会，也可以自己创造，比如，去认识一些外国朋友，和他们交流，这也是很好的锻炼和学习的机会。

7月15日
用一整天时间**陪伴**平时最关心自己的人

这个世界上，有人付出，有人获得，你在获得的同时，想想是谁在为你付出，你是否也应该给对方一点回报？

这个世界上，一定有个最关心你的人，但这个人总是躲在你的身后，默默地付出，因为真心付出的人总是不求回报的。但不求回报，并不是客观上不需要回报，只是，付出的主观目的不是为了回报，而是一种纯粹的关心。

花一整天时间陪这个平时最关心你的人，给一个空间让他知道你感受到了他的关心，让他知道他在你心目中有多重要，这是对默默付出的人最大的宽慰了。

这一天里，你要放下所有的事，不要被任何人任何事打扰，你甚至可以关闭一切与外界的联系通道，全心全意把这一天所有的时间和空间都给对方。如果这个人是你的父亲或者母亲，带他去吃西餐，老人一般很少去吃，一定会感到很新奇，不管是否喜欢西方口味，但这会是一次不错的体验。老人就像小孩一样，对新事物总是充满了好奇和跃跃欲试的兴奋。还可以带老人去看动感电影，让他们体验一下这种新奇的仿佛宇宙环游的感觉，当然，不能是太刺激的，老人的心脏可能会受不了。如果这个人是你的爱人，陪他去看一场电影、听一场现场音乐、吃一顿烛光晚餐，所有浪漫的体验都是不错的选择。

其实，即使你什么都不做，只是陪这个爱你的人在家看看电视，听听音乐，在阳台晒晒太阳，一起吃一顿晚餐，已经是很温馨、很感人的画面了。因为，这些事虽然平凡普通，但忙碌的我们却常常忽略。偶尔一次难得的体验和享受，或许会更加使人觉得幸福的来之不易，而倍加珍惜。

7月16日
帮爱自己的人完成一个心愿

你身边的每一个人都有自己的心愿，你或许没有精力去关注，但有一个人的心愿你却无法忽视，那就是最爱你的那个人。

如果你们有默契，或许你心中已经明了对方的心愿，一直想着有一天为他（她）实现这个愿望，只是总是明天复明天。如果是这样，就让今天成为一个圆梦的日子吧！如果这个梦想非一日所能成就，那么就从今天开始。

如果你平时太过忙碌，没有时间去关注对方的心愿，那么你可以大大方方地告诉对方："亲爱的，你有什么心愿啊？今天是个圆梦的日子，你要抓住机会啊！"很多时候，爱人的心愿往往是很简单的，比如，只是想让你陪他（她）看星星，跟他（她）好好享用早餐，陪他（她）看夕阳西下，等等。当你有闲暇的时候，这是那么的简单，但当你行色匆匆的时候，却又是那么难以实现。

当然，也许对方的心愿看起来有点难度，在目前看来仿佛一个梦想，比如，环游世界、去冰川雪地探险之类的，那也不要因为难以实现就垂头丧气地说——对不起，我无能为力。你可以尽可能地实现一点点，比如，环游不了世界，可以先去一个最想去的国外城市；去不了冰川雪地，可以先去一个下雪的城市。

无论以何种方式实现何种梦想，有一点最为重要，那就是尽你最大的努力让你的爱人满意。

7月17日
翻看从前的日记

在尘世中游走的人群，早已习惯在外人面前将自己严严实实地包裹起来，而找不到一个出口来宣泄自己的情绪，无论快乐的，还是悲伤的。于是，日记就成了唯一的听众，它不会告诉别人你的心里话，但可以让你完全释放。

当一天忙碌过后，你终于可以让自己的身心都放松下来的时候，找一个独自的空间，打开从前的日记本，一页一页地翻翻看。

从你还能找得到的最早的日记看起，按照时间的先后顺序，一篇一篇，一日一日地翻看，让心思在回忆里沉醉。那是一段关于成长的记忆，留下了你成长的足迹。日记里记下了你的喜怒哀乐，也许，你会想，为何说了世上无牵挂却有悲喜？说了朋友相交淡如水却重别离？说了少年笑看将来却常回忆？说了青春一去无悔却还哭泣？如果你能如此思考，并能有所感悟，那表示，你已经开始成长。

从你的日记里，可能会让你想起过去的一些人和事，最重要的是对你当时心情的一种记录。当你把所有的心情都摊开来体会，把全部的话都说出来聆听时，那你看到的会是一个完全真实的自己。也许你觉得一直以来对自己不甚了解，那看看每一个阶段的心情表露，看看自己的心路历程，也许你会从中更清晰地看到自己的影子。

当你看完一篇日记的时候，有兴趣的话可以在日记的后面写上你的批注。以你现在的心情来看待当年的自己，你会有怎样的感想和领悟。尤其是你在哪些方面的看法变了，哪些方面又有了新的领悟，而哪些方面却一直执著不变？

最好能给你在每一个阶段的日记做一个总结，这个阶段的划分标准由你自己来定，比如，中学时期、大学时期、工作以后，等等。

看完所有的日记，把你的感想写下来，作为今天的日记，为你的日记本再添上新的一笔。

7月18日
翻开相册，看看旧照片

如果日记是一种文字的记忆，用语言描绘曾经的你，那么，照片便是一种影像的记忆，用最直观的视觉冲击刻画你成长的痕迹。

昨天刚看完旧日记，那今天就来看看旧照片吧。告诉自己，这两天属于回忆。

同样的，按照时间的先后顺序，从年龄的由小变大，一张一张地重新欣赏。翻看这些旧照片，会让你有种光阴似箭的感觉，看着相册里不同时代的自己，心态也会迥然不同。

首先看看孩提时候的影像，对于大多数人来说，那些照片，基本上都是黑白的。看着自己童年时候的可爱模样，是不是忆起了儿时的快乐，那就尽情地回味一番吧。然后，再看看自己少年时代、青年时代、中年时代的照片。这些旧照片里也许还有你和其他人的合影，是不是每个阶段合影的人都不尽相同？这些照片把你从少年成长为青年，从青年步入中年，也许还有中年步入老年的过程，记录得一清二楚。看照片里表情的转变，看容貌的改变，世事沧桑与人情冷暖尽在其间。"年年岁岁花相似，岁岁年年人不同"，也许是那些合影照片最贴切的旁白。

一张张旧照片，或黑白或彩色，或开心或愁苦，把不同的时光和人物定格在了瞬间。想想多年来的经历是千千万，明白忘记的事情是万万千，幸亏有这些旧照片，不管你想忘也好，不想忘也罢，都忠实地记录下了那些零星的岁月。

7 月 19 日

认真回忆过去，仔细想想学到了什么

你或许是从开满鲜花的浪漫之旅一路走来，又或许是从布满荆棘的坎坷之途蹒跚而来，那些过往也许已经淡漠，也许刻骨铭心。但是岁月留给我们的最好礼物便是回忆，让我们学会珍惜那段记忆吧。

过去的每一段经历，无论好与坏，都是为了让我们今天能够更好地生活，更好地把握明天幸福的方向。

所以，倘若快乐的，辉煌的，要懂得珍惜。珍惜不等于躺在由往事编织的鲜花丛里睡大觉，而应把它当做垫脚石，跳跃得更高更远。倘若痛苦的，惨烈的，要学会从中吸取教训，把它当做警钟，当下次遇到同样的情况时，我们便会知道该选择哪条路。

无论过往是美好或是惨烈，都是一种经历，人生的每一段经历都是为了告诉我们明天学会更好地生活。

仔细想想，那些过往岁月都让你学到了什么，告诉了你怎样的人生道理。

相信命运的安排都是有它的道理的，也许你太过脆弱，命运就让你经历一些痛苦让你变得坚强；也许你太过天真，命运就让你经历一些挫折让你知道生活的现实。

无论快乐或不快乐，都已成为过去，挥挥手，告别过往，勇敢地向前，留下体味和感悟。

7 月 20 日

仔细想想现在拥有的美好

生命在于乐观面对，用心感知，这样才会变得更加珍贵和有意义。

凡尘俗世，要追求的东西太多，得到或得不到，都有万千烦恼，牵绕人的神经一生得不到安宁。

人生在世，不要过多计较所谓成败得失，生命是短暂的，放下心中的不快，把握好眼前的人生，去安心体会生命的意义，这就是生命之所在。

仔细想想现在拥有的美好，用欣赏和快乐的眼睛看待你身边的一切：你的工作、你的家人、你的朋友、你享受的每一缕阳光、每一口清新的空气，都是那么美好。

这世间，美好的东西实在多得数不过来。我们总是希望得到很多，让尽可能多的东西为自己所拥有。

人生如白驹过隙一样短暂，生命在拥有和失去之间，不经意地流干了。如果你失去了太阳，还有星光的照耀；失去了金钱，你会得到亲情；当生命也离开你，你却拥有大地的亲吻。

在不经意中失去的，你还可以重新去争取；丢掉了爱心，你还可以在春天里寻觅；丢掉了意志，你要在冬天里重新磨砺；但丢掉了懒惰你却不能把它拾起。

欲望太多，成了累赘，还有什么比拥有淡泊的心胸让人更充实和满足的呢？

选择淡泊，珍惜拥有，然后继续走自己的路！

7月21日
给关心自己的人一个深情的拥抱

爱是一句话语，爱是一个眼神，爱是一种温柔，爱是一股暖流，爱在生活的每一个角落，不要因为细微而忽略，也不要因为失去而悲叹，珍惜眼前人，给爱一个深情的拥抱。

很多时候，在身边互相关心的人，常常因为过于熟悉而疏于表达。很多人可能会说："都这么熟了，谁还不知道谁啊，这些繁文缛节的东西就免了吧！"其实不然，有时候形式其实也挺重要的，起码这是告诉对方你感谢他的爱与关心的一种方式，一种很明确的方式，尤其当你找不到更好方式的时候。

当你把对方的关爱一点一点地收入眼底，在心里默默感动，觉得所有语言都不足以表达的时候，就让拥抱代替所有语言吧。

在第一缕阳光照进窗子的清晨，给对方一个深情的拥抱，轻轻在他（她）耳边说一声：谢谢！让这份深情伴着朝霞温暖对方一整天。

在夜深将要入眠的夜晚，给对方一个深情的拥抱，轻轻一句：我爱你。让这份深情伴着静谧的夜色进入对方甜蜜的梦乡。

7月22日
故地重游，寻找逝去的美好

有一种美好，永远停留在过去的某一个地方，因为已然逝去而弥足珍贵，因为怀念而更加难忘。过去的已经无法回头，但也许还可以循着曾经的足迹，寻找回忆的斑点，在心里久久珍藏。

回忆是具体的，一件具体的事，发生在过去的某个具体的时间，具体的地点。事情已经过去，时间已经改变，也许唯独只有那个地方，还一如往昔。

故地重游，不是为了沉迷过去，不肯醒来，而是让过去的欢笑和快乐重新充盈心间，体味生活的美好与幸福，尤其当你感觉到生活的苦闷和无奈的时候，曾经的美好会激起你找回幸福与快乐的信心和勇气。

故地重游，也许有的人已不在身边，循着记忆的足迹，找回的是过去的那种感觉，感觉还如往昔那般美好。失去了，是让你更懂得珍惜身边拥有的，不要让今天的遗憾在明天重演。

故地重游，是告诉你有些事无法逃避，必须面对，也许你曾经犯下过错，才让美好失去。当美好在心中重新演绎的时候，仔细想想你错在哪里，你该如何去纠正和弥补。勇敢面对，积极更新你的人生，认错改错不是让你把过往的痛苦久久在心里缠绕，是让过去点燃今天行进的路灯，而已经逝去的，如果可以，选择放下，轻装上阵，你会比昨天走得更好。

故地重游，同样的地点，却已是不一样的姿态。

7月23日

约老朋友一起吃顿饭

老朋友，是一杯陈年老酒，年代越是久远，就越是醇香浓郁。喝酒不可贪杯狂饮，却可以轻酌小口，细细品味，偶尔一小杯，让人久久回味。

老朋友之间，可能不会经常见面，隔三差五的一个电话，一句问候，便可以代表很多。不过，有时间请老朋友吃顿饭，话话家常，对彼此都是一种享受，也是对友谊的一种珍视。

约老朋友吃饭，可以少却很多繁文缛节，一个电话，一个简单的邀约就可以了，"下班后一起吃顿饭吧，老地方见！"老朋友之间，就是有这样的默契，吃饭其实只是一种形式，见面聊聊才是彼此心中真正渴望的。

吃饭的时候，可以喝杯小酒，也许彼此心中都有一些苦闷，生活的劳累让身心有些疲惫，倾诉是一种情绪的释放。老朋友之间的默契，也许不用说太多，就可以读懂对方的心情，老朋友的安慰也是最贴心的。当然，也不必把见面搞得伤感惆怅，让人陷入某种情绪，越陷越深。说点开心的事，彼此分享对方的快乐和收获，把自己的体会告诉对方，特别是生活的领悟和成功的经验等。

还可以说些过去的事，共同回忆一下成长的经历。回忆的过程，也许会有新的感悟，同样的过往，每一次的回忆，也许都会有不同的感受，这就是成长的足迹。

7月24日

买张飞机票，飞回家看看父母

每个人的心中，都有个永恒的位置是留给亲情的，而亲情不能只在心里搁着，还要时常通过某种具体的行动来表露，给父母能真切感受得到的回报，即使他们并没有这样的企望。

如果你常年在外工作，工作的繁忙也许让你无暇顾及家中的双亲，劳累也减轻了想家的情绪。而家中的双亲却是日夜思念，盼子之归也许成了他们生活的重心。

不要只是在心里想想，或者只是在电话里聊上三言两语，让冲动付诸行动吧，买张飞机票，飞回家看看父母。

你可以事先不告诉他们，给他们一个惊喜。最好能买些小礼物给父母，虽说父母最想看到的是你本人，你能回去看望他们便已是他们最大的欣慰了。但谁不希望能有额外的惊喜呢？虽说父母没有过多的奢望，但你的付出绝对是他们隐隐的渴望。

想想父母是不是老早就有想拥有某样东西的愿望，如果有，利用这次机会帮他们圆梦，给他们一个巨大的惊喜。或者你觉得父母需要什么，比如，一个按摩椅、一个老年健身器，等等。无论是什么，都是你的一份孝心，即使是一份小点心，都是一份心意，也可以让老人笑得合不拢嘴。

7月26日
全力照顾生病的爱人或是朋友

爱的全部就是付出与回报之间的感动，懂得爱的人才会舍得付出。为爱而付出，不在于做多少轰轰烈烈的大事，而在于生活中的点点滴滴汇流成河。

生病的人，往往比较脆弱，不但是身体上，心理上也是如此，如果此时身边有人嘘寒问暖，悉心照顾，那对于病人来说，是最好的精神康复之药。

如果你爱对方，关心对方，此时此刻，你就最应该出现在对方的身边。放下你手中的一切活动和工作，不离对方半步，陪他（她）看完医生，照顾他（她）吃完药，按照医生的吩咐，他（她）该躺下休息，那么让他（她）静静地休息一会。此时，也许你也可以抽空做做你的工作，这也叫忙里偷闲吧。或者你也可以为病人熬点粥或者炖点汤，病人身体脆弱，往往不想吃太油腻太辛辣的东西，这些滋补类的汤、粥最适合病人了。

病人也许有哪里不舒服，问问他（她），是不是需要你给捶捶或者揉揉。病人也不能老是待在家里，适当地出去呼吸一下新鲜空气，对身体康复有好处。傍晚时分，太阳快要下山的时候，搀扶着病人去外面散散步，比如，小湖边、小树林里。

注意，不要在外面待得时间太久，病人的体力不如正常人，早点回家，做点病人想吃的东西，好好地陪病人吃一顿晚饭。当一天就要过去的时候，问问他（她）今天感觉如何，是不是好了一点呢！

和爱人一起吃顿烛光晚餐

　　爱情因为浪漫而迷人，爱情需要细心呵护，浪漫需要用心制造，有心的人，总会让爱情弥漫着动人的色彩。

　　烛光晚餐在很多人眼里是一件非常浪漫的事，如果哪一对恋人还没有吃过烛光晚餐的话，那实在是太遗憾了。所以，你一定不会和你的爱人留有这种遗憾的，对吧？

　　事先预定一个餐厅，选择一个你和爱人都比较喜欢的环境，最好请乐师给烛光晚餐配上浪漫的音乐，这样的生活情调没有人会不陶醉的。

　　下班后，用电话把爱人约出来，不过最好事先说明，两人可以提前打扮一番，吃烛光晚餐怎么可以不打扮得漂亮体面一些呢？如果你是男士，为你的爱人准备一束花，就像第一次约会时那样，把花献给对方的时候，别忘了深情款款地说上一句："我爱你！"如果你是女士，也别忘了为对方准备一件别致的礼物，例如一条领带、一条皮带，等等。也许今天对你们来说并不是什么特殊的日子，但浪漫并不是只在特殊的日子才能出现，时常为平淡的生活制造一点点浪漫，生活也会因为有了这些点缀而更加美好、温馨。

　　当蜡烛点燃，烛光亮起，浅浅淡淡的昏黄和莹蓝，仿佛透着希望的光芒。朦胧的灯光下，当柔情的音乐声响起，抬起眼，给爱人一个深情的微笑，请对方跳一支舞吧，就像当年热恋时那样。也许你们已经相识很久，甚至结婚多年，但在这种浪漫的气氛烘托下，你一定会找回那种心潮起伏的感觉，轻轻抿一口红酒，你会感觉真的醉了。

7月27日
把今天用过的**每样东西**都归位

生活是一种习惯，勤快是一种习惯，懒惰也是一种习惯。每个人都应该养成勤快的好习惯，并且在一种坏习惯养成之前，及时制止，使自己向好的方面发展。

很多人都有一个不好的习惯，用过的东西就随处乱扔，虽然把它们放回原位其实也就是顺手的事，但就是懒得动，久而久之也就成了习惯。等到时间长了，一天或者几天下来，屋子里就会被弄得乱糟糟的，这时候再去找某样东西，就再也找不着了。

这种习惯很不好，要早点改掉，不要光说不练，就让今天成为一个开始吧，不管你今天用过什么，统统都要立马归到原位。

看看你今天所做的事，做早餐、去上班、工作、回家、洗澡、睡觉，等等，你做这些事的时候都动过一些什么东西，你都放在什么地方了，用完之后，赶快回归原位。如果当时因为要上班没来得及，那么下班回家以后一定要记得把它放回去。

在你的空间里每一件东西，不管是在家里的，还是工作单位上的，都应该看起来就像你还没用过它之前一样的。快下班了，把办公桌上的文件整理好摞成堆，放在该放文件的地方，将废纸、废用具扔到垃圾桶里，喝过水的杯子放到该放的地方。

下班回家，吃完饭后，赶紧去收拾厨房，把每一个盘子和器具都洗好，放到橱柜里，把厨房清理干净，就跟做饭之前一样的整洁。

睡觉之前，再检查一下，看看房子里还有什么东西没有回归原位，确保每一件东西都整整齐齐之后，再上床安心睡觉。别忘了，明天继续，好习惯在于坚持。

7月28日
去自己**最向往的大学**听一堂课

人生难免有遗憾，但是如果你有能力去弥补这个遗憾，就不要犹豫，尽力去做，不要瞻前顾后。

每个人心中应该都有自己最向往的大学吧，但是并不是每个人都能如愿以偿，如果你曾经向往的大学就在你现在生活的城市，那很方便，坐公交车就能去上一堂课。如果不在同一个城市，那就比较麻烦一点，可能要坐飞机，想想是不是觉得不可思议，有这个必要吗？可是如果你不去的话，是否心中会留有这个遗憾呢？这个问题还是自己在心里好好权衡吧。

最好事先查一下学校的课程表，你想听什么课？想听哪个老师的课？看看跟你的时间是否吻合？上课地点在哪？一切情况都要了然于心，这样可以节省时间，还可以做到有的放矢。

　　既然去学校听课，就要把自己打扮得像个学生，如果你已经毕业了，也要带上笔记本和笔，像其他学生一样，赶在上课铃声响起之前就到教室，找个合适的座位坐好。也许你已经很久没有安安静静地坐在教室里听课了，感觉是不是有点不适应？是不是都有点坚持不下去了？既来之，则安之，不要影响其他人。而且，用心地去听老师的讲课，认真地记笔记，很快就会找到那种久违的感觉。

　　你有什么没听懂的地方，不要犹豫，也不用担心自己的问题有什么幼稚之处，大胆地站起来，向老师提问。每个老师都会很欢迎学生提问，因为这样表示有人认真听讲并在努力思考。

懂得付出，珍惜拥有

7月29日
用心关注身边的亲人

血浓于水，是人世间最无法割舍的感情，也是人世间最真挚的感情。努力为爱付出，首先就要为亲情而付出，懂得爱自己的亲人，才会懂得去爱其他人。

最关心自己的人，总是最容易被忽视的人，你用心想想，你平时有没有关注过身边的亲人。可能你觉得很委屈，我天天看着呢，怎么没有关注，但是，你又为身边的人做过些什么呢？

早上起床，对身边的亲人道一声早安，也许平时你没这样做过，也许他们会瞪大了眼睛惊异地看着你，但很快他们的惊异就会变成喜悦和欣慰。如果有空，为大家做一顿早餐，叫大家起床一起吃顿愉快而丰盛的早餐。

该吃午饭的时候，给亲人打一个电话，叮嘱他午饭要吃好，如果有时间就午休一下。下班了，再打一个电话，叮嘱他下班早点回家，路上注意安全，一起回家吃饭。

不管平时谁做饭，今天你掌厨，给大家做顿丰盛的晚餐，也许你的厨艺并不怎么样，那也没关系，关键是心意。一天辛苦的工作下来，大家都比较辛苦，今天多让其他

人休息一下。如果你实在担心自己的厨艺，让平时做饭的人先教你几招，或在旁边指点一二，不过千万不可代劳，你要自己动手。

晚饭后，亲切地询问一下亲人今天有什么见闻，有什么生活感受，工作是不是很累。如果父母在身边，为他们捶捶背揉揉肩，当然，这样的服务，爱人也是可以享受的。

如果你有心，也可以送束鲜花给亲人，父母也好，爱人也好。不同的花代表不同的心意，但都是一份浓浓的关爱和体贴，都是一份亲情的感动。

7月30日
给最近帮助过自己的人送去感谢的问候

"爱出者爱返，福往者福来"，人生需要有一颗感恩的心。感恩是春天里的和风细雨，催开了希望的蓓蕾；是夏日里的惊雷，撕开了遮蔽你心田的阴霾；是秋日里结出的丰硕果实，映照着你丰收的笑脸；是冬日里烘焙大地的暖阳，化解着人生的严寒。拥有

一颗感恩的心，烦恼去了，快乐就来了。送出的是诚挚的感激，得到的是满怀的温馨。

你必须承认，从小到大，我们一直接受着身边人对我们无微不至的关怀和无私的帮助。从小时的牙牙学语，到上学后的刻苦攻读、知识水平提高，再到工作后业务能力的加强、思想境界的提高，我们都在默默地被帮助着。我们要感谢父母把我们带到了这个美好的世界并抚养成人；感谢老师对我们无私的教诲；感谢领导对我们的信任和栽培；感谢同学间的友谊和同事的帮助。感谢，应该成为我们生命中的一部分。

今天，也许你不能一一去感谢，那么就想想，最近你都接受过哪些人的帮助，给他们送去感谢的问候吧。不要说你最近好像没有接受过谁的帮助，这不可能，我们生活在这个世界，每天都在接受别人的帮助，每天你身边的亲人都在给你关爱，难道你不应该感谢他们吗？每天的工作，你的同事是不是都在给你指点和协助，难道你不应该对他们说一句谢谢吗？还有你的朋友，在你烦恼的时候，是谁在你的身边陪你度过？是谁鼓励你要开心地过好每一天？难道你不应该回报一个感谢的问候吗？

很简单，现在就给他们每一个人打一个电话，倒不用刻意去道一声谢谢，简单地问候一下对方的生活、身体状况，寒暄几句，表示你正想着他，这样也许就够了。当然，如果有人真的给了你特别大的帮助，那就应该郑重地表示感谢，甚至应该亲自登门去拜访，送一件小礼物，或者请对方吃一顿饭。这些都是待人的基本礼貌。也许别人对你的帮助只是举手之劳，但那也要别人愿意为了你而举手才行，所以，感谢别人吧，用你最诚挚的方式。

7月31日
刻苦学习业务知识

学习是一种精神，一种不断拼搏的精神，一种不断超越自我的精神。学习是一件快乐的事情。在学习之中，我们可以不断地体会到哲人的智慧和人生的美好，不断收获到生活给予我们的馈赠，那便是精神上巨大的鼓舞和喜悦。

任何一项工作，都离不开学习，离不开刻苦钻研。没有人能随心所欲地把工作做好，只是，有的人付出的努力要多一些，有的人则少一些，但是不管多与少，一分收获必定来自一滴汗水。

要做好业务工作，当然要刻苦钻研业务，这样才能创造出业绩。当然，也许你并不在业务部门，你的工作是行政、人事之类的，但是，不可否认的，任何一个职务的工作都有它独有的特征，如果你不了解本职工作的特点，你肯定是没法做出优秀的成绩来的。所以，对于任何一个人来讲，不管从事何种岗位的工作，业务知识的钻研都是必不可少的。

在工作中学习固然重要，我们大部分的知识是在工作中学到的，但这都是被动学习，真正想要把工作做好，还要在业余上做大量的努力。所以，下班后，不要着急回家，适当地加加班，找点相关的业务手册，认真研究，不明白的地方认真记录下来，明天问问有经验的同事。如果白天的工作还有不明白的地方，就自己回过头来好好琢磨一番，用学到的业务知识思考一下，看看是否有新发现。也许白天的工作中遇到的问题，因为现在某个知识的点拨，瞬间豁然开朗了，说不定还有什么新的发现，比如，你又找到了新的工作方法，这样思考的过程，本身就是一种学习。

当然，白天工作的时候，也是可以学习东西的，你也许不用每一分每一秒都工作，那么，今天就减少或者取消和同事聊天的时间，认真学习你还不懂的东西，而且，上班的时候，领导同事都在，如果你有什么疑问，可以立刻通过请教得到答案。

脚踏实地，激情创意

　　人生的奋斗中，如果脚踏实地地去注意眼前的每一个小目标，便不会觉得累，不会觉得迷惘。享受人生，不是整天浸泡在大目标的激情里，而是享受每一个小目标的成功所带来的喜悦。

　　脚踏实地并不是要反对创意。相反，选择创意人生，选择别样人生，你的人生会更精彩！鲜花为你鼓掌，小鸟为你歌唱，蓝天白云都在为你翩翩起舞。

8月1日
让孩子**自己动手**做一件力所能及的事

有一种能力叫做独立自主，有些人仿佛一开始就已经具备这种能力，有些人却要用一辈子去学习。这就在于小时候的教育，是否做了正确引导。

儿童本能上具有主动独立和自主的愿望，这也是孩子的大脑和心智在不断发育成熟的一个表现。如果孩子能经常主动和独立地做一些力所能及的事，对孩子从小养成责任感和关心他人的习惯是十分有利的。尤其是当孩子有这方面的要求时，家长不要剥夺他们的这份"快乐"。

但目前，很多孩子面对需要自己处理的事情时，即使力所能及，也不愿自己动手，而一味推给父母。这反映了现在的孩子，尤其是独生子女依赖性很强的弱点，原因就是家长、教师对孩子们力所能及的事包办得太多。所以，家长们更应该有意识地让孩子独立成长，鼓励他们自己的事情自己动手，自己想办法解决困难。作为家长，有时候还真得善于"小题大做"，注意日常生活中每一件不起眼的小事，给孩子以积极、深远的影响。

让孩子自己动手做一件力所能及的事，比如拖拖地、洗洗碗、擦擦桌椅等家务，培养孩子自己的事情自己做的习惯，使孩子们能做到自己的衣服自己洗，自己的房间自己收拾，自己的被子自己叠等。

放手让孩子去做以往不放心让他们做的事，比如独自去邮局寄信、独自去买自己的学习用品等，这些具体的事情完全视你孩子的年龄和能力而定。

8月2日

遵守交通规则，规规矩矩过马路

遵守交通规则，是人类文明进步的一种表现，也是一种善待生命的体现，这样做不仅保障了自己的出行安全，也是对他人生命的一种尊重。

当你因为路口没有车辆而在红灯下穿越马路时，你是否想过你已经走到了危险的边缘？当你驾车在路上抱怨行驶太慢，想超过前面的车辆时，你是否想起每年有多少司机因为违章超车而命丧黄泉？当你抱怨规定太多，交警太严时，你又是否想过，如果不是这样，这份车轮底下的死亡报告还将带给人们多少的震惊和血腥？

遵守交通规则，按照规定的路线方向行驶，不闯红灯，不超速，不酒后驾车，不横穿马路，等等，这些其实都是非常简单的事情，只要始终牢记文明公约，始终告诫自己不急不躁，轻轻松松就能做到了。

8月3日

从头至尾认认真真看一部连续剧

认认真真、完完整整地做一件事，改变平时的随心所欲，这种全新的体验，可能因此改变你对生活的态度。

很多人都没有太多的耐心完整地看完一部连续剧，作为一种娱乐休闲的方式，大部分人采取的是一种随心所欲的态度。不管平时你是怎样的一种状态，今天不妨试一试从头至尾完完整整地看完一部连续剧。

选一部你觉得能一直看下去的剧，剧集时长完全由你自己根据拥有的闲暇时间来选择。把你选好的电视剧租回家，用电脑或者 DVD 等连续地播放，不用像平时那样在电视台等待每天定点地播放，也不必忍受插播广告的烦恼。

如果你觉得自己一人看有点闷，也可以找个人陪你一起看。有时候很多人一起看可以增加气氛，看的过程中还可以时不时点评一下，大家交流一下感想，刺激大家产生继续往下看的兴趣。

看的过程中，一定要循序渐进，不要因为急切想知道结果，就省略中间的发展状况，而直接快进到后面。如果看电视剧只是为了知道最后的结果，那完全可以只看第一集和最后一集。然而生活却不能这样，生活不能快进，必须一步一步脚踏实地走下去，无论快乐或是痛苦，都不能跳过，必须认真面对。看连续剧的过程，就像一次生活的全过程体验，看别人演绎的人生，给自己每天的生活一点启示，把娱乐当做教科书，在休闲中领会人生的道理，何乐而不为？

8月4日

看一部伟人的传记

伟人之所以成为伟人，必然有其不同于常人的地方，必有常人难以达到的高度。然而，任何人的成长，都是从普通人开始的，学习伟人，就要学习他如何从普通人开始迈步的。

面对巍巍的高山，有人拜倒在它的脚下；面对坎坷的道路，有人徘徊不前；面对无数次的失败，有人一蹶不振。这完全是因为他们缺乏自信的缘故。而伟人与常人的区别就在于，在面对这些磨难和挫折时，他们选择了勇敢面对，积极寻找前进的道路。看一部伟人传记，可以学习伟人从困境中一步一步走出来的坚韧和毅力。

每个人也许都有自己最钦佩和最欣赏的伟人，

无论是哪位伟人，都有值得我们学习的地方。所以，选择哪位伟人的故事，完全取决于你自己。美国的海伦·凯勒小时候生了一场大病，从此又聋、又哑、又盲，但她并没有丧失信心。她克服了常人难以想象的困难，学会了说话，学完了大学的课程，并掌握了5国文字，成了著名的作家。爱因斯坦小时候做手工时，别人挖苦他所做的小板凳是世界上最丑陋的。但他并未灰心，反而又拿出两件更丑陋的作品对老师说："这是我前两次做的，虽然第三只仍不能令人满意，但总比前两次好。"爱因斯坦自信任何事情他都能做得更好，所以，他一生坚持不懈，终于成为举世闻名的大科学家。

人生不可能是一帆风顺的，谁一生下来就会说话、会走路？每个人都要从积累与磨炼中逐渐成长，所以请相信，路是人走出来的，这可能是所有伟人故事告诉你的一个共同的道理。认真看看你手中的书吧，你还会学到更多。

8月5日

看一本**励志**类的书

成功人士都有一个最重要的素质，就是乐观向上。他们比常人更乐观，对自己和他人都持有一种积极的态度。励志类的书籍会告诉我们如何保持乐观，走好自己的人生路。

成功人士往往会被问到这样一个问题："你们大部分时候脑子里都在想些什么？"无论来自天南还是地北，这些人的答案似乎都是一样的。大部分时候，成功人士都在想着他们要什么，以及如何去得到它们。由于思维高度集中，即便大家起点相同，他们也会比常人取得更多的成就。

励志类的书就是要告诉常人如何更集中地思考我们的人生，而把更多的思绪和精力从一些琐碎杂乱的事情收回来。因为，无所成就的人大部分时候总记挂着他们不要什么。他们想着或者说着对谁很恼火，谁把事情搞砸了，等等。他们想不明白，即便工作时间和别人一样长，为什么自己的生活仍然没有什么改善呢？

人生处处都会遇到逆境，励志书籍会告诉你如何面对逆境，显示出强者的态度。每个人都有权选择自己的生活态度，而态度则影响我们待人处事的方法。选择积极进取、力求突破，还是消极退让、虎头蛇尾，直接决定着你能否战胜逆境，取得最后的成功。

假如你的青春曾有一段虚度的时光，请不要以空洞的叹息作为补偿。面对人生痛苦的回忆，重要的品质是意志坚强。任何境遇都可以从现在开始着手改变。不管何处是生命的尽头，活一天就要有一天的希望。只要胸中有不灭的理想，生活每天都会充满新鲜的血浆。只要每天都为理想做点什么，再苦的生活也甜如蜜糖。成功者要不断在追求中奔忙。胜利者也要不断把新的目标酝酿。

看一本励志类的书，你会明白如此多的人生哲理，会让你的人生充满奋斗的激情和力量。

8月6日

找一个儿童玩具拆了再重新装上

让问号变成句号，这是一个思考的过程。多问几个为什么，常会有意想不到的发现。

调皮的小孩最喜欢做的一件事大概就是，把爸爸妈妈刚买的玩具三下两下拆了，然后又试着重装恢复原样。这个时候的爸爸妈妈会是什么态度呢？我想大部分都是很气恼，认为自家的孩子是败家子。其实不然，这样的小孩脑子里装满了为什么，总想把自己不明白的事一探究竟。如果你从小就是一个听话的孩子，从来不敢去想为什么，那么，现在，不管你有多大，学学那些顽皮的小孩，找一个儿童玩具拆了再重新装上，你会发现那其实是一个非常有趣的事情。

玩具尽量复杂一些，太简单就没有什么挑战性了，如果是那种不用拆你一看就明白怎么回事的，就没有什么意义了。在家里找一块空地，保证此处没人打扰，找一个大盒子，把拆下来的零件都放进盒子，仔细检查每一个零件，不要随手一放。拆的过程中认真记忆每一个零部件安装的位置和方法，并试着想想它工作的原理。

重装的过程可能没有拆的过程那么轻松简单，很可能因为某一个地方没安装正确，影响进程。此时千万不要气馁，也不要急躁，冷静下来仔细回忆一下当时拆的过程，这个地方是怎么拆的。实在回忆不起来也不要放弃，通过不断尝试错的方式，找到正确的方法。这个时候，你大概明白了为什么小孩子总是拆了就扔在一边不管，小孩子总是耐心比较差，试了几次没成功，自然想放弃。如果你已为人父母，从这个角度出发，对小孩的半途而废应该循循善诱，帮他一起想办法，鼓励他坚持下去。

安装成功后，从头到尾再回忆一下刚才的过程，从拆下第一个零件的步骤开始。试着想想你是否能想清楚它的工作原理？如果你有同样的零部件，是否可以自己制作一个玩具了呢？

8月7日

自己修理家具

有些事情不是你不会，而是你认为不会，而不敢自己动手。依赖外人的能力，而看轻自己，只会让自己永远体会不到超越自我的快乐和创造的魅力。

家具用久了，难免会出现破损、脏污的现象，而此时往往已过了保修期，厂家是不会免费维修的，只能自己想办法了。实际上家具如果出现轻微损坏，只需使用合适的材料处理，并且留意一些细节，自己就能进行修理。

当然，修理家具还得需要一定的维修知识，根据不同的损坏状况，采取不同的措施。

如果是刮痕和裂缝，应该采用如下一些急救措施：修补细小的裂缝和刮痕时，宜在家具不显眼的地方先试一下所用的混合剂是否会损坏抛光面，然后再继续涂用。

家具种类繁多，修理的方法众多，看起来复杂，实际上动起来手来并不麻烦，同时你还可以体验到修理工甚至是装潢艺术的快乐，自己动手吧！

8月8日

试着写一首诗

创造能力指产生新思想、创造新事物的能力。创造能力是成功地完成某种创造性活动所必需的条件，在创造能力中，创造性思维和想象起着十分重要的作用。

培养自己的创造能力，不妨学着写一首诗，即使你觉得自己没有多少文学细胞，你也可以模仿文人，抒发一下心中的感慨。借鉴一个你比较喜欢的诗人的作品，你甚至可以模仿他的语言风格、文体特点等。因为模仿能力和创造能力相互联系、相互渗透。创造能力是在模仿能力的基础上发展起来的。人们一般总是先模仿，然后创造，从模仿到创造。可以说模仿是创造的前提和基础，创造是模仿的发展。

写诗总是有感于某事某物，想想你最近遇到什么有感触的事，或者用大自然中的某种事物或者现象借喻你心中的感情。或许一开始你会有点找不着北，因为写诗的过程需要细细酝酿，寻找那些花花草草与你想表达的事物之间的联系，只要用心总能找着的。比如，松柏之如坚韧，杨柳之如柔情，白雪之如纯洁，荷花之如高洁，等等。

生活需要你用眼睛去观察，用心去体验，生活本身就是一首永远写不完的诗。

8月9日

自编自导唱一首歌或跳一支舞

以创新为灵魂的知识经济的第一资源是智力资源，因此知识经济时代教育的核心是培养人的创造性思维和创新能力。创造力是智力的高级表现，需要有敏锐的观察力、集中的注意力、牢固的记忆力、丰富的想象力和灵活敏捷的思维能力。

创造性思维和能力的培养，需要如此多的要素，这就需要我们平时多锻炼，自己寻找各种机会训练自己的这些能力。

不管你有没有艺术细胞，自编自导唱一首歌或跳一支舞。这样你会在发挥创造能力的同时，享受到更多的乐趣。

自编自导，不是随心所欲，胡乱编造，而要有感而发。编歌曲，必须要有歌颂的对象，你要感激的人、你钦佩的人、你爱的人、生活中某件事或物，等等，都可以是你歌颂的对象。也许你并不懂谱曲，没关系，想到什么腔调，直接唱出来就好了，用录音机录下来，自己反复地听、反复地修改，直到自己最满意为止。

如果是编舞，同样也要有一个主题，你可以选某一首歌作为参照，为这首歌配舞，你的主题就是这首歌所表达的内容。编舞之前，你可以先研究一下舞蹈演员们跳的一些舞，看他们是怎样通过肢体语言表达心中的感情的，多看几遍，你自然会有一些领悟。然后，充分发挥你的想象能力，用一些你能做到的肢体语言编成一组完整的舞蹈动作，并保持它的连贯性和优美。编完之后，自己对着镜子认真、完整地跳一遍，或者用摄像机拍下来，然后仔细研究，认真修改，直到自己满意。

8月10日
和朋友玩猜谜游戏

人类能使一种思想开花结果，犹如玫瑰树上绽放玫瑰，苹果树上结满苹果。一个人的思想不会停滞，当他清醒时，他的头脑就会不停地工作，就像不断跳动的脉搏，他无法止住任何一种思想。

在很多人眼里，思考是一件很辛苦的事，比如，上学的时候不愿做作业，尤其是很难的数学题，就是因为觉得思考太累人。但，有一种活动既让人思考，又会让人觉得很有趣，沉迷其中，欲罢不能，这就是猜谜游戏。相信很多人都玩过，今天不妨再体验一次这种快乐的思考。

组织一帮朋友，大家一起玩，采取竞答的方式，能激发大家的参与热情和兴趣，如果大家都同意，甚至可以集资准备一些小礼品，作为对优胜者的奖励。

这个游戏必须有主持人和裁判，这两项职责可以由一个人兼任，如果人手够的话，也可以是两个人分别担任。虽然是游戏，但是也要讲求公平公正，以免玩得起劲的时候，因为不公起冲突，而且也只有公正才能让游戏更吸引人。

有奖必有罚，成绩不是很好的人应该受点小小的惩罚，当然惩罚也是为了娱乐，比如，唱首歌、跳支舞、讲个故事什么的。

8 月 11 日
玩一玩智力游戏

灵活地进行思考对一个人的成功是非常重要的。多给自己思考和想象的空间，才能不断地提出问题，并在解决这些问题的同时逐渐迈向一个个人生的高峰。

在工作中勤于思考就可以少走弯路，少出问题，也许还有意想不到的收获。大脑不经常进行思考，就会像久放不用的铁锹一样，会生锈的。

而善于想象又让我们的思想多了几分灵动，在头脑里尽情描画生活美好的远景，激起了我们对生活的热爱和对未来的憧憬，而这一切也是创新意识不可或缺的原动力。

玩智力游戏就是发挥一个人思考和想象力的有效方式。智力游戏有很多种，在网络上一搜就会有一大堆。当然，很多人去玩智力游戏，并不是为了锻炼智力，更多的是为了娱乐。不管出于什么目的，这样的一个过程，让你不得不发挥你最大的想象空间，冥思苦想。

选择了一个游戏，如果长时间还找不出结果，很多人都会烦躁不安，甚至想放弃，重新选择另一个游戏，因为娱乐似乎就是为了放松，把自己弄得头晕脑涨的，好像是有违娱乐之本意。

但是何不把这次游戏当做测试自己智商的一次机会呢？你很想证明自己的智商其实不低吧！而且为一个问题冥思苦想的过程其实也是一种享受，只要能克服急躁的情绪，放松的心态更能让你自由发挥想象力。

如果玩一个游戏还不过瘾，可以继续，但是不可沉迷其中，因为有些游戏特别容易让人着迷，甚至不想再去干其他任何事，大概这就是所谓的玩物丧志吧。所以，玩游戏的时候，要全心投入，该干正事的时候就要果断放下，这就是收放自如。

8月12日

实行一次徒步旅行

我们常想在生活中取巧，以为这样做神不知鬼不觉，并以有这样的机会而沾沾自喜，只要能逃得过良心的责备，便可以心安理得，处之泰然。殊不知，我们所做的事天地皆知，无所隐瞒。请相信，不劳而获的果实永远没有辛勤采摘的甜美，你的心灵因为没有阳光的照耀而在黑暗中偷偷哭泣，你听见了吗？

徒步旅行这个词语最早是用来指 19 世纪 60 年代在尼泊尔举行的远足旅行，从那以后徒步旅行就开始流行了起来。

徒步旅行就是指不借助任何交通工具，只凭双脚行走。徒步旅行线路可长可短。徒步旅行深受人们的喜爱，其原因就在于可以尽情饱览沿途的自然风光和人文景观另外。一路上的奇花异草、珍禽异兽也为徒步旅行增色不少。

徒步旅行中山景也许是最吸引人的，但你还可以发现其他的诱人之处：美丽的小山

村、别具风格的房舍、引人入胜的庙宇……当你越走越高时,你可以欣赏到绵延数里的森林、水流湍急的溪流和深不可测的峡谷。当然,你的徒步旅行同伴也是快乐旅行的一个重要原因,旅行能够增进朋友之间的情谊。

徒步旅行对于青年人和中年人,无疑可以增强体质,但是,如果不做好徒步旅行的防病准备,则有可能适得其反。徒步旅行主要需要注意以下几点:

（1）防疲劳。

（2）防脚部起泡。

（3）防寒暑。

（4）解渴要适可而止。

（5）随身携带一些常用的感冒药、防暑药和创伤药,备酒精盒和棉签。

8月13日

登一次山,坚持爬到山顶

"世上无难事,只要肯登攀。"不论做什么事,如不坚持到底,半途而废,那么再简单的事也无法完成;相反,只要抱着锲而不舍、持之以恒的精神,再难办的事情也会有被解决的时候。凡事只要我们脚踏实地,一步一个脚印,坚持到底,就一定能够到达成功的顶点。

当别人问及著名登山家乔治·马洛里为什么想攀登世界最高峰时,马洛里答道:"因为山在那里。"是的,对于许许多多热爱登山的人来说,只是因为山在那里,所以攀登。他们不断地挑战人类的生理和心理极限,寻求与大自然最直接的对话方式。

如今,越来越多的人爱好登山,把登山当做一种锻炼自己的意志的活动,既锻炼了身体素质,又磨炼了心理素质。那么选择一座你觉得能征服的山吧!做好一切准备,坚持爬到山顶。

攀登的过程中,肯定会累得想要放弃,记住一定要给自己鼓劲,坚持就是胜利,千万不可半途而废,累了可以稍作休息,休息一下继续攀登。

登山还要注意身体安全,要讲科学,要量力而行,快慢有度,循序渐进。不要一味求快,为了早点达到目的,早点实现梦想,就不顾身体劳累,强力行进,那会使身体吃不消,甚至虚脱。所以,只要做到持之以恒,最后能坚持到底就行了。

善待自己

8月14日

给某样东西或衣服改**改装**

所谓创意，不仅仅是创造出某种新东西或者新的思想和理念，还包括对已有的东西或思想理念作出某种新的改变，使之旧貌换新颜。

改装某样旧物或旧衣服，是件很好玩的事情。你可以充分发挥你的创意和灵感，按照你喜欢的样子或颜色尽情发挥你的聪明才智。还有，你根本不必担心会不被别人看好，因为这是你自己的东西，而且是用了很久的旧物或穿了很久的旧衣服，也许它们就像老朋友一样，陪你度过了无数的岁月，很可惜现在已经过时了，但是你仍然很喜欢，因为已经有感情了，舍不得丢弃。所以，此时你完全有理由为它改头换面，换成现在流行的样子，继续陪伴你走向未来的人生路。

改装包括样式和颜色，样式你可以参照现在流行的款式，比如，你在商场看中了某件衣服，觉得它的款式很好看，你完全可以仿照它的样式来做，只要你能做到。如果你没有把握，也可以请教以前做过裁缝的朋友，让他指点一二。

至于颜色，很好解决，你只要帮它重新染色就行。选择你喜欢的颜色的染料，将旧衣服直接浸泡在里面即可。

在这项尝试里，你会感受到冒险的快乐，因为你不知道最后会出现什么样的结果，经你改装后的旧物或旧衣服是否真的变得时尚漂亮了？你的聪明才智是否真的得到了验证？这一切在结果出来之前都是未知数。你仿佛回到了儿时，和一群伙伴在玩过家家的游戏，把自己当做家庭主妇，做一些大人想做的事，而不知道自己做出来的结果怎样，心中充满了一种新奇的感觉。

8月15日

把陷入"死胡同"的问题**反过来想一下**

当你按照正常的逻辑苦苦思索没有结果时，当你用尽全部办法终于"山穷水尽"时，有没有试过，反过来想一下会是怎样？说不定会"柳暗花明又一村"呢！

世上有些事乍看起来有些违反常规，但实际上却合情合理。因为事物本来就是复杂的，是由多种因素促成的。

要想对付复杂的事物，自己的头脑就要变得聪明些，把思维方法来个180度的大转变，有时便会取得意想不到的效果。历史上有许多科学家就是采用逆向思维法而取得重大发现和发明的。

某个问题也许你已经思考了很久，各种方法都已试遍，似乎陷入了思维的"死胡同"。一筹莫展的你，千万别垂头丧气，有些问题是可以反过来想一下的。运用一种叫做"逆向思维"的方法，也许会帮你找到开启疑难之门的钥匙。

逆向思维并不是什么玄妙的东西，它只是一种思维方式，我们身处的就是由相互对立的事物组成的和谐世界，而每一事物又有相互对立的两个方面。

很多过程都是可逆的，而两种截然相反的方法有时可以解决同样的问题。遗憾的是，由于我们受过太多的是非观念的教育，因此往往喜欢判断对错，以致采取一种方法后就轻易排斥与之相反的方法。

8 月 16 日
去理发店整一个新发型

生活中有多少事是我们没有想到的，或者是想到了却熟视无睹的，有没有觉得每天做着平淡无奇没有挑战性的事情是那么乏味？是因为害怕风险、害怕挑战让我们望而却步吗？而人生正是因为不断尝试新事物而充满了趣味和色彩，人类也因此在不断进步着。

我们处在一个张扬个性的时代，看看大街小巷的人们，穿着打扮都没了从前的统一化标准，尤其是年轻人，甚至是各种奇装异服。不知从何时开始，人们又开始在头发上做文章，垂直飘逸的、卷曲妩媚的、凌乱张狂的……当满眼的时尚络绎不绝，你不得不承认它是迷人的，有魅力的。

也许你习惯了一种发型，或者你也换过不少发型，但，总有一种新发型是你没有尝试过的。整理一下心情，用审视的眼光看看镜子里的自己，这个发型是不是该换了？

到了理发店，一定会有一群发廊小弟或小妹朝你涌过来，给你介绍这个，推荐那个。这个时候你一定要沉住气，认真挑选自己喜欢的发型模式，或者找个负责任的专业理发师，请他帮忙建议一下。当然，此时你也要有自己的主见，耐心听理发师的建议，自己分析是否合理，如果你真的认同，就欣然接受，如果你有不同的看法，可以继续和理发师探讨，直到双方达成一致。

新发型修剪成功后，可能一时间你会有些接受不了，因为可能你的形象改变比较大，但是要用新的眼光去看待新事物，换一个发型可以换一种心情。如果你最近心情郁闷，尤其适合去理发。不信，去试试，一定会给你一个满意的答案。

8月17日

打扮成不同以往的样子参加一个聚会

在平常的日子里，你是否早已习惯了自己的装束风格，每天都是一成不变的形象。也许你会说，这是工作的需要，但何不偶尔打破一下惯例，以一个全新的形象出现在你熟悉的人面前。试试看，你将收获意想不到的效果。

你今天的目标就是给大家呈现一个全新面貌的你，所以，一定要有一个大的改变。如果你一时间想不出要变成什么样子，可以请教一下对化妆比较有心得的朋友。有一点一定要记住，改变是要朝漂亮的目标去改变，不能为了改变，为了大动作，就牺牲形象。

改变，其实是一种风格的改变，如果你平时一向以清纯素面示人，那今天可以打扮得妩媚一些，化一点淡妆，如果你没有这样的衣服，可以向好朋友借如果你平时一向就是时尚的代言人，那么今天可以找回菁菁校园的感觉，把以前的衣服找出来，拾起从前的打扮。

改变，不仅要在服装上下工夫，也要在行动语言上配套。当你以全新的形象出现在大家面前时，不管会引起什么样的轰动效应，你都要沉得住气，不要自己先怯场，接下来你的工作就是，配合你这身服装，表现出你想表现出的仪态，让大家瞠目结舌。

这样做的目的当然不是为了敲击大家的心灵，而是为了尝试一种变化，尝试一种新的东西。形象的改变，有时候甚至会引起生活方式的改变，你体会到了吗？

8月18日

吃一道新菜

我们不得不赞扬第一个吃螃蟹的人的伟大，不得不赞扬第一个试着用"生命的代价"来品尝西红柿的人的勇敢无畏。生活中，总要有人敢于尝试一些新奇的东西。也就是说，总要有人愿意创造别人意想不到或者想到了但怯于实现的东西。

也许你并不偏食，但是你不得不承认你总有自己比较偏爱的菜，而我们常吃的就是那几种或者十几种菜，有些菜一定总是被你排除在外的，或者有些菜是你一直跃跃欲试的，但总是没有机会尝试。那么今天就给这样的菜一次和你亲密接触的机会吧。

你可以把菜买回来，自己在家里做着吃，也许你还不知道它的做法，那么查查食谱，或者打电话问问有经验的朋友。做出来之后，邀请你的家人和你一起品尝，说不定你们全家从此就会爱上了这道菜，以后的家宴又多了一个新的选择。要保证营养均衡，就要经常吃不同的菜，因为每道菜都含有不同的维生素和其他营养物质。

当然，如果这道菜比较复杂，或者你对自己的厨艺没有信心，你也可以选择到饭店去吃这道菜。叫上你的家人或者朋友，和你一起品尝，和别人分享总比一个人独享要快乐得多。你们还可以就彼此的口感展开讨论，就此决定下次是否还要再点这道菜。也许你们会有不同的意见，如果这道菜很有营养价值，不喜欢的那个人不妨接受大家的意见。

8月19日

做一件你一直认为不可能成功的事

时势不断变化，当初做不到的事今天可能会轻而易举地做到，当初能办到的事今天可能就难以办到了。无论如何，关键是心中不要存下一个一成不变的概念。

无论在学习、工作，还是生活中，我们都会墨守成规地认为有些东西是牢不可破、无法越雷池一步的，即使它们已经妨碍到了我们更好地前进和发展。久而久之，这就成了我们心灵的束缚。

无论何时，都要试着去挣脱这些牢笼和束缚，也许它真的是坚不可破，也许它根本就是脆弱不堪，不试试怎会知道呢？即使失败了又怎样？一次失败不表示下次还失败，因为事物都不是一成不变的，现在不代表以后。

尝试做一件一直认为不可能成功的事。这件事必须是一件具体的事，比如，和外国人用英语交流、在集体场合大声发表演讲等，或者是工作上的一项具体的任务。

即使没有把握，也硬着头皮接下来，压力会激励你找到解决困难的办法，成功人士就是这样把不可能变成可能的。

即使最后你并没有成功，也不要在心里留有什么遗憾，因为你通过行动证明了自己敢于尝试的勇气。

而且在尝试的过程中，如果你是用心去做的，努力去做的，你一定能发现自己的弱点，完成这件事你还没有达到的能力是什么。这是一个让你更清醒地认识自我的机会，只有认识自我，才能完善自我，才能走向成功。

8月20日
看一场恐怖电影

忙碌而平淡的生活，久而久之会让人变得有些麻木，甚而生出些许无奈。也许偶尔来点刺激，加入一点新鲜的元素，会让人重新找到生活的乐趣。看一场恐怖电影，如果不敢一个人看，那就找朋友和你一起看。如果去电影院看的话，还会有更多人陪你一起担惊受怕，你完全不必担心会出现什么状况让你孤独无援。

看电影的过程中，如果感到害怕，你可以暂时闭上眼睛，定定神后再睁开眼。如果有朋友在身边，抓住朋友的手，彼此给予对方一点力量；还可以互相说说话，从紧张的气氛中回到现实，恐惧感便会减退一些。

实在害怕的时候，可以大声叫出来，叫嚷可以释放恐惧感。无论如何，要坚持看完整场。看恐怖电影，是人生的一种体验。生活中，有很多事，如果很多人都体验过了，唯独你没有尝试过，那将是怎样的一种遗憾。

看恐怖电影，通过对你感官的直接刺激，引起你心灵的震撼，也会让你回味无穷。当然，可不要留有什么心理阴影，如果你觉得可能会做噩梦，那赶快跟朋友交流交流，回到美丽温情的现实中来吧。

8月21日
找一个问题多问几个为什么

有创意的人必定是个爱思考的人，爱思考的人必定不会放过任何一个疑问，多问几个为什么，直到问题最后解决，这就是创新人士的创造性思维。

想做一个有创意的人，首先就要学会勤思考，善钻研，有解决问题的强烈意识，有

"追根问底"的精神。这样才能使问题得到根本的解决，尽可能消除可能的隐患。

孩子为什么总问为什么？因为他不知道，他没有经历。成年人有了些经历，却渐渐地淡忘了去问问别人，深入探究一些东西。今天让我们像孩子一样多问问为什么，找一个具体的问题，探究一下它深层次的内容。

"为什么"不一定要问出口，但要在心里掂量过，思考过。比如，有人让你做某事，他为什么叫你做呢？为什么他不叫别人做呢？是他没时间处理？是他信任你？是他在考验你？这是你分内之事吗……想明白了再做，工作会做得更出色！又如，有人突然问你某个问题，这时，千万不要急着回答，或随便敷衍，可能他的问题包含深意，也可能你一个唐突的回答就会让你所有的努力前功尽弃。有时，赢得别人一句赞美的话千辛万苦，别人一句诋毁的话却可以使人功败垂成！

什么是常人？什么是先知？常人就是大多数没有什么突破的人。先知就是比常人多走一步的人。世上无难事，只怕有心人。刨根问底，拿出一种打破沙锅问到底的精神，遇事多问几个为什么，拿出做学问的态度，会比常人有更多机会获得成功。

8月22日
想一个常人都认为不可能的事

人的创造范围完全是由人对自己的想象和认识所决定的，创造力是让人去"胡思乱想"，想那些常人不敢想的，做常人认为怪异而不敢做的事。

有一个很经典的销售故事：把木梳卖给和尚，想必很多人都听说过。把木梳卖给和尚，听起来荒诞不经。但梳子除了梳头的实用功能之外，还有无其他的附加功能呢？在别人认为不可能的地方开发出新的园地来，这就是创意人生的卓越之处。

想常人不敢想的，开始时也许是空想，但如果你能全力以赴、持之以恒地挖掘新的

源泉，理想也许就会变成现实。即使最后证明事实上真的行不通，但只要你想过了，你的思维已经得到开发了，这对个人的发展、事业的进取将产生很大的影响。

8月23日
试着推翻一个**约定俗成**的事物

任何的事物都不会只有一个视角，别永远只从习惯出发，停留在同一个角度，换一个角度思考一下，也许事情就会有新的突破。

人世间好像总有一些约定俗成的东西在固化人的头脑和思维，思想的线路永远无法改变，直至陷入一种僵局，无法前进。

所谓创造，就是能够从不同于以往的角度去看问题，思考问题，见人之所不见，想人之所不想，打破常规的套路。

试着让自己推翻一个约定俗成的东西，并不是说这个观点或者事实就是错误的，而是要让自己用一种怀疑的眼光去检验一下它的真伪。实际上，这也是一种科学的严谨态度。如果你开始怀疑它是否成立，可能会有很多人笑话你，认为你不可理喻，神经过敏之类的，不要理会别人的眼光和言论，坚持自己的想法，如果有志同道合者，你还可以和他一起讨论。

检验的过程不能仅仅停留在空想的阶段，如果有可能，用各种现实的办法去考察。考察它的由来，当时的历史条件，在现在的社会环境下是否还能成立。试着找找与它相反的现实例子，这些事例是真的能反驳它，还是恰恰相反，刚好是它的反证？

如果你从这个角度思考，无法得到结果，请试着从另一个角度想想，很简单，只要记得事情还有它的另一方面。

多个角度思考之后，你一定会有新的想法，即使无法推翻旧的，你也会有全新的认识和更深刻的理解。

8 月 24 日
改变某种习惯做一件事

生命的每一天都是新鲜的，也都是最特别的，其中都有着奇妙的故事。只要用心留意每一天，你将会发现到处都有奇迹。否则，每天活在习惯里，就会在不知不觉中失去了生命中的宝贵和甘甜。

正如鲁迅先生所说："世上本没有路，走的人多了也便成了路。"好习惯和坏习惯都是因为行为的多次出现而形成的。然而，起初是我们造成习惯，之后是习惯造成我们，所以一开始我们就是习惯的主人，在长长的人生旅途中，我们都要拿出意志、魄力和自信，始终做自己习惯的主人，而不要成为习惯的奴隶和仆人。

做一件具体的事，改变平时习惯的方式方法。首先用全新的眼光看待这件事，同样的事在不同的时间可能会出现不同的状况。比如，每天的晚饭，你能忍受每天都是一样的饭菜吗？每月一次的员工大会，你能理解主持的领导每次都是一样的说辞吗？所以，请用适合于今天的心情、适合于今天的态度、适合于今天的方法，来做今天的这件事。

我们只要相信生活每天都是新鲜的，用心去观察，去思考，每天都会有不同的发现和感受，生命的奇迹就在未来某一天某一时刻静静等待着我们的眼睛和心灵。

8 月 25 日
试着和大多数人唱一唱反调

学习他人是我们该有的谦卑态度，但是小心画虎不成反类犬，有创意的人，必须是一个思想独立的人。人云亦云是创意和灵感的绊脚石。

每一个成大事者，每一个凡事走在别人前面的人，必定首先是个有主见的人。哥伦布之所以能发现新大陆，就是因为他始终相信自己的眼睛，用与众不同的第三只眼看世界，不为别人的三言两语所动摇。

每一个想创新、想成就一番事业的人，都应该有主见，有思想，而不能人云亦云，随波逐流。用自己的眼睛看世界，用自己的语言表达内心感受，用自己的价值观判断是非，从而决定自己该怎样生活，怎样做人。只有凡事自己去想，自己去设计，思想富有创造性，敢于尝试，才能走出一条具有自己风格的个性化道路，使自己具有与众不同的价值，这就是对创新的成功诠释。

试想想，你是不是经常不由自主地随大流，大多数人怎么说，即使你心里有其他的想法，也随大伙的意见了？不管你从前是怎样表现的，今天试一试和大多数唱反调的感觉。当然这不是挑衅，而是冲破阻力，发表并坚持自己的看法。所以，和大伙唱反调的前提是，你必须有不同于众人的新观点，并且有充分的理由来证明你的观点的可行性。

当你勇敢地站起来后，就要理清自己的思路，保证自己吐字清晰，否则，心里想得再好，却无法通过口头表达出来，也是枉然，很快会被别人反驳掉。

既然勇敢地站出来了，就要把勇气坚持到底，千万不要被众人的气势吓倒，要相信，真理往往就是掌握在少数人手里。所以，要有自己就属于那"少数人"的自信。

当然，唱反调不等于强词夺理，真理往往是越辩越明的，在和大多数人辩论的过程中，也许你也会发现自己的论点有点站不住脚了，这个时候就要谦虚地表示服输。因为，始终要把握一点的就是，有主见不等于顽固执拗，唱反调的过程就是一个培养自己独立思考能力的过程。

8月26日

练习垂钓

狂乱浮躁的心灵，需要一个宁静的空间，让我们用耐心去专注，去投入，让心灵慢慢净化。

其实垂钓是件很有意思的事，当夕阳西下的傍晚，带上渔具，放下一身的疲惫，抛开一切的烦恼，到一个幽静别致的鱼塘边，静静地享受这安宁闲适的空间，的确不失为人生一大快事。

如果你想花上一整天的时间去放松，那出门之前一定要先看看天气预报，如果天太热，太阳太烈，最好带上遮阳的伞或者帽子；如果有雨，务必带上雨伞。当然，雨天也不太适合钓鱼，所以，必须提前做好一切准备。

垂钓是一种情调，是一种意境，真正的垂钓者都是能独享自我纯净世界的人，让自己融入大自然的神韵之中。垂钓需要抛开一切杂念，专注于钓，专注于这样一种宁静的快乐。

垂钓也需要保持冷静，心浮气躁的人不大适合垂钓。垂钓的过程大部分时间都是在静静等待，鱼儿上钩，那只是一瞬间的事情，却需要花上很长的时间等待。如果是懂得享受这种过程的人，等待也是快乐的。

垂钓需要精力集中，全神贯注于渔竿的动静，当手中的渔竿开始上下晃动时，表示鱼儿开始咬钩了，这个时候千万要沉住气，不可冲动地拉钩。因为，鱼儿还没有真正咬住钩，鱼儿发现了鱼饵，一开始的时候总是跃跃欲试，如果这个时候打草惊蛇，鱼儿就会放下鱼饵离开。只有等到渔竿猛地往下一沉，这个时候才表示鱼儿真正咬住鱼钩了，此时就不要再左顾右盼，赶快拉钩，否则，迟疑片刻，等鱼儿吃完鱼饵，就会放开鱼钩离开。所以，拉钩的时候一定要把握好时机，没有经验的人可能总是时机把握得不对，没有关系，多试几次，就能把握手中的感觉了。

当然，有可能你今天运气实在是不佳，等待了老半天也不见鱼儿上钩，那也不要心烦意乱，要记住，垂钓追求的是过程的快乐，享受的是一种情调和意境。另外，如果你久等不见鱼儿上钩，也可能是你蹲点的地方不对，换一个地方，也许情况就有转机了。

8月27日

忘记经验，仔细完成已经很熟练的工作任务

就算是一流的专家，也会不知不觉地陷入一些误区。经验固然可贵，但也只能代表过去留给现在的一点积蓄，我们不能仅凭这点微薄的积蓄维持生计，生命在于继续创造。

牟塞说："人们将他们的愚行取了个名字叫经验。"可见，经验常常给我们带来错误与愚昧。

经验属于过去，只能作为现在的参考，而不能当做灵丹妙药，拿来解决一切新出现的问题。

每一天中的每一件事对我们而言，都应该有全新的体验和诠释，别让经验抹杀了我们的智慧和灵感，创意人生里，经验是垫脚石还是绊脚石，就看你如何把握。如果仅凭经验，就轻下定论，将注定你与创意无缘。

你今天接手的这项工作任务，对你来说，也许早已不陌生，因为你已经做过同样或者类似的任务很多次了。完成这项任务的每一个步骤，每一个步骤所用的方法，也许你

都已经了然于心。

但是，千万不要因为这样就掉以轻心，让自己暂时忘记过去的经验，像第一次面对它时那样认真对待。

当然，忘记经验不是让你全盘否定过去，用一种全新的方法来重新操作，而是让你从态度上重视它，把它当做一次新的任务，结合过去的经验来把这件事做好。

同时，也要认真研究当前的工作环境以及条件，也许环境与条件变了，方法也要相应地发生改变。也许通过观察和思考，你会发现一种更好更有效率的工作方法，这就是你忘记经验的收获。

8月28日
练习跑步

时间在脚下一分一秒地过去，行进的步伐在不停地追赶前方的目标，一步一步，越来越近，就算已经近在咫尺，但仍然需要一步一个脚印艰难地行进过去。

跑步是一项很好的体育运动，简单而又不需要太多运动技巧，是用来强身健体的最常见的运动项目之一。从另一个角度来说，跑步还可以锻炼人的意志，培养人吃苦耐劳和持之以恒的精神和耐力，甚至在跑步的过程中，教会人一种生活的态度，领悟人生的追求。

早上起床，空气一定很清新，如果你家附近有环形跑道那就最好不过了，如果没有，绕着小区里的小道跑步也不错。

跑步一定要穿上适合跑步的衣服和鞋，预先设定合适的运动量，比如跑多长时间，或者跑到哪个终点等。

开始跑步了，可能刚开始的时候比较轻松，为了保持体力和耐力，刚开始的时候不要凭着一股劲狂奔，否则一会儿就会坚持不住。跑步的过程贵在坚持，如果你累了，千万不要停下来休息，因为这一休息，可能就没了再迈开步的动力了。宁可慢跑也不能让自己停下来，用慢跑来当做暂时的休息，虽然这不是比赛，也没有人监督你是否最终到达终点，但你自己要监督自己，一定要跑到预设的终点。如果一个人在体力上都无法战胜自我，那么在精神上、心理上这些无形的力量更无法战胜自我了。

也许你知道某条到达终点的捷径，这个时候不要自作聪明，抄近道快速到达终点，这不是智力游戏。跑步的过程还在于体会人生之路，有些必经之路，难以逾越，也不可绕行，必须一步一个脚印，艰难地走下去，只有真正走过去了，我们的人生才算完整。

8月29日
想象见到外星人的情形

幻想能让人精神充奋，幻想能让人变得聪明，幻想能让人感受超越现实的快乐，幻想能最大限度地发挥人的创造力。

很多电影都以外星人为题材，充分发挥人的想象力，去幻想另一个星球的人类。至于外星人是否存在，谁也无法下定论，正是因为这样，人们才可以去无限想象，来表达地球人对未知领域的好奇。

根据你对外星人相关信息的了解，不妨也想象一下你见到外星人的情景。假如有一天，你正在吃早餐，忽然听到敲门声，开门一看……

你看到的就是你想象中的外星人，他长什么模样，打扮成什么样子，对你说的第一句话是什么，他说的是什么语言，你是否能听懂，他是否给你带来了什么礼物，所有这些都由你自己去想象。

你还可以幻想你们见面之后发生了怎样的故事，你肯定要问他有关他们那个星球的故事，他是怎样讲给你听的，他又问了你哪些有关地球的事，你又是怎样讲给他听的。

如果你觉得这样的故事有些平淡，那你完全可以发挥你奇异的想象力，让你和外星人的故事带点传奇色彩，譬如你们来个什么历险记之类的，那一定很有趣。

如果你有兴致，还可以把你的想象诉诸文字，也许你的作品还会成为一部卖座的奇幻小说呢，关键在于你有没有这个信心和兴致。

8月30日
自己动手制作一个简易玩具模型

创意来自生活中的灵机一动，哪怕是一件小事，或者只是一个小游戏，只要是有创意的地方，生活就会充满无限遐思和乐趣。

小时候上过劳技课的人应该都有过自己动手制作小手工艺品的体验。这是个很能锻炼和发挥人的创造才能的活动，关键在于你是否敢于想象，敢于动手。"三只小板凳"

的故事想必大家都是很熟悉的，爱因斯坦的伟大和他小时候的敢于想象、敢于动手的精神是分不开的。

自己动手制作一个玩具模型，不必强求有多完美，重要的是这个动手的过程。如果你对自己没有信心，可以对照相关的玩具模型制作示意图，一个步骤一个步骤地学着做。但最好是自己设计一个模型，然后自己动手制作。

在头脑里勾勒出雏形之后，在画纸上画一个模型图。然后准备好材料和工具，一定要齐全，千万不要因为一时的疏漏，造成在制作过程中的困难。

这个模型可能不会一次就做成功，也许因为中间某个环节的纰漏而失败，仔细检查每一个步骤每一个环节，不要硬搬示意图的指示，也可能你的草图制作有误，毕竟那是凭你的想象制作出来的，想象和实际操作总会有一些差距，所以，要在实际制作过程中及时调整方向，重新寻找新的制作诀窍。

制作成功后，自己首先试验一遍，看看按照你事先设计的原理是否能够达到预设的效果。然后再给你的亲朋好友看一看，不是为了炫耀，而是让他们分享你成功的喜悦。

8月31日
自己动手做一些特色点心

很多事情不是我们不能，而是我们以为自己不能。当我们踏出第一步，收获的不仅是一种自我能力的证明，更多的还是一种快乐，一种来自创造生活的快乐。

现在的食品种类繁多，花样层出不穷，尤其是一些有特色的小点心，吸引了很多人的目光，勾起了大家的食欲。不要惊叹它们的巧夺天工和美味，自己用用心，其实你自己也可以做出来的。这不是开玩笑，也不是白日做梦，准备相应的材料和工具，你真的可以的，其实这并不难。

现在市场上有很多教你制作各种小食品的手册，选一本你需要的，回家好好研究一番，自己掂量一下，你能做哪些点心。考虑好做什么之后，准备需要的原料和工具，比如，烤箱、烘盘等工具，面粉、糖、香精、鸡蛋等原料，这些全部按照说明书准备。

如果你有独特的创意，可以自己设计，为你的点心制作出不同的形状，烘烤出不同的口味，也可以尝试从未吃过的口味。

制作的过程可能会有点繁琐，耐心地一步一步来，烘烤的火候一定要把握好，这个非常关键，点心是否可口可能关键就看这一步了。

成功出炉之后，自己先尝一块，是不是感觉还不错，请你的亲人和朋友都来品尝，甚至还可以拿到办公室请同事和你一起分享。如果你自我感觉良好，甚至都可以包装好后当做礼物送人，对方知道这是你亲手制作的，相信会非常感动，所以享受到你如此待遇的朋友，相信和你的关系也非同一般了。

播撒快乐种子，收获快乐果实

如果人生是一首诗，那么拥有快乐人生便是诗中最珍贵的章节；如果人生是一条河，那么拥有快乐人生便是河中波光粼粼的水流；如果人生是一次特殊的旅行，那么拥有快乐人生便是途中最令人流连忘返的风景；如果……

快乐人生如诗，每一个动人的字眼都情深意长；快乐人生如画，每一抹绚丽的色彩都流光溢彩；快乐人生如歌，每一颗跳动的音符都插上了翅膀……

9月1日

看一场现场演唱会

快乐是一种情绪，是一种感觉，是人内心深处的感受，如果你的内心装满了快乐，外面的世界也就都是快乐的。

看一场现场演唱会，不一定是因为迷恋某个明星，也不是为了追赶潮流，只是为了去感受一种气氛，一种让人激情澎湃、热血沸腾的气氛。

最好去一个火爆的现场演唱会，轻装上阵，把自己完全融入那种气氛中，不过即使你不想融入都难。这种场合是没有给你的思想留下神游的空间的。把自己当做最痴迷、最狂野的 fans，跟着其他人一起大声唱，大声叫，大声笑，用力跳，舞着手中的荧光棒，你几乎都忘了自己身在何处，甚至忘了自我的存在。

也许你从来都没有感觉到如此的兴奋，如此的忘我，如此的亢奋。这不仅仅是台上的那位歌星所带给你的，而且还是你周围的每一个人带给你的，虽然你们彼此都不相识，但此时此刻却为同一种气氛所感染，谁还会说生活太麻木，太平淡，太无趣呢。

当演唱会结束，毫无疑问，你会觉得声嘶力竭，这时回家好好睡一个大觉，明早一定会神清气爽。

9月2日

通宵看电影

快乐是一朵绽放的花，愈开愈美丽；快乐是一颗成熟的果实，散发着迷人的光彩。快乐的过程是种子发芽、开花结果的水到渠成，如果感到要垮了，那就在你的心灵深处植下一颗快乐种子吧！

打探一下最近都在上映什么大片，或者平时聊天的时候，大家一致认为什么片拍得不错，往常可能没有合适的机会把这几部片子一口气看完，那么，去通宵影院就可以实现你的愿望了。

打算晚上去玩个通宵，那么白天就要找机会饱睡一通。既然要熬一晚上，就该带点零食去影院，晚上可能会肚子饿。最好能带上一件外套，防止晚上着凉。

通宵看电影最好能找个人陪你一起去，一个人难免有点落寞。电影刚开场的时候，大家都会比较兴奋，一想到一晚上都能尽情欣赏好看的电影，大饱一次眼福，尤为激动。但熬到一定时候，大部分人都会犯困，这个时候可不能纵容自己，到电影院里饱睡啊，那样的话，还不如在家里舒舒服服地睡上一大觉。实在困得不行的时候，容许自己打一个小盹，让同往的朋友到一定时间提醒你。

通宵电影是一种体验，比较适合年轻人，年轻人身体素质强，能熬夜。倘若您觉得自己的身体不够强壮，也不必强求，实在太困，熬不下去的时候可以中途退场，只要自己觉得享受到了其中的快乐就足矣。

9月3日

尽情 K 歌

幸福快乐与否，不仅仅在于目标是否成功决利，更在于追求的本身及其过程。因为过程与结果相比，意义更为丰富，给人的感受更为深刻，酸甜苦辣，都是人生的快乐旋律。

想要尽情 k 歌，就要找 2 ~ 4 个人一起去 KTV，人太多了就不能尽兴了，一人唱一首好半天才能轮到自己

找几个最要好最熟知的朋友，唱歌的时候放开了唱，不用去管自己的歌喉唱功，就把自己当做歌星好了。把整个过程当做一次演唱会，尽情歌唱，尽情 happy，当一个人唱完，其他人都要给他掌声以示鼓励。

除了独唱，还可以来一些大合唱，挑一些节奏特别欢快的歌，大家一起唱，唱出热烈的气氛，唱出激情澎湃的情绪。在这儿，所有的烦恼，所有的不痛快统统都被抛到了九霄云外，大家齐心协力演绎一个叫做快乐的故事。

情绪高涨的时候，大家可以一起碰碰杯，喝点啤酒，饮料，互相祝福未来幸福，把心中的希望用歌声唱出来，把心中的梦想在杯酒交错中映照出来，相信明天会更好。

9月4日

看一本笑话书

不要抱怨生活给你带来太多的烦恼，快乐或是不快乐，有时不过是一种习惯。当快乐成为你生活中的习惯时，你会发现在每一个生命的瞬间，都留下了欢歌笑语的足迹。

想要快乐，想让生活充满笑声，办法很简单，看看笑话书就是一个很好的选择。笑话就是让你笑，让你乐开怀，即使你心中有无限烦恼，无限忧愁，看看笑话书，所有的这些不痛快都会在笑声中消逝，最起码，在那一刻，心中是快乐的。

有时候把看过的笑话讲给别人听，比你当时看这个笑话的时候还要开心。这大概是因为把快乐与人分享，快乐就会增倍吧。那么，当你看完某个笑话，回味无穷的时候，立马讲给身边的某个亲人或者朋友听，听着他的笑声，你会觉得更开心。

看完整本书，回味一下，看看自己还能记住多少，回忆着讲给身边的人听，甚至可以打电话讲给好朋友听，尤其是正处在烦恼中的朋友，让他也乐一下，虽然笑话的作用是有限的，但是快乐就是那么简单，用一些简单的东西，暂时冲淡一些烦恼与忧愁，快乐自然而然就产生了。

9月5日

找一部喜剧电影和朋友一起看

不管外面的世界如何变化，只要你的心里盛满了快乐的因子，任何一个角落都无法阻止你找到快乐的样子。

很多人评价喜剧电影和悲剧电影，都会认为，只有悲剧才会给人以震撼，给人以思考，让人有回味的余地，而喜剧，往往就是当时嘻嘻哈哈一笑，过后就留不下什么印象了。

其实，这种见解未免有失偏颇。很多喜剧电影，不但当时能给人带来快乐，过后也会让人回味无穷，尤其是一些经典的镜头和台词，还会让人终生难忘。比如，周星驰的电影《大话西游》里那段经典的爱情告白，不知道被多少人津津乐道。

看一部经典喜剧，比如，卓别林系列电影、金·凯瑞系列电影、《憨豆先生》、周星驰系列、冯小刚贺岁片系列，等等。你也可以找最近拍的新片，只要是你自己想看的。邀请一个或一群朋友和你一起看喜剧，人多比较有气氛。尤其当一个搞笑的镜头出现的时候，大家笑作一团，甚至有人会立马去模仿，那就更好笑了。

可以提前准备一些吃的喝的，比如一些零食、饮料，大伙一边看一边吃着零食，伴着阵阵笑声，是何等的惬意。看的过程中，大家也可以简单地彼此交流一下，评价一下某个片断，不过，小声一点，简单谈几句便可，因为很多人一起，有些人可能这会正专注地欣赏呢。

看完之后，大家可以尽情地开一个交流大会了，畅所欲言地说出自己的感想和体会，一起回味一下其中的经典场面。如果觉得还不过瘾，甚至可以再看一遍，回过头来再看看其中最经典、最搞笑的片段。

9月6日

去郊外野餐

对于生活，有些人找不到快乐的因素，认为生活就是一潭死水。其实，那是因为他没有看到生活丰富多彩的一面。给你的心灵洗个澡，你就会发现快乐就在我们周围。

把厨房搬到野外，这个想法不错吧，一定会有很多人觉得很新奇，其实这就是野餐。

野餐要有一个详细的活动计划，首先得叫上几个人同往，一个人野餐是没什么意思的。然后大家商量一下，今天野餐的主题是什么，也就是准备做点什么东西吃，是烧烤？还是炒菜？商量好了之后，就要分头准备餐具和食物，别忘了带上打火机等燃具。

到了目的地之后，布置现场，锅碗瓢盆等等都拿出来放好，然后分配一下任务，谁主厨，谁负责洗菜，谁负责生火，谁负责洗碗，等等，都要分工明确。也许每个人都有自己的拿手好菜，那么每个人都要抓住机会亮出自己的绝活。

野餐享受的是过程的快乐，由于条件有限，做出来的食物可能没有家里做出来的好吃，但是那种快乐绝对是家中的餐桌上享受不到的。各种食物都准备好后，找一块平地，铺上塑料布，把食物都摆放上去，大家围坐一圈，开始享用吧。

别忘了用相机把这种快乐的场面照下来，留做永恒的记忆，大家热火朝天忙碌的场面，主厨挥舞着铲子炒菜的画面，大伙笑哈哈享用美食的情景……这所有的画面都装满了快乐，虽然只是一次简单的活动，但绝对是人生的一次永恒的美好。

9月7日
去公园划船

人人都在追求快乐，却不知道快乐原来就在我们自己的身边。其实，快乐不快乐，有时并不在于外部的条件，只在于你的心理感受而已，在于你是否有一颗清澈明亮的心，如果你的心灵布满了灰尘或是画满了阴影，快乐的阳光也就无法照进你的心房。

如果外面阳光明媚，微风习习，那就是个划船的好天气。邀上几个朋友，一起去公园划船吧！

一条小木船一般只能坐四五个人，一人掌舵，其他几个人分坐两边划桨。掌舵的人要协调好划桨人划桨的频率，指挥大家力往一块使，只有齐心协力才能乘风破浪。如果人多，还可以分成几组，进行划船比赛，看看谁能最先到达对岸。

如果是第一次划船，可能会掌握不好划桨的姿势和力度，尤其是众人没有协调好时，船就没法正常行进。不过很快你们就能学会，而且学习的过程很好玩，可能还会闹出许多笑料。第一次划船的经历总是充满了欢笑，让人回味无穷。尤其是大伙你一桨我一桨拼命往前划，而船又没有行进的时候，每个人都会为自己和同伴的笨笨的样子忍俊不禁。当你们终于学会了协调一致，掌握了划桨的要领，船儿随着桨的节拍快速行进的时候，内心的雀跃又是不可言喻的。

划船的时候，还可以欣赏湖面的碧波荡漾和湖面的其他风景，一只只小船在湖面上游走，时不时还会出现船与船相撞的情景，伴着玩耍的人们的笑声，让人觉得生活是如此的美妙。

欣赏风景的时候，别忘了拍几张照片，包括湖面的美景、大伙划桨热火朝天的场面、某个人划桨时滑稽的动作，等等。

如果遇有桥洞，大家的注意力一定要高度集中，把船头对准洞口，小心偏移，这是考验大家掌舵的方向感了。穿桥洞是非常有趣的，很多人都不能一次成功，一次次尝试的过程会让大家笑声不断。当终于成功穿过，每个人都会忍不住为自己欢呼喝彩。湖面上到处充满了欢声笑语，渲染了整个公园的气氛，甚至都会引得湖岸上行走的人们也跃跃欲试，想加入到其中来。

9月8日
捉弄某人

当快乐成为生活的习惯，我们就会发现自己仿佛变成了一个天使，拍打着翅膀在天堂里自由自在地飞翔。

虽然不是愚人节，但还是可以和某人开个善意的玩笑，在普通的日子里捉弄别人，容易打消他的顾虑和怀疑，会很好玩。

当然，你要保证捉弄人家之后，人家一定不会生气，所以这个人一定得是你最要好的朋友之一，或者这个人心胸比较开阔，能开得起玩笑。尤其当你这个朋友处在烦恼中的时候，跟他开个小玩笑，转移一下他的注意力，玩笑之后，烦恼也许会自然消失。

捉弄别人也不是件容易的事，这需要一点点智慧，需要一点点小计谋，还需要一点点演技，你要表现得天衣无缝，让对方深信不疑。所以，事先要策划好这个小闹剧，可以几个人一起商量一下，想出一个最好玩、最合理的玩笑。

最不容易引起对方怀疑的假话，无疑是对方目前最渴望的事情，因为渴望，所以总是幻想梦想成真，当事情来临时，激动的心情根本来不及分辨真伪。比如，处于思念中的恋人最渴望和所爱的人见面，如果你告诉他，那个人就在某地等他，他一定会激动得飞奔过去。

你打算怎样捉弄你的朋友，这完全看你们平时的游戏规则，想一个绝妙的计策，就等着看对方被捉弄时滑稽的样子吧，让大家捧腹开怀一笑，给生活再加一勺蜜糖。

9月9日

和朋友一起去露营

当我们为生活而辛苦打拼时，猛然间惊觉，那些仰望夜空数星星的日子，在柔嫩的草间寻觅萤火虫的日子，举着烤红薯嬉戏追逐的日子，听着虫鸣而安然入睡的日子——这些快乐的时刻渐渐被都市的喧嚣与霓虹所掩盖。给自己一个机会，去寻找心中那个安宁的世界。

无论家里有多少面积的豪宅，时不时到外面住住小帐篷也是一件愉快的事情。随着工业社会的发达，人们的社会分工日趋细化，导致工作单调，而都市集中化又致使生活空间狭小而嘈杂。同时，个人收入增加了，汽车的普及使人很少步行，人们生活方式改变了。在各种条件都成熟的情况下，都市里的人们向着自然环境出发了，跑去野地，搭起帐篷——这就是露营。露营的乐趣来自逃离繁华，与自然接触，"在漆黑一片的野外，抬头看看星星，听着溪水声，点起篝火，唱首老歌，说些老话，真的能暂时忘了平时的烦恼"。

野外是一个自由的世界，可以尽情享受无拘无束的放松快感。但是，离开了都市，也意味着远离了人们为自己修筑的安全堡垒。大自然在富于情趣的同时，也充满了危机，人稍不注意就会受到伤害。所以，寻找安全的营地是首要的任务。

露营场地的选择，最关键的三点是排水、风向和地势。如果在选择的地点发现有水流过的痕迹或是积水现象，就应该立即转移，因为这样的地方在下雨的时候会大量积水，甚至会受到大水的袭击。而树木的枝叶偏向一方或地形形成山脊状的地点也应该避

免扎营，这些地方经常会被强风吹袭，在此落脚说不定会出现满地追着帐篷跑的滑稽场面。一般来说，要找寻比较平坦，有美丽的阳光照射着，而且十分方便取水的地方安顿下来。欣赏美景，享受自由的露营生活就可以开始了。

在露营时，还是要时时刻刻提醒自己要注意安全，在玩乐的同时，密切注意天气的变化。在山沼、山谷地带，要注意水流量和混浊情形，水流的声音也不可以忽视，如发觉异常，应该立刻离开。如果发生落石或土崩，最重要是保持冷静，先确定落石的方向，再选定撤离的方向。打雷的时候绝对不能在草原中的大树下躲避，应该跑到距离树较远的地方蹲下。

在营地自己动手烹调美味食品，是多么的惬意快乐。食物当然是要选择既营养又好吃的，特别是那些碳水化合物含量丰富的，一定要优先考虑。煮食的方法以简为佳，利用简单的烹调器具就可以应付，否则的话就要花上几个小时才能吃上饭。而事先需要一一处理过的食物最好不要列入菜单。尽量节省用水，而且要考虑饭后收拾是否容易的问题。喜欢食用野菜、野蘑菇的朋友在摘取的时候一定要认真辨认，小心食物中毒。也许可以来一只"叫花鸡"，或是一筒竹筒饭，烤红薯其实也不错啊，大量美食任由君选。

露营一定要注意保暖，虽然是夏秋之交，天气还不算凉，但是毕竟是在野外，晚上还是会有些凉。最好能带上毛毯之类的御寒物品，还要注意在进食中搭配高热量的食物，比如说巧克力等糖类食物。有人误认为在野外可能会因为太兴奋而睡不着觉，其实当你玩了一天之后，疲乏的身体早就受不了了，美美地睡上一觉有助于恢复体力，在野外清新的空气里还会睡得格外香甜。

9月10日
给自己的老师们寄一张贺卡

都说老师是园丁，浇灌满园的花朵，几十年如一日，付出辛勤的劳动，当满园花朵遍地开放，收获的是无尽的快乐和幸福。

千万别忘了，今天是教师节，给自己所有的老师送上祝福吧！虽然现在越来越少有人会寄贺卡，但是贺卡却是一种永恒的祝福，尤其是对自己的老师。

也许你已经给很多老师打过问候的电话，甚至都已经登门拜访，但是寄一张贺卡绝对不会是多此一举，贺卡的祝福给恩师带来的感动，可以随着贺卡永远保留。

也许有些老师已经很久不联系了，比如时代太久远的小学、初中老师，千万不要因为时间久远而忘记那些老师。想办法弄到这些老师的邮寄地址，不用去顾

虑他们是否还记得当年的你，把你的问候和祝福写在贺卡里。甚至还可以回忆一下当年老师对你的谆谆教诲，你的记忆会让老师感动万分。

想想求学生涯中遇到了多少位老师，肯定有些记忆犹新，有些记忆已经有些淡漠，把他们一一记起，为他们每人准备一张贺卡，精心为他们送上你的祝福。用点心，不要对每位老师的祝福都千篇一律，用一些模式化的祝福语，这样的祝福语会让人觉得没有多少新意，感动也会少却了许多。如果你还记得每位老师的音容笑貌，记得他们曾经的言行，那就写下他们曾经的教诲在你一路走过的人生路上撒下的点点滴滴，写下你内心的感激，写下你对他们生活的慰问和祝福。

9月11日
体谅某个人

不要说乌鸦的鸣叫嘈杂难听，难道世间只有悦耳的歌声才能代表真情？不要说柳枝纤弱比不上松柏，生命的存在就是一种坚强。生活在同一环境同一空间，每个人都有自己的生活方式，各有各的优缺点，当两个人不能完全融合时，请彼此多体谅。

体谅是一种宽容，体谅是一种大度。体谅是一种人与人之间的理解，但体谅并不意味着知音。体谅是当你被人误解时，你依然心平气和；体谅是你吃不到葡萄时不说葡萄酸；体谅是当别人说出令你伤心的话时，你认为他是无意的。体谅是不再抱怨别人，不再发牢骚，不再说世态炎凉。

有人把体谅比作生命里的暖流，有人把体谅比作寒冬里的阳光，还有人把体谅比作沙漠里的绿洲，从这些美好的比喻里，可以看出人们对体谅的赞美和珍惜。的确，体谅也许不是最美的情感，却是最动人的流露方式，也许它没有惊天地、泣鬼神的悲壮，却是最贴近人性的心灵交流。

体谅某个人吧，这并不难，只需要站在对方的立场和角度去思考问题，不要等着别人来体谅自己，想想别人也有别人的苦衷，别人也有别人的道理，如果双方换位，你能保证自己比对方做得更好吗？不要强词夺理，如果你和对方是同样的境况，也许你做得还不如对方得体。过去的已经过去，不管谁是谁非，从今天开始学会体谅别人吧，你就会收获一片广阔的蓝天。

9月12日
以感恩的心对待一切

感恩不只是一种对生命馈赠的欣喜，也不只是对这一馈赠所给予的言辞的回馈；感恩是用一颗纯洁的心，去领受那付出背后的艰辛、希望、关爱和温情。

没有阳光，就没有温暖的日子；没有雨露，就不会有五谷丰登；没有水，就不会有生命；没有父母，就不会有我们自己；没有亲朋师长，就感受不到人间的真情！这些浅显的道理我们都懂，但是缺乏的恰恰是对感恩的认识，常常忘却的是感恩的心理。

感恩，是人生的一堂必修课。心存感恩，知足惜福。人生路上永远需要一颗感恩的心。感恩是对生命恩赐的领略，感恩是对生存状态的释然；感恩是对现在拥有的在意，感恩是对有限生命的珍惜；感恩是对赐予我们生命的人的牵挂，感恩是对关爱的震颤……

感恩需要学习，从小开始，不使幼小的心灵蒙上世俗的灰尘。学会感恩，就是要学会不忘恩负义；学会感恩，就是要学会谦虚本分；学会感恩，就是要学会多一分爱，少一分恨；学会感恩，就要怀抱敬畏之心；学会感恩，不再沉溺于财富和权力；学会感恩，永远也不忘了说一声"谢谢"……

感恩的心，永远年轻！感恩的人，永远快乐！

人的一生中总会遇到许许多多值得回忆和留恋的人，包括亲人、爱人、同学、朋友、老师，等等。这些人在每个人的生命旅程中，都曾给过我们关爱，给过我们帮助，他们是我们终身感恩至念的人。

懂得感恩的人，往往是有谦虚之德的人，是有敬畏之心的人。对待比自己弱小的人，知道要躬身弯腰，便是谦虚；感受师长，懂得要抬头仰视，便是敬畏。因此，哪怕是比自己再弱小的人给予自己的哪怕是一点一滴的帮助，这样的人也是不容轻视、不能忘记的。

感谢生活给予我们的一切，无论是欢笑还是泪水，都是多彩生活的一部分，都值得我们感恩。

9月13日

和小孩子一起玩耍

儿时的快乐是无忧无虑的快乐，是天真无邪的快乐，为生活劳累的我们，常常怀念儿时的快乐，甚至想去寻找儿时成长的足迹。

和小孩子一起玩耍，会让你找到儿时的影子，仿佛自己也回到了童年，把自己当做孩子，和他们一起嬉戏打闹，放下你大人的面子和威严，完全融入他们的氛围。

如果你的家里有一个小孩子，可能你平时没有多少时间和精力陪他们嬉戏，小孩子的快乐很单纯，游戏也很简单，一个简单的游戏可以玩上好几遍，还乐此不疲。平时工作很累的你可能早就烦了，脾气好的话还能耐着性子陪他玩下去，脾气不好的话可能就会扔下他，忙自己的了。

今天给自己一个完全放松的空间，把自己也当做没有长大的孩子，当做孩子的玩伴，按照他们的游戏规则，尽情玩耍。如果有可能，你甚至可以和一群孩子玩，把自己当做孩子王，带领他们走进可爱的游戏王国。

如果外面阳光明媚，你可以带领他们到阳光下的草坪上，玩老鹰捉小鸡、玩过家家，和他们一起在草地上打滚，和他们一起大声笑，大声闹。如果小孩子让你扮可爱小动物，不要因为觉得不好意思而拒绝，放开自己，做个让小孩子满意的"小动物"。在小孩子笑颜展开的瞬间，阳光照耀的空气里，弥漫的都是天真烂漫的快乐与幸福。

9月14日

教小孩子识字

教书育人是人生一大乐事，即使不是以此为职业，也可以找机会教人育人，把你拥有的知识教给不懂的人，这就是快乐。

小孩子学东西总是很快的，因为小孩子思想单纯，脑子比较灵活，求知欲又强，所以学起东西比大人要快，这个时候，教小孩子一些有用的知识，会成为他们一生的财富。

小孩子最喜欢识字、学算术之类的，教小孩子学几个字，对你来说，应该不是什么难事。教之前，考考小孩子的识字能力，看看他们都认识了些什么字，根据他目前的水平确定教他什么字。其实教小孩子一些生活中常见的事物的字，最能引起小孩子的求知欲。比如小孩子喜欢小狗，那就可以教他"狗"字，诸如此类，问问他自己想学什么

字，看看小孩子学会后开心的样子，你是不是也觉得由衷地高兴呢？

准备一些小奖品，作为对小孩子学会某个字的奖励，这对小孩是最大的鼓励，会刺激他继续学习的兴趣。除了奖品，不要忘了赞美他，用甜美的语言来夸他是个聪明的好孩子，将来一定能做个科学家之类的。

给小孩子规定一个任务，今天要学会多少字。学习任务完成后，答应他一个小小的要求，或者实现他的小愿望，比如，周末的时候带他去儿童游乐园、去吃快餐之类的，小孩子的愿望其实很容易实现的。

9 月 15 日

参加一个派对

派对的历史可以追溯到远古时代，当时人们聚集在一起观看有表演性质的宗教仪式，或者在分食兽肉之前，围着篝火高高兴兴地唱歌、跳舞，这就是派对的前身。法国路易十四时期的宫廷舞会，以及从此开始风靡各地的聚会，使奢华派对达到了高峰。现在派对则走向了时尚大众。

参加一个由陌生人组成的派对，出门之前认真打扮一下，梳一个自己满意的发型，穿一身自己满意的衣服，以自己最满意的形象出现在派对会上。在这样的场合注重衣着既是对他人，也是对自己的尊重。如果你对自己非常有自信，可穿金色系列服饰，与环境争夺光芒。如果不是，可另行其道，选择白色、黑色或红色系列可能会比较含蓄些。发型是改变一个人形象的最直接的因素，所以派对当晚的发型不必太刻意，但一定不能随意。千万不要在派对当天做出大的改变发型行动，比如烫发或是剪发。否则你很可能因为不习惯你的新发型而影响当晚的自信心。派对当晚可对发型做一些小改造，譬如洗干净吹整齐或者稍作修剪。男士无需当天去修剪头发，因为刚剪完的发型往往会因为太刻意而让人觉得好笑，只需洗净吹干用点定型水即可。

通常参加派对，出于礼貌，你可能要准备一些礼物，礼物送得好，可以讨得心仪对象的欢心，送得不好，碰一鼻子灰也说不定哦。所以呢，在采购礼物之前要想清楚，礼物不能太随意也不能太暧昧，价格不能太高也不能太低。亲手制作一些小饰品，既省钱又能体现你的心意。譬如制作一些个性贺卡、手机挂件等等。不管做什么，最能体现你特长和心思的就是最好的。男士可选用一些小饰物，譬如你喜欢长发的女孩，可挑选一只精美的发夹；天气很冷了，一双手套也是很好的选择；想拴住她，就试试精巧的手链；想不出来的时候，一瓶百合香水也很讨巧。凡此种种，不怕做不到，就怕想不到。

女孩嘛，选礼物是要费一番心思的，因为送得不好就会让人觉得是主动献媚。选择礼物的时候最主要考虑你喜欢什么性格和爱好的男士。譬如你希望他是西装笔挺的，那么一条领带或一个领带夹都是不错的选择；如果你希望他喜欢音乐，一盘 CD 也不错呀；希望和他一起去登山，一顶遮阳帽也很好。

派对会上，表现活跃一点，主动结识各位新朋友，大大方方地跟他们聊天，邀请别人跳舞或接受别人好意的跳舞邀请。就座时，男士最好先到场，挑一个面向门口的位置。请同桌的女孩坐在背向门口的位置，如此她的视线便会以你为中心，同时自己又可看到整个餐厅的情形。就餐时，不要只顾呆呆地坐在位子上，趁着去餐台拿吃的时机与心仪的对象搭讪。若是同桌的，则可以借此献献殷勤，问她喜欢吃什么，想要拿什么，一来一去之间，已经把陌生的隔阂消除。

派对过程中，争取各种机会表现你的才艺，如果你才艺不出色，那也没关系，可以在给别人加油的过程中表达你的大方、开朗和热情。总之，表现自如，大方得体就能为你赢得满分，相信自己，带着你自信的微笑参加派对吧。

9 月 16 日
介绍你的朋友们互相认识

> 朋友是人生的一笔财富，谁也不可缺少这笔财富；朋友也是一种幸福，友谊的财富积累得越多，幸福就会越多。

每个人都会有好几个朋友圈，不同的人生阶段就会认识不同的朋友，正如不同的求学生涯中就会有不同的同学，而你的这些互不相干的生活圈中的朋友们，一般来说也是互相不认识的。有没有想过，把这些圈子合在一起，成为一个大大的圈子，那将是何等的热闹和快乐啊！

很简单，空出一天时间来，邀请你所有的朋友到你家来玩，不用担心他们相互之间的陌生会造成尴尬，有你这个牵线人，友谊的产生往往只是一瞬间的事情。

给你所有的朋友打电话，说明你的用意，并发出热情的邀请，事先跟他们每个人介绍一下其他人的基本情况，以便到时候见面了能一一对号入座。

他们可能不会都同时来到，每到一个人，就给他们互相简单地介绍一下，然后留出

空间给他们互相交流，你去准备一些吃的喝的。当人都到齐了之后，安排大家坐定，然后可以让他们一一自我介绍，你再作出一些补充说明。

彼此认识了，就算是朋友了，然后大家一起聊聊天，玩一些游戏，在游戏中增进相互的了解，消除陌生感，慢慢地大家就会熟悉了。

这个时候的你，勤快一点，做他们的后勤，为他们端茶送水。如果他们中间有人一见如故，情投意合，绝对要感谢你这个伟大的朋友。友谊因为广阔而深远。

9月17日
交一个新朋友

友谊真是一样神圣的东西，不光是值得特别推崇，而且值得永远赞扬。它是慷慨和荣誉的母亲，是感激和仁慈的姊妹，是憎恨和贪婪的死敌；它时时刻刻都准备舍己为人，而且完全出于自愿，不用他人恳求。

交一个新朋友，实际上是在考验人的交际能力。除了真诚，这也许还需要一点交际技巧，最关键的，是要找到一个交际的切入点。切入得好，说不定会赢得一份珍贵的友谊；切入得不好，也许就如同和生命中无数个匆匆过客之一打了一个照面。

一个人的第一印象给别人的感觉最深，别人也可以从这上面大致看出一个人的内在品质来。同样一个人能否招人喜爱，就看他能不能获得别人的认同，看他怎样恰到好处地适应别人的情感需求。

任何人总是关心着自己最亲近的人，如果一旦发现了别人也在关心着自己所关心的人，大都会产生一种无比亲近的感觉。交际就可以利用人们这种共同的心理倾向，从关心他最亲近的人切入，拉近交际的距离。

热情相助最能博得人的好感。日常生活中，那些古道热肠、为人厚道、不吝啬、好助人的人总能在邻里之间、同事之间获得好名声。因为人们一般都乐意与这些热心肠的人相识相交。比如，你帮正在上楼的邻居抬一下煤气罐，你就可以成为他家中的常客；

替一个刚刚上车的旅客摆放好行李，你的旅途就会多一个伙伴；为忙碌的同事沏一杯茶，你就会得到善意的回报。

人们一般都认为，双方的矛盾爆发之后的一段时间，是交际的冰点。但如果此时一方能主动做出一个与对方预期截然相反的善意举动，就会使对方在惊愕、感叹、佩服、敬意之中认同你，从而化敌为友。交际的冰点就成了成功交际的切入点。

另外，人们在交际中既有明显的个性心理，也有普遍的共性心理。如果能针对人们的共性心理切入交际活动，就可以获得满意的交际效果。

找机会赞扬某人，会赢得那人的好感。人们都有一种显示自我价值的需要。真诚的赞扬不仅能激发人们积极的心理情绪，得到心理上的满足，还能使被赞扬者产生一种交往的冲动。

站在对方的立场上，用理解的心态鼓励对方，满足他的成就心理，这样很容易博得对方的好感。人们都希望尽量做好自己喜爱的工作并取得令人称道的成就，这种成就心理如果能得到别人的激励，就必定能引起他的感激心理和报偿心理。

人们对于自己具备的技能都有一种引以为荣的心理，如果想同这些人结识相交，那采取求教法是最有效的切入。

一个人往往对自己所崇信的对象或采取的做法坚信不疑，有时宁愿相信自己一向认定的事实，也不愿意接受来自他人的纠正。他所喜欢的东西如果能够得到你的欣赏，你便能得到他的认可。

人们都希望在别人面前表现得更年轻，更具有青春的活力。如果交际从满足人的年轻心理切入，很快便能营造出温馨和谐的交际氛围，为成功交际开启一扇方便之门。

在社会交往中获得尊重既是一个人名誉地位的显示，也表明他的德操、品行、学识、才华得到了认可。无论是年长者还是年轻者，位尊者与位卑者都期望别人尊重自己。因此，那些懂得尊重别人的人，人们对他产生好感就是情理之中的事了。而主动问候就是最便捷、最简单地表达一个人敬意的交际行为。从问候切入交际活动，十有八九会有一个圆满的结果。

以上所有这些方法并不是让你今天都一一用到，关键还要看你所要结识的这位朋友的性格特点是怎样的，首先你得对他有个初步的了解。当然，你之所以想和他交朋友，想必也是对他有一定的了解，并且比较欣赏他的某一方面，那么就"对症下药"、"投其所好"吧！

9月18日

拍一组风景照，整理好，作为自己的艺术珍藏

在任何时候，快乐都是给自己和他人的最好的礼物，当快乐成为一种习惯的时候，你甚至不需要给快乐找理由。因为快乐，所以快乐……慢慢地，快乐就成为我们生活的一个习惯。

　　首先要选一个风景优美的地方，有山有水，有树有花，即使路程远一点也没有关系，早点出门，当太阳升起的时候，刚好赶到那个地方。

　　要拍出好的照片，好的相机当然也是关键，所以，如果你自己没有好的相机，那么，想办法借一个，即使去照相馆租一个也是值得的。

　　如果你对自己的照相技术没有信心，那么事先找个摄影高手学习几招，当然，我们是为了寻找一种生活的气息，寻找人生的快乐，并不是要做得多么专业，所以，对于照相技术和照片的效果不必刻意追求，自己觉得满意就行了。

　　选取你自己认为最美的景色，多角度拍摄，别忘了调好亮度、色度、焦距之类的。照完之后，别忘了在相机里看一下效果，如果效果太差，最好删掉重新照，免得占据空间。虽说是风景照，但景中有人会更美，如果有同伴，互相给对方留影，人与大自然融合，是最美的艺术瞬间。

　　尽量多照些不同的景色，寻找有山有水的地方，可能要走很远的路，忍耐一下，就当做是锻炼身体好了。而且这的确是一次锻炼身体的好机会，还可以在大自然中陶冶性情，在这里留下永恒的纪念，绝不枉此行。

　　照完照片，回家后把照片按类整理好，打印或者冲洗出来，用相册装好，每一张照片下面备注一下，备注的内容完全由你自己决定，可以写上此景的名称，也可以是你的感想和赞美。

　　整理完之后，把它当做艺术珍藏，和你其他的"宝贝收藏"放在一起吧。

9 月 19 日
学一首新歌

快乐是行为的动力，是学习的源泉，是一种内心的体验。当"苦学"变成"乐学"，把学习当成一种快乐，而不是一种负担，我们才算真正找到了学习的真谛。

关注一下乐坛最近的动态，看看都出了一些什么新歌，找一首你喜欢听的，认真学唱。或者并不一定是最近才发布的新歌，以前的歌也行，只要是你不会唱的，对于你来说，就是新歌。

学唱歌最原始的方法，就是找来这首歌的带子，反复地播放，你就跟着歌手一句一句地唱。如果你有一定的音乐天赋，懂一点乐谱知识，那完全可以找来这首歌的词曲，自己跟着曲谱哼唱。但是，可能第一种方法学得比较快，而且也比较有意思。

当然，你得找一个安静的空间，只有你一个人，因为你自认为优美的歌声，在别人耳朵里可能是噪音了。尽量不要去影响到别人。

如果你乐感不错，可能很快就学会了。如果你天生五音不全，可能学起来就有些困难，但是不要灰心，多学几遍就会了，即使最后听起来还是有点不着调也没关系，尽力就好了，关键是学习的过程，让人觉得快乐。

学会之后，自己给自己唱一遍，有信心的话唱给别人听，你的家人，或者你的朋友，让他们来见证你今天的学习成果吧。

9 月 20 日
在网上为自己订购一件礼物

我们每天都在忙忙碌碌中埋没了感受快乐的心灵，在物欲横流中遮盖了发现快乐的眼睛。其实，生活是五彩缤纷的，只要你愿意植下快乐的种子，它就会生根发芽并茁壮成长。

在如今这个信息社会，互联网已无处不在，网上购物已不是什么新鲜事了。但话说回来，在很多人的眼里，网上的交易似乎总是带着点不安全的色彩，心里难免产生怀疑。不过，不管你如何看待，这种购物的方式是越来越深入人心了。

人总要去尝试新事物，今天不妨尝试一下网上购物吧，为自己订购一件小礼物，不用太破费，即使有什么差错，也不至太心疼，而且，礼物是送给自己的，不会影响别人，所以，完全可以放心大胆地尝试一番了。

首先，向朋友咨询一下什么网站的信誉度比较高，而且你要想好，给自己买什么礼物，很多网站都是行业性的，专门出售某一种或几个种类的商品。

选好网站后，登录他们的主页，查看他们的商品目录，每一种商品都会有或简单或详细的说明，包括性能、功效、价格等，一般还会有产品外观的图片。

选中一样东西后，打免费预订电话，他们可能会让你注册会员之类的，认真咨询有关情况，小心掉入陷阱，当然也不能怀疑一切，确保无误后，按照他们的要求付费。一般来说是免费送货上门，货到付款。

打完电话，约好时间，静静在家等待，即使期间有什么急事，也不要出门，因为不能自己首先没有信誉，把其他事另想办法安排好，或者你实在脱不了身，就请朋友或家人帮你留守家中代你静候。

货到之后，认真验货，没有问题就付款，交易就算完成了。一般来说，网上购物的价格要低于市场价格。怎么样？对自己送给自己的这份礼物还算满意吧。

9月21日

再玩一次捉迷藏游戏

在这个物质越来越丰富、感情越来越容易得到满足的时代，人们反而找不到单纯的快乐了。其实，很多时候，转个身，就可以发现快乐。

小时候的乐趣就在于可以自由自在地徜徉在那些游戏的快乐中，而不用顾忌自己在别人眼里的淘气和顽皮，所以，我们常常会怀念儿时的无忧无虑。

不管你现在多大了，把自己当做小孩子，像儿时那样和一群伙伴玩玩捉迷藏。找一群志同道合的朋友，大家一起找回童年的感觉。一群大孩子东躲西藏地捉迷藏，外人看来一定很滑稽，就算是自己，也会觉得很好玩，不过，最重要的是大家玩得开心。

人长大了，不像小时候，在家里随便找个地方都能藏上好半天，现在家里可能藏不住了，不如大家去外面，比如找一个公园，园子大，可藏的地方多，大家玩起来会更有趣。不过不要把范围放得太大，要不然大家找起来会很困难，也很累。如果你藏在某个太隐秘的地方，迟迟不被发现，你自己一个人待在那里也会很无趣，很无聊。所以，大家最好划出一定的范围，不要跑得太远，近距离的追逐和笑闹会更刺激。不要担心会被路人笑话，自己的快乐自己享受，当你乐在其中，便会忘了身在何处。

9月22日

给小动物拍一张照

当快乐成为一种习惯，它会一直陪在你身边，还可以以永恒的姿态，以优雅的弧度，来见证你的人生。

如果你家养了一只小宠物，那好吧，就拿它当模特了。如果你没有养这样的小宠物，那就去动物园吧，那里的小动物应有尽有，你可以任意挑选你的模特。或者你的某位朋友有个可爱的"宠物宝宝"，邀请这个"小宝宝"当回临时模特吧，相信你的朋友会很乐意的。

给小动物拍照，一定要小动物配合才行，这个可就完全看你和小动物的默契了。培养和小动物的默契，要多花心思，逗小动物做出各种可爱的动作。最有效的办法莫过于拿点好东西去贿赂它，见到好吃的，小家伙一般就会乖乖地被你牵着鼻子走了。

你必须眼疾手快，善于捕捉，当小动物做出一个不经意的小动作，你必须赶快按键。记住一点，给小动物拍照，最好不要打闪光灯，否则会吓着它。

小动物们酣睡的样子也是非常可爱的，趁它睡着的时候，赶快去抢拍几张吧，从不同的角度为它拍几张"靓照"。

如果你和小家伙的感情很好，用心地去和它玩耍吧，拍下你和它逗乐的画面。你还可以给它穿上款式不同的漂亮衣服，小动物们也是很爱俏的。

如果小动物此时不配合，比如睡眠来了，只想睡觉，不理会你的殷勤，那就再改时间吧！不要强迫小家伙的意志，那样拍出来的照片效果恐怕也不怎么样了。

拍完照，别忘了给小家伙买点好吃的，就算是劳资奖励了。

9月23日

与老人家聊天

　　善待自己，是快乐人生的基石，而善待老人，就是善待自己的未来，多给老人带来一点快乐，我们的人生便会多一点快乐。

　　你可以找你的爷爷奶奶们，也可以去找其他老年亲戚，或者邻居，甚至是路边等车的老人，和他们聊天。当然，你还可以去拜访一家敬老院，请工作人员帮你介绍一个阅历非常丰富，又非常健谈的老人。

　　问问老人，他过去生活的那个年代是什么样子的，描绘得越详细越好，那个年代的人们都是什么样的思想，人们都穿什么，吃什么，那个时代最流行什么，大家都喜欢唱什么歌，有什么样的娱乐活动，等等诸如此类。然后让他谈谈有什么传统一直流传至今，而又有什么已经面目全非，请他谈谈自己对此的看法。

　　然后请老人讲讲自己的成长经历。他一生中经历了哪些令人难忘的事情，有些什么人、什么事让他一辈子都刻骨铭心，他的家乡在哪里，他有多少儿孙，他们现在怎么样，这一生最让他自豪的事是什么，最让他遗憾的事又是什么，如果有来生，如果可以重来一次，哪些人、哪些事他将不会错过，经历这么多，老人最想对后来人说的话是什么，老人还有什么样的愿望没有实现，对后人又有什么样的期望，对我们的国家、我们的社会又有什么样的希冀，等等。

　　最后，可以让老人对自己作一个评价，当然，也许你们有更好的交流方式。也许老人也有许多问题要问你，也许他更想听你说说话，认真回答老人所有的问题，也诚恳地请求老人回答你所有的问题，相信你们的谈话会温馨而自然。

9月24日

当一次伴郎（伴娘）

> 传说，伴郎（伴娘）将是下一个结婚的幸运儿，所以，尚未婚娶的你，不要错过机会，当一次伴郎（伴娘）吧。

伴郎、伴娘算是婚礼上最重要的工作人员，他们应该是新人最值得信赖的朋友。在婚礼上，伴郎、伴娘要照顾到方方面面的事情，你和新娘、新郎的关系到底有多铁，在这种时候就完全体现出来啦！不管怎么说，他的婚礼上你是全场陪同他们的伴娘、伴郎，虽然累点、麻烦点，可比光来吃一顿要好玩多了。你要时刻保持清醒的头脑，当喜欢八卦的客人要求你把新娘或新郎过去爆料的事讲出来的时候，千万得认清什么是最后的底线，如果是无伤大雅的段子可以拿出来适当调节一下气氛，但某些关键性的问题可是要做到打死也不说。

有时候，和新娘关系特别亲密的伴娘会肩负着一个非常重大的新任务——代收红包。作为朋友的伴娘，你要眼明手快。无论什么方面的亲戚或朋友到场的时候，都要陪着新娘一起上前迎接和感谢，通常这个时候他们的红包就递过来了，你总不能让正美美地穿着华丽婚纱的新娘来拿吧。一般要么是你，要么是新娘的妈妈，会专门准备一个小红包放在身边，用来暂时存放礼金，但因为新娘妈妈要照顾很多亲眷，跑前跑后忙得不得了，所以一般由伴娘来承担这个责任。婚礼的现场是热闹而稍带混乱的，你必须保持清醒，时刻严守自己的职责。

如果你是伴郎，你要做的是让所有人知道你朋友在遇上他的心上人之前是一个怎样的好小伙，你知道朋友单身汉时快乐或不快乐的场面，甚至是一些可笑的事。婚礼那天，你的任务就是告诉新郎和新娘的亲戚朋友，新郎是一个多么优秀的青年，他不仅是一个好朋友、好儿子、好学生，而且也能够对各种场面应付自如，最好是既有动情的回忆，又适时开些过去的玩笑。

一旦你说明了你是新郎的最好朋友，就可以趁机搞些幽默，扮扮相，讲讲你和朋友一起干过的坏事……当然不是什么真的坏事……你们一起时有趣的插曲，如第一次做什么事，认错人的事，旅游冒险之类的故事，小故事应该短而有趣。

祝福，最后以新郎最好的朋友身份告诉新娘她作了最好的选择，如果你和新娘很熟的话，就说新郎、新娘的结合完美无缺。非常希望能继续和新郎及新娘保持友谊，这点很重要，因为这样你才能吸引观众，保证你和朋友蜜月后的友谊。

9 月 25 日

学一样乐器

乐器是表现音乐的基本工具，有了乐器，音乐才变得如此绚丽多彩；有了乐器，人们才被赋予了更为广阔的思维空间……

前苏联著名现代教育家苏霍姆林斯基反复强调，在影响年轻人心灵的手段中，音乐占据着重要地位。音乐是思维有力的源泉，没有音乐教育，就不可能有合乎要求的智力发展。

作为一个现代社会高素质的人，你可以不是音乐家，你可以不懂音乐，但绝不可以没有对音乐的欣赏能力，音乐是人的精神再现，我们不可以对它熟视无睹！

乐器不是吃饭的勺子，也不是华丽的时装，更不是呼唤情侣的大嗓门。它是一把尺子，可以量一量你究竟有多高；它是一杆秤，可以称一称你究竟有多重；它是一块试金石，可以试一试你究竟有多富。

倒不用太过一本正经，在工作之余，权当一种娱乐，一种业余爱好，学一种乐器吧！至于学什么乐器，这就要看个人喜好了。如果你不太懂乐理知识，学乐器可能会有一点难度，但是没有关系，你可以先请一个老师教教你乐理方面的基础知识，或者你也可根据乐理方面的书来学。兴趣是最好的老师，只要你有足够的兴趣，肯下工夫，相信这没什么难的。

想把一门乐器学好，肯定是需要高手指点的，先请一个老师教你入门。你周围的朋友可能有人从小学过，或者略知一二，向他们请教也可以，即使他的水平并不高超，但是能带你入门就行。入门之后，自己勤加练习，自己觉得练到一定程度，再请人指点。学习乐器，跟学任何一样东西一样，是一个循序渐进的过程。你绝不能妄想在几天之内一口吃成一个胖子，更不可能在今天一天就能出现什么奇迹。不要幻想自己是什么音乐奇才，即使是，也不可能一学就会。所以，今天的任务，就是想好学什么乐器，下定决心，先找个人带你入门，接下来的时间里，贵在坚持。

9月26日
寻找秋的气息

真正的快乐，不是依附外在的事物上的。如果你希望获得永恒的快乐，那就必须培养你的思想，以有趣的思想和点子装满你的心。因为，用一个空虚的心灵寻找快乐，所找到的常常是失望。

入秋了，走出家门，去寻找秋的气息吧。

当第一片黄叶从树梢头轻盈飘落时，你是否已经察觉，秋终于如期而至了。

丝丝柔柔的秋的气息被南归的大雁在天高云淡里承载着，被一场秋雨一场寒的细雨笼罩着，被枝头耀眼的果实映照着，悄悄地荡漾开来。

太阳的光变得如情人对视的双眸一样暧昧起来，少照了一分，凉彻骨；多晒了一分啊，又炽热难耐！而枫树的叶子终于受不住那温情脉脉的长久注视，慢慢地羞红了脸。

如果你有幸能去农村，你会发现，不知何时，更不知是哪位丹青妙手，在人们尚未觉察的时候，偷偷地在田野里的稻子上涂上了金黄的一笔。于是，稻子黄了，引来秋风艳羡的目光，假装不经意地掠过又掠过，试图带走那醉人的叠翠流金！

秋季是让人沉思的季节，仿佛有如水的音乐从人们心灵深处徐徐漫来，又像一只紫色的风铃，在秋色里发出细碎而生动无比的声音。

你闻到了秋的气息吧，柔美而湿润，绵长而忧郁，沉稳、安静、甘甜、清爽，沁人心脾。这种感觉很熟悉，很亲切，仿佛有一种淡淡的情思糅合在这种气息里，一团一团地朦胧着半醒半寐的梦。人有时候需要这种境界，完全彻底地醒着，你会丧失信心，糊里糊涂地寐着，你会没了勇气。

在这秋的气息里，你可以半寐着，让梦化做一缕缕青烟，与秋的气息融为一体，虚幻而神秘，深邃而美丽，温馨而宁静。

曾有人把秋比作一位成熟典雅、风姿绰约的美人，说那美人有着无限的清高，有着深邃的冷漠，有着诱人的神秘，但也有一份纯洁，一份明亮，一份宁静，具有一种超尘脱俗的灵气，渗透了深奥的自然美。哪儿去找这么完美的人？这只不过是喜欢秋的人的一份美好心境罢了。所以，珍惜这难得的美好心境吧，寻找秋的气息，在秋的气息里陶醉。

9 月 27 日
看一场焰火表演

人生有时如烟花，匆匆短暂，但有瞬间的美丽，足以慰籍一生。

  去看一场焰火表演，认真观看，仔细欣赏，甚至可以大声欢呼，仿佛今天是一个最特别的日子，让满天的焰火赋予你喜庆的气氛和雀跃的心情，给你单调平凡的生活点缀一点灵动的色彩，五彩斑斓的天空，如盛开的花朵，在你的心里绽放。

  看那满天盛开的烟花，每一朵都有不同的图案，心中觉得惊讶吧，那就叫出来吧，"哇"的一声让夜色感受你对生活的惊叹。再看，夜空的焰火就像喷泉一样，有时是成束，有时成片，有时就像一大群彩色小精灵在空中飞舞。层层叠叠的各色球形组合，就像要散落在自己身边一样，是不是恨不得自己多长几双眼睛，把这所有的美丽都尽收眼底呢？

  有时一次放好多烟花，待到它们一起喷发，金灿灿的光芒经久不散，照亮整片天空，光芒仿佛从天堂一直散落到人间一般。那些焰火，一根一根、一团一团、一朵一朵，哗啦哗啦，像调皮的小顽童任性泼洒的色彩，布满整个天空，映红了人们的脸庞，是那样美丽动人。

  如果你身边还有其他朋友，拉起他们的手，大家一起在焰火下跳舞吧。生活这么美好，还不值得我们用歌舞来庆祝吗？

9月28日
看夕阳西下

夕阳西下，缓缓下降。它伴着彩霞下降，彩霞淡去。它未曾带走什么，只带走了白天，只带走了一天的美丽和灿烂。而它带来的是漫长的黑夜，天终会黑。然而，白与黑交替的那一瞬间，却是一种永恒的美丽。

正如白天与黑夜的交替一样，人之一生，也是由灿烂的白天走向落寞的黑夜，然而，这是人生必经之历程，没有人生只有白天，黑夜总会在适当之时降临，你无法阻止。但是，人却不能为了自然的交替而哀伤。我们应该想到，天空之中的白云为我们做伴，小鸟为我们歌唱。一个成功的人不会在乎夕阳西下后的黑夜降临，却会欣赏夕阳西下刹那间的美丽。夕阳西下总会到来，只要你不要在这之前离去的话，那么这世上就会多出一份力，而这一份力有可能就会成为撑起整个世界的巨石。

看着落日的余晖，犹如大海退潮一般，不经意间，肃然地、慢慢地、悄无声息地退去，烟色的黄，由亮变暗、由深变浅、由浅变淡。慢慢地，黑暗就会泛上来了，眼前的景色悄悄地藏在黑暗里了，一切都不见了，时间也好像停止不动了，好一个安静祥和的世界。

静静地坐在这片安静祥和里，你会感觉到一切烦恼都消失得无影无踪了，可能你会想起过去的那段岁月，有过坎坷、有过风雨、有过失去……也许你就会豁然开朗，这一切都不重要了。只有这恬淡中的安宁，这使人满足的无忧无虑的孩子气的笑。

9 月 29 日

去田园采摘

明月、青松、清泉、顽石，都是大自然的精灵，感受自然，感受美好的心灵之音，你会拥有大度的胸怀，坚强的意志，高洁的品质，不屈的精神，还会拥有一份最天然、最纯净的快乐。这是一个收获的季节，天高云淡，瓜果飘香。让我们去田园采摘，感受天然氧吧的新鲜空气，感受淳朴亲切的农家风情吧。

去田园采摘，最好叫上一帮人，自己有车的话最好，如果没有车，也可以大家一起包租一辆车，这样方便运送采摘到的水果。

走进采摘大棚，呼吸新鲜而带有乡土气息的空气，只见满眼的水果都展示着迷人的身姿，眼睛在色彩的变幻中得到了放松。在这儿，可以让你随意地采摘，但是要注意脚下，别到处乱踩，毁坏了农家的果地，所以，采摘归采摘，一定要注意保护好果园。当然，到这儿来，首先要一饱口福，你可以尽情地吃，但是别光顾着吃得高兴，小心吃坏了肚子，那样可就得不偿失了。

人多的话，就来一场采摘大赛吧。当然，采摘之前得有计划，你们准备采摘多少带回家，都有什么样的用途，比如馈赠给亲戚朋友等，就是不错的主意。

最重要的是，对于在喧嚣的城市里忙碌的人们，终于可以尽情沉浸在山山水水之中，自由畅快地呼吸了，这才是人生一大快事呢！所以，珍惜这次难得的与大自然亲密接触的机会，欢快地采摘吧！

9月30日

放风筝

有人说孩子是风筝，母亲手里牵着那根线，无论孩子飞得多远；

有人说爱情是风筝，爱人的手里牵着那根线，无论爱情飞过多少坎坷；

有人说梦想是风筝，有梦的人手里牵着那根线，无论梦想飞了多少年。

放风筝是中国民间广为流行的一项传统体育运动。风筝起源于中国，至今已有2000余年的历史，被称为"人类最早的飞行器"。相传春秋时期，著名的建筑工匠鲁班曾制木鸢飞上天空。后来，以纸代木，称为"纸鸢"；汉代起，人们开始将其用于测量和传递消息；唐代时，风筝传入朝鲜、日本等周边国家；到五代时期，又在纸鸢上系以竹哨，风入竹哨，声如筝鸣，因此又称"风筝"；至宋代，放风筝已逐渐成为一种民间娱乐游戏；元代时，风筝传入欧洲诸国。

其实，对于我们来说，放风筝，非常简单，就是和大自然的风握握手，让自己的心情与天地灵气连线，带回一身的轻松惬意。

邀上几个孩子气还未退去的朋友，或者干脆带着几个小孩子，一起去一个大草坪，自由地放飞手中的线。风筝的选择其实不用特别讲究，聪明的孩子们用细竹片草草扎成方形骨架，蒙上一层白纸再吊两条尾巴，棉线一穿就急匆匆迎风而去。如果你心灵手巧，费点苦心用小火烘烤竹片，弯成各式形状，然后在风筝上涂鸦一些自创的图画或祝福的语言。当然，现在市面上也有各式各样的风筝，如果你不想自己费神，可以直接去市场挑选一个自己满意的。

放风筝，是一种娱乐，是一种放松，是一种回归自然的良好运动，而且还可以强身健体，是老少皆宜的一项运动。那么，提上你的风筝，到广场去，到郊外去，到一切可以放飞风筝的场所去吧！

放飞风筝时，极目碧空，看风筝随风飘逸，在蓝天白云间摇曳翻腾，还可调节视力，消除眼部疲劳，预防近视。放风筝，还要处理好风筝和风向、风速的关系。现代风筝比较复杂，比如放飞人物类风筝需要"摸爬滚打"，才逼真有趣；放飞蜈蚣、巨龙风筝要蜿蜒变化，才趣味盎然；放飞蜻蜓、金鱼风筝，其眼珠要活灵活现，方显生动；"百鸟朝凤"能发出和谐悦耳的鸣叫，才动人心弦。

郊野放飞风筝，在运动中呼吸清新的空气，还会令人精神振奋、心旷神怡，什么烦闷，什么怅惘，都一股脑儿随着风筝带入云际，消散于万里晴空，会让你在心理上获得愉悦和调节。

放开怀抱，拥抱生活

　　生活充满了酸甜苦辣，而我们所遇之人也是形形色色，我们不能要求地球按照我们的心愿而转动，不能幻想世界按照我们的梦想而舞动，我们还要问问自己，我们又给予了这个世界什么，给予了其他人什么。

　　不必伤心，不必难过，不必气恼，不必失落，放开怀抱，你会发现这一切是多么自然和平常，拥抱生活，你会发现你拥有了所有。

10月1日

对自己说：吃不到的葡萄都是酸的！

人生在世，有太多想得到而得不到的东西，如果让自己在攀比的心理怪圈中备受折磨，那就是对自己的一种残忍。只需对自己说一句"吃不到的葡萄都是酸的"，你的心便获得了解放。

人的欲望是天生的，也是无穷的。人是群居的社会性动物，有群体便有差异，有差异便有攀比和嫉妒，虚荣心便应运而生。

拉罗什福科说过，根除第一个欲望远比满足所有随后的欲望容易。人总是被自己的虚荣心和欲望所奴役，人生一遭实属不易，何不还自己的心灵一个自由纯净的天空，告诉自己，"吃不到的葡萄"永远都是"酸的"。生活也需要来一点"阿Q精神"，只要轻松快乐，又有何不可？

10月2日

停止你对某人的嫉妒心

芸芸众生中，各人的机遇与境遇不同，难免分出三六九等。倘若心中不平，让嫉妒潜伏心底，就如同毒蛇潜伏在穴中，随时都会把我们的善与美吞噬。

卢梭说过："在我们所有的感情中，最令人迷惑与神魂颠倒的，就是爱情与嫉妒。"嫉妒的确可以让人头脑发昏，失去自我。人贵有自知之明，要知道天外有天，山外有山，你好，还有比你更好的。但是别人才智胜过自己并不是一件坏事，你可虚心向人学习，扬长避短，共同进步。孔子说："三人行，必有我师焉。"一个人要有"厚德载物，雅量容人"的胸襟，这样才能融入别人和容纳自己！一位哲学家说过：天空收容每一片云彩，不论其美丑，故天空广阔无比；高山收容每一块岩石，不论其大小，故高山雄伟壮观；大海收容每一朵浪花，不论其清浊，故大海浩瀚无涯。心灵自由，胸怀坦荡，气质超然，才是真正的人。

如果你的身边有人比你强，当然，这是毫无疑问的，每个人都无法保证自己是最优秀的，所谓山外有山，人外有人，如果某人比你强，这是很正常的。也许他在这方面比你强，而在另一方面，你可能比他强，只是你的目光仅停留在别人光彩夺目的一面，不要嫌他的光芒刺伤了你的眼。如果你能把心态放宽，伸开双臂，敞开怀抱，你的心胸一定能够容纳所有。停止你心中隐隐的不快，甚至是恼恨，那是嫉妒的火苗，掐灭它，让我们的心境变得明净而畅快。

10月3日

与人分享你的快乐

　　自私是一切生物的共性，然而，当一己的幸福变成了人生唯一的目标之后，人生就会变得堕落而失去意义。别忘了，还有一种幸福叫做分享。

　　伊索曾说，自己无法享受的事也无意让别人享受，这是一般人的通病。然而，人之为人，总是会积极寻找一种自我调节的方式方法。因为，自私并不能为我们带来纯净而持久的快乐和幸福。当自私让我们内心不安、困惑时，让我们把自己拥有的分一部分出来与人共享，你就会发现你的幸福快乐不但没有减半，反而成倍增加了。因为，分享的确是自私无法比拟的幸福。

　　如果你有什么开心的事，讲出来同你身边的人分享，也许那是段充满了趣味的经历，用诙谐的语言描述出来，就像讲一个幽默的故事一样，听到周围欢乐的笑声吗？这就是你带给别人的快乐。

　　如果你有什么好玩的、好吃的，拿出来与身边的朋友分享，听着他们的赞美，你心里也乐开了花吧，这就是分享的幸福和快乐。

10月4日

把家乡的特产拿出来与大家一起分享

好东西只有让更多的人欣赏，方能显出它的价值，否则，只能在无人的角落独自灿烂。

你的家乡有什么特产，让家乡的父母给你邮寄一些过来吧！可能你也很久没有享受过这些难忘的美味了，但是别光顾着满足自己的馋嘴，把你的朋友都叫到家里来，大家一起分享吧。

首先，把东西拿出来，一一给大家介绍，也许每种特产都有段美丽的传说，在大家品尝某种食品的时候，你可以绘声绘色地将这个传说娓娓道来。也许特产本身并没有什么独特之处，却因为有了这段美丽的故事而独有风味，在大家眼里也会格外珍贵。

请大家分别说出对这些特产的口感，作一个简短的评价，然后自己再仔细地品味一下，和大家交流一下彼此的感觉。

或者，你也可以让每个人说出自己对这些特产的了解，其实就是在考察大家对你的家乡文化的了解。如果谁了解得最全面、最准确，那就让他（她）做第一位品尝者，每个人都有机会成为自己所了解的那样食品的初尝者。

在享受这些美食的时候，让每个人都向大家介绍一下自己家乡的特产和文化特色，甚至可以和大家分享一下当地的民间故事。每个人都可以七嘴八舌地发表言论，无论是对食品，还是其他的一些地方特产，包括地方文化传统。

然后，大家总结一下各地的文化特色，比如，湖南的"辣"文化，浙江的"商业文化"，山东的"礼仪"文化，等等，并能讲出一个鲜明的例子来论证这种文化。就让这次的食品品尝大会变成文化畅谈大会吧！

10月5日

不停地给自己积极的心理暗示

我们每个人都有一本生活词典，上面写满对自我的认识和评价。当我们翻看自己的词典时，自卑总会不失时机地映入眼帘，让我们忘了其他的词汇。自卑的人常会因为痛苦而把自己看得太低，而在这种痛苦中无法自拔。我们每个人都需要每时每刻和自己的心理疾病进行斗争，这场斗争是持久的，是艰辛的。必要的时候，不如给自己一点积极的心理暗示，一切便会迎刃而解。

有这样一个故事，一天，有位客人到法国药剂师鲍德恩处买一种要医生处方才能出售的药物。客人没有处方，但他非要买到那药物。鲍德恩没有办法，但又不能违法卖药。他灵机一动，给了那客人数粒完全没有药性的糖衣片，并告诉他这是他要的药物，还将它的效力大大夸了一番。然后将客人打发走了。数天后，客人回到药房，大大地感谢了鲍德恩一番，说是鲍德恩的"药"治好了他的顽疾。

看到了吧，这就是心理暗示的伟大作用。给自己多一点积极的暗示，告诉自己生活是美好的，烦恼是暂时的，希望是永恒的，自己是最棒的。相信自我的鼓励会给你一股神奇的力量，让你可以赶跑一切烦恼忧愁，战胜一切艰难险阻，永远自信快乐地生活、成长。正如鲍德恩的"药"一样，"药"赋予了病人潜意识的心理力量，我们也可以在自己潜意识这一座肥沃的田园上撒播美丽果实的种子，那么一切杂草就不会再在这儿蔓延生长了。

10月6日

给自己泼一瓢冷水，浇灭自负的火花

越是没有本领的人就越是自命不凡，他们往往让自己掉入一个可怕的陷阱却不知深浅，而这个陷阱正是我们自己亲手挖掘的。

自负和自卑一样可怕，它会毁掉一个人正常的心智，常常做出愚蠢的举动。自负，它绝对是一个横在我们成就丰功伟绩之路上的障碍。

克雷洛夫说，踏实苦干的人往往不是高谈阔论的，他们惊天动地的事业显示出了他们的伟大，可是在筹划重大事业的时候，他们是默不作声的。"宽阔的河流平静，学识渊博的人谦虚。"

我们应该量量巨人的肩膀，无论在什么时候，永远都不要以为自己知道了一切，不管人们对你的评价有多高，永远都要有勇气对自己说：我是个普通的人。

当然，克制自负不等于妄自菲薄，把自己的位置放低不等于轻视自己，看不起自己。每个人都要给自己起码的自尊和自信，当困难出现的时候，当你想妥协的时候，当你灰心失望的时候，正是该鼓励自己、相信自己的时候。这个时候，可不要说自己是个毫无所知、毫无作用的人。

浇灭自负的火花，是让你对自己有一个更清醒的认识。当你因为一点小成绩而骄傲自满，忘乎所以，以为天下你最强的时候，及时给自己泼一瓢冷水，能让你知道自己到底是谁。

自负的人往往躺在成绩簿上睡大觉，而忘了要奋起直追。要知道，天外有天，人外有人，浇灭自负的火花，是为了让你看到脚下要走的路，是为了让你看到前方正在行进的人，是为了让你明白自己正在掉入一个可怕的陷阱——自负的泥潭。

给自己当头一瓢冷水，浇灭自负的火花，冷静地做人，踏实地行进。

参加一个群体活动

生活中无论什么事都和别人息息相关，想要只为自己而活，孤零零地一个人活下去，是十分荒谬的想法。

夏目漱石说："一个生活在人世的人，不可能完全孤立地生存，有时自然会为了某些事情与人接触的，对我这个生活极其淡泊的人来说，要想摆脱那礼节性的问候、商谈，甚至更复杂一些的交涉，都是非常困难的呢！"是的，人类不能单靠一己之力量完成生活中的每一件事情。人既是孤独的，同时又是社会的人。作为孤独的人，他企图保卫自己的生存空间和那些与他最亲近的人的生存空间，企图满足个人的欲望，并且发展自己天赋的才能。同时，人也企图得到同胞的赏识和好感，和他们共享欢乐，在他们痛苦时给予安慰，并且改善他们的生活条件。

参加一个集体活动，这样你才有机会和其他人交往、交流，才能为他们付出，并享受他们为你的付出。这样的集体活动其实很多，如果你还是一名在校学生，那这样的活动便是家常便饭了。大大小小的集体活动似乎就是你生活的主旋律，无论是学术活动、文娱活动，还是其他集体组织的休闲活动，你都可以参加。如果你已参加工作，这样的活动也不少，每一个工作单位都会组织一些员工活动，这是一个工作单位组织凝聚力的体现，组织文化的表现。所以，如果今天有活动，千万不要错过，这是一个和领导、和同事交流的绝好机会。

集体活动并不一定要有比较权威的机构组织，几个人一起就是集体活动。所以，你并不一定非要去期待你的学校、工作单位，或者其他机构去组织活动。如果你赶不上这些活动，完全可以自行组织，和你的朋友一起，大家相约而行，这就是集体活动。

你还可以参加由陌生人组成的集体活动，其实这样会更有趣，更有新意，可以让你认识很多新朋友。说不定，你的生活圈子也会从此发生很大的改变，甚至，你可以结识在你生命中非常重要的人。这一切都让人满怀期待，生活就是因为有了期待而美好，而充满激情。这样的活动很多，社会上有很多社团、俱乐部，可以为大家提供一个个相识与交流的舞台。

伸开你的双臂，你可以拥抱整个世界，无论欢笑或是泪水，都有整个世界在陪着你！

10月8日
放开自己对某事顽固的看法

"一叶障目，不见泰山"是一种无知的悲哀，然而我们常常因为被蒙蔽了双眼，而执著地坚持自己的错误，让理智逃离我们的头脑。

一个人有主见，有头脑，不随人俯仰，不与世沉浮，这无疑是值得称道的好品质。但是，这还要以不固执己见，不偏激执拗为前提。为人处世，头脑里都应当多一点辩证观点。死守一隅，坐井观天，把自己的偏见当做真理至死不悟，这是做人与处世的大忌。

做人还是要放开怀抱，心胸开阔一些，以真诚的态度追求更为崇高美好的东西，而不是夸夸其谈，不懂装懂。养成善于接受新事物的习惯，告诉自己学会自我调控，心平气和地接受异己之见。

如果你对这件事的看法已经形成很久，想要改变的确很难，而且有句话还说过：走自己的路，让别人说去吧。想必这句话一直都是你坚持己见、排除异见的动力吧！没错，能够做到在重压之下坚持己见，不人云亦云，的确难能可贵，而且很让人钦佩，值得推崇。但是，任何事都不是绝对的，都要根据具体情况作出分析判断，任何事的成立都只是在一定的条件下，离开这个特定的条件，真理也许都会变成谬论。所以，冷静地想想，你的意见真的是经过深思熟虑之后形成的吗？回过头来重新思考一下这件事，再分析一下你的观点成立的所有条件，这些条件真的能站得住脚吗？它们真的能成为支撑你观点的论证吗？也许，时间变了，条件变了，观点也要随之发生改变了，你真的还能如此因循守旧吗？

改变平时充耳不闻的习惯，认真听听别人的意见，并和他们交流一下。把你的想法说出来，让他们来帮助你分析一下，评点一下。一己之力还是有限的，有时候凭一人的视角，难免有些偏颇。也许有些问题，由于你的疏漏，一直没有发现，听听别人的意见和想法，他们会告诉你许多你没有看到、没有想到的事情。

放弃你的顽固，并不是让你完全接受别人的观点，放弃自己的意见，而是让你放开怀抱，敞开心扉，听一听异己的声音，对自己的观点重新思考一下。最后，也许你还是没有找到推翻你观点的证据，如果是这样，你还是可以继续坚持，直到你找到推翻的充分论证。

257

10月9日

不依赖任何人的帮助，**独自**完成一件事

人是社会人，人的"社会性"和"群体性"决定了人不可能完全孤立。人都有一定的依赖性，然而，适当的依赖是建立在"独立"的基础之上的。

朗费罗说过："不论成功还是失败，都是系于自己。"所以，凡事我们首先或是最后都得靠自己的努力。雨果也说："我宁可靠自己的力量，打开我的前途，而不愿求有力者垂青。"是的，我们要在生活中树立自己动手的信心，丰富自己的生活内容，向独立性强的人学习。当我们学会了自立，就会发现自己已无所畏惧，无形中已增加了自我的筹码，会让自己不断走向希望，走向成功，拥有一个圆满的人生。

放弃自己的依赖性，独自去完成一件事。这件事必须要有意义，而且最好是有一定的挑战性。如果你自己就可以轻轻松松地完成，就失去了锻炼的价值和意义。

可能你有许多热心的朋友，以及你的亲人，他们总是习惯性地想要去帮你，本来这对于你来说，是一件特别幸福的事，你可能一直都在享受。但是，你今天必须改变这个习惯，同时，也要请你热心的亲人和朋友改变他们的习惯。如果你平时非常依赖他们，那么今天的任务对你来说比较有难度，因为你总是会自然而然地想到他们，尤其当你面临困难的时候。

可能你一开始就不知道如何下手，离开他人的帮助独自动手，总会让你觉得有些怯怯的，还会有一些畏难情绪。你可以寻求他们的鼓励，但你不可以让他们代劳。你甚至都可以在不知所措的时候，向他们取经，向他们请教，让他们告诉你做事的方法。把你的困难告诉他们，让他们帮你分析，你可以寻求一切口头的帮助，但是，你必须亲自动手做这件事。

今天是一个开始，以后都要坚持，将来的某天，你甚至可以完全抛开他们的帮忙，抛开一切的依赖思想，这是你的目标，也是你今天行动的动力。

10月10日

给心灵洗一个澡

平时我们洗澡，只洗身，不洗心。而给我们的人生洗澡，应该是外洗身，内洗心，把身体里里外外都洗得干干净净。

商代的君主汤在洗澡盆边刻了9个字："苟日新，日日新，又日新。"汤在洗澡的时候，外洗身，内洗心，所以他在洗完澡后"身心舒畅"。也就是说，他洗澡时外去身上污垢，内去内心的渣滓，所以他洗完澡身心都很舒畅。

试问有多少人能够做到像商汤这般，时常为自己的心灵洗澡呢？你能做到吗？也许你以前不能，但今天，无论如何也要试着给自己的心灵洗一个澡。不管你是否能够做到像商汤那么成功，洗得那么彻底，但至少，你可以试一下，尽你最大的努力，相信自己，你会有收获的。

大多数人的痛苦，都是因为自己看不开，放不下，一味地固执而造成的。痛苦就犹如人心灵中的垃圾，它是一种无形的烦恼，由怨、恨、恼、烦等组成。烦恼忧愁不会无故自生，总是由你生活中的一些具体的事情引起，然后在你的心灵里泛滥。找到烦恼产生的根源，把它赶走，很简单，就是把那些事放开。真的没有什么大不了的，再大的痛苦与不幸，都会过去。更何况，对于大多数人来说，所烦恼、所痛苦的，都是一些从长远来看非常微不足道的事，把自己的心胸放得宽大一些，这些烦恼忧愁，在你的心里，就占据不了多大的空间了。

清洁工每天把街道上的垃圾带走，街道便变得宽敞、干净。假如你也每天清洗一下内心的垃圾，那么你的心灵便会变得愉悦快乐了。

10 月 11 日
正面应对一直逃避的一件事

如果失去的已经找不回，逃避不是办法，幻想失而复得也不可能，只有勇敢面对，继续奋进，才能活出不一样的精彩！

　　有这样一个发人深省的故事：法国一个偏僻的小镇，据传有一个特别灵验的水泉，常会出现神迹，可以医治各种疾病。有一天，一个拄着拐杖，少了一条腿的退伍军人，一跛一跛地走过镇上的马路。旁边的镇民带着同情的口吻说："可怜的家伙，难道他要向上帝请求再有一条腿吗？"这一句话被退伍军人听到了，他转过身对他们说："我不是要向上帝请求有一条新的腿，而是要请求他帮助我，教我没有一条腿后，也知道如何过日子。"

　　失去的已然失去，回头也难找到，不如学习为所失去的感恩，也学会接纳失去的事实。不管人生的得与失，总是要让自己的生命充满亮丽与光彩，不再为过去掉泪，努力地活出自己的生命。

　　这是这个军人告诉我们的生活道理，不要以为这很难，只要你能够下定决心，就一定能够做到。相信大多数人所逃避的事，应该不会比这个军人更惨，与他相比，你所面临的事是不是显得太微不足道了？当然，对于你来说，你的难题才是全世界最大的难题，你感觉不到别人的痛苦，你所有的感觉都只集中在你自己身上。

　　有些事情已经发生，不是你可以逃避的，逃避只是一种自欺欺人，仿佛用一块黑布蒙着自己眼睛，对自己说，我看不见，我什么都不知道。然而这是没有用的，这个世界不会因为你眼前的黑布而遮蔽了它原本的光明。所以，有些事情，是你必须要面对的，逃避只能躲过一时的安宁，要来的终究是要来的，你只是在把一些难以接受的事实向后推移了。

大胆一点，对自己说，不要害怕，没什么大不了。勇敢面对吧，不但在思想上承认客观的存在，也要在行动上去改变由这些客观存在带来的悲惨，你所害怕的不就是这些悲惨吗？所以，用你的努力去改变它，如果这是可能的。

10月12日
取掉给自己戴上的"望远镜"

我们常常看到很远的地方，却看不到眼前的景色。这就使我们拼命地追赶，却总也达不到目标。好高骛远，得到的只能是满心的失落，赶快取下那副戴得太久的"望远镜"吧。

在生活中，我们常会不自觉地给自己戴上望远镜，盯着时隐时现的地方，制定着长远发展的宏伟目标，而忽略了今天，忽略此时此刻的奋斗与所得。也许实际上，我们已实现了当初自己制定的目标，但我们在望远镜里看到的永远是下一个目标。我们不停地努力着，却永远也赶不上前面的风景。为此，我们感到沮丧，感到理想离自己越来越远，感叹人生非常艰难。当有一天有所感觉，摘下强加给自己的望远镜，不用拼命地去不停追赶的时候，才发现自己忽视过的地方阳光明媚、鸟语花香——这才是真正的遗憾。

其实，生命就在你的生活里，就在今天的每时每刻中，不要总是为明天所忧虑。人的欲望是永无止境的，但不要给自己戴上望远镜，不要给自己制定永远无法达到的目标。最主要的是欣赏自己眼前的每一点进步，享受每一天的阳光。

10月13日
帮 曾经伤害过你的人一个忙

对待别人的伤害，你是选择以牙还牙，还是选择以德报怨，就在于你是想拥有一个充满仇恨的世界，还是想拥有一个充满温馨和友爱的世界。释迦牟尼说："以恨对恨，恨永远存在；以爱对恨，恨自然消失。"这也许很难，但爱不会平白无故地降临在我们身上，只有你首先付出爱，才会收获爱。爱你所爱的人是幸福，爱你所恨的人，是一种更有意义的幸福。因为你在把爱的种子在一块贫瘠的土地上撒播，当它生根发芽，开满鲜花时，你收获的将是满眼的幸福与温馨。同时，你消除了仇恨，把幸福带给了这个世界，你也就成了一个伟大的人。

爱这个人，方法很简单，就是不计前嫌地帮他一个忙。这个忙不必很大，但足以让他感觉得到你的豁达与开朗，你的宽容与善良，还有一份仿佛来自另一个星球的温暖。

记住，你帮他是发自内心的，而不是去炫耀，去施舍，让别人难堪。不要把这种帮助当做一种羞辱和报复别人的手段，倘若如此，你会把你自己推上小人的舞台，那样的话，你还不如不帮的好。但是，你真心的帮忙被对方误解成黄鼠狼给鸡拜年——不怀好意，这是很有可能的，因为，这通常是一般人的思维惯性。记住，这个时候，不可动怒，也不要灰心丧气。因为你的善心是发自内心的，而不是为了求得一个回报，一份感谢。

无论是什么忙，你只需静静地去做就好了，不用像去做什么重大的事情一样，虽然你可能费了很大的工夫去说服自己，但是，你一定要表现得很自然，就像你帮助其他人一样地那么轻松随意，让对方觉得你早已放下前嫌，在你的心中，你们之间就像没有裂痕的朋友一般。

甚至你都不用去考虑你的帮忙会在他的内心留下什么，你们的关系会有什么样的变化，你只需要做你能做的，做你该做的，尤其当他是真的非常需要你帮忙的时候。

10月14日
享受孤独的自由

有时候孤独不是一种落寞和无奈，而是一份自由与闲适，只要你懂得享受。

不要任何人陪伴，只有你一个人，想做什么就做什么。你可以把自己一个人关在屋子里，也可以一个人去任何地方做任何事，这是你的自由，孤独的自由。

很多时候，因为有其他人在身边，要顾及他人的感受，很多事我们都不是按照自己的意愿来做的。比如，和朋友一起吃饭，你喜欢吃辣，而朋友不能吃，所以你得考虑到朋友的口味；一家人看电视，你喜欢看体育节目，而其他人都想看连续剧，所以你只得少数服从多数；大伙一起去公园玩，你想玩小孩喜欢的"碰碰车"，大伙却笑话你幼稚，所以你只得作罢……今天你没有任何束缚了，你可以做你喜欢做的任何事，这就是孤独的自由。

孤独，是自由，还是落寞，在于你自己如何去平衡。一个人的空间里，应该给自己找点事情做，如果只是无聊地闷坐着，当然会觉得空虚寂寞。当然，你也可以什么都不做，把自己关在家里，闷着头睡大觉也是不错的选择。

一个人，其实就是自己与自己相处。这也是一门学问，并不是每个人都懂得与自己和谐相处。懂得与自己相处的人，在一个人的空间里，能够抛却往日的浮华，只剩下闲适与放松。你可以静静地听着你喜欢的音乐，或投入或随意看你喜欢的书。你也可以为自己做一些好吃的，一瓶红酒，自斟自饮，好不开怀。

你还可以背着行囊去任何一个地方徒步旅行，带着相机，拍下你所到之处的风景，幻想你正在环球旅行，哪怕你只是在做环城旅行。其实这样也不错，你所在的这个城市，肯定还有许多你没有涉足的地方。去走走，去看看，特别是那些久闻而未亲见的地方，今天就把所有的遗憾都弥补。一个人的空间里，就是这样的自由随意，原来孤独还可以这样享受。

10 月 15 日

观察蚂蚁搬家

"业精于勤而荒于嬉，行成于思而毁于随。"惰性是一种习惯，一种让人麻木的习惯，让我们看不到头顶的危机，让我们在不知不觉间坠入平庸与潦倒。观察蚂蚁搬家这样一个小小的举动，便会让你在烦躁的生活中多一份平静，多一种感觉，多一次与自然亲密接触的机会。在一个晴朗的假日，你可以远离钢筋水泥，找到有土的地方，最好离开这个城市的中心，去远郊的某个地方。如果你想在你家小区附近找到蚂蚁活动的踪迹，那可能要费一番工夫，说不定最后还是徒劳无功。所以，远离城市，到大自然中去吧，勤劳的小蚂蚁正在那里忙碌。

晴朗的午后是小蚂蚁最爱出来活动的时间，如果你发现了一只小蚂蚁，追逐它的行踪，很快你会找到它的同伴。记住，你只需要静静地观察，即使你非常好奇地想知道它们如何面对突如其来的干扰，而此时你的好奇心又非常强烈，也不要惊动这些小生灵。无论如何，在你还没看出个所以然来之前，不要打扰他们，仔细看看它们是如何搬家的，有没有什么特别的方式和搬家的程序。

如果你看到了一群蚂蚁，络绎不绝，马不停蹄地向前爬行，那就是它们正在搬家。你看到了吧，它们每只嘴里都叼着一个看不太清楚的小东西，那是它们的食物。小心你的脚步，不要挪动，你不知道它们的旅行路线，可能你一动脚，就会将它们踩在脚下了。珍惜它们的生命，它们都是勤劳的小生灵，它们和人类一样，也是在为了自己的生计奔波。

它们可能会爬行得很远，那你可以小心地移动脚步，跟在它们的后面，去看看它们的新家，看看它们是如何把搬来的食物放到新家里的，它们又是如何去分配这些食物的。

回家后，写一篇日记，详细地描述小蚂蚁们搬家的整个过程，包括你的感想。

10 月 16 日
培植一棵小植物

在每一个有生命存活的地方，都可以产生一段动人的感情。只要用心，只要有意，只要肯付出，在任何一个地方的任何一个角落，都可以看见生命在开花结果。

每一种小植物似乎都有一种象征意义来寓意人生，寓意人品。很多人都是因为这些人为的寓意喜欢某种植物的。这些寓意其实也是根据每一种植物本身的特性所赋予的。选择你喜欢的植物，亲自来培植，体验一种精心呵护心爱之物的感觉。

这种小植物不一定非得是花卉市场里的那些有着好听名字的植物，有些野生的小植物也很可爱，也许你叫不出名，但是它的模样很让你怜爱，尤其是在农村长大的孩子，小时候一定见过好多无名的小植物。如果有可能，把你喜欢的野生小植物移植到你家里精心培养，给它取一个让你心仪的名字，让"流浪儿"也享受一下"公主"的待遇。

去花卉市场选一个自己喜欢的植物也不错，君子兰、仙人掌、水仙等都是大家常养的植物。每一种植物都有不同的培植方法，如果你选中某种植物，一定要提前学习它的培植方法，你可以请教有经验的朋友，也可以在买卖的时候，向花卉老板咨询，负责任、热心肠的花卉老板一定会详细告诉你的。

这种植物不一定非得养在家里，你也可以养在工作的办公室里，总之最好是在你经常能看得到的地方。否则工作繁忙的你，可能一不留神就很长时间想不起它来，而忘了给它进行必要的养护，比如施肥、浇水等。

你也可以将他养在室外，让它长在天然的土里，这样对小植物的生长是最有利的。只是如此一来，你就要记得经常提醒自己去照看它了，最好把它养在你出门必经的地方，并把它放在你心里的某一个角落。就像小宠物一样，它也是一只小生灵，也是你的"宠物"。

10 月 17 日
养一条小金鱼

空虚无聊常常是因为精神和感情没有寄托。给自己一个寄托，你会找到温暖和充实。它不一定是某个具体的人，任何有生命力的东西都能带给你想要的感觉，只要你肯投入。

如果你在自己的家中置一个鱼缸，养一条小金鱼，你会发现生活会因此而发生一些改变。

首先你得为小金鱼选择一个好的生长环境，不能太随便，就给它找一个破瓶子罐子，你得为它寻觅一个漂亮的鱼缸，把它放在你的家里。它可以成为家里的一道亮丽的风景，带来一些灵动和生气。

金鱼市场有很多小金鱼，转来转去你可能头都快转晕了，到底选哪一条好呢？每一条看起来似乎都差不多。不但人与人之间要讲求缘分，人和小生物之间也是这样。你就相信自己的感觉吧，一定有那么一条你看起来会觉得格外亲切，即使它并不是看起来最美的，或者最名贵的。

知道该怎么养小金鱼吗？如果你还不是很清楚，费点心思去学学，向别人请教也好，去图书馆、用互联网，查点资料也好，总之你要做到心中有数。你最好在买鱼的时候向卖家咨询一下，他（她）们经验丰富，为了做生意，会十分热心地教给你许多独到的秘方，因为你如果养得好，说不定下次你还会光顾他（她）们家。

把小金鱼放到你准备好的鱼缸里，鱼缸里面最好弄一些虚拟的假山和水草之类的，就像一个海底世界模型。这样不仅美观，而且也会让小金鱼找到家的感觉，谁都希望自己有个漂亮的家，小金鱼也会感觉到主人对它的宠爱而快乐地成长。

接下来该给小金鱼喂食了，给金鱼喂食有些讲究，一定要定时定量。因为小金鱼和人不一样，它不知道如何克制自己对事物的贪欲。如果你不停喂食，它就会不停地吃。所以，只能靠你这个主人来帮它控制食量了，否则，你会让它撑死。这毫不夸张，不知道有多少小金鱼就是因为吃得过饱而撑死的，这可都是因为主人的溺爱啊！所以，你可千万不要对小金鱼过分溺爱，而葬送了它脆弱而可爱的生命。

给你的小金鱼取个可爱的名字，在你感觉到劳累的时候，在你空闲的时候，就过来看看它，和它逗逗乐。你甚至还可以和它说说话，尤其当你觉得苦闷没有人可以倾诉的时候，相信它可以听得懂你所说的话，看着它不停游动的样子，你能感觉到它在倾听吗？

10月18日
到大自然中去感受万物生灵

> 有一个地方，永远孕育着希望与生机，它能抚平所有浮躁与不安，烦恼与忧愁，那就是大自然。

如果你生活在乡野，那么到自然中去感受万物生灵对你来说很简单，也许你每天都有机会做这件事，但是，对于大多数生活在城市里的上班族来说，恐怕这种机会就很难寻觅了。

去郊外，最好是大清早的时候就能赶到那里，因为早上的空气是最清新的，而且清晨是万物苏醒的时刻，你会感觉到格外的生机盎然，从外到内，你都会有种生机勃发的感觉充盈到你的全身。想体验这种感觉吗？那就早点出发吧。

这个地方，最好有山有水，有花有草，有虫有鸟，让你可以感受到大自然的一切气息和声响。

闭上眼睛，用心聆听鸟儿鸣叫的声音，是不是感觉它们是在歌唱。它们是在歌唱它们美丽的世界，动人的生活，你也可以的，和鸟儿们一起歌唱吧。

再看看碧波荡漾的湖水，没有湖有一条小溪也不错，看落花随着流水漂移远去，听溪水淙淙的流动，就像是生命在流动，你会觉得这个世界是活的。生机孕育着希望，如果你有什么难过的事，如果你对生活有一点失望，听听大自然的声音吧，你会重新找到

生活的希望。

还有大树郁郁葱葱，初升的阳光下树影婆娑，如一个妙龄少女在跳舞，婀娜多姿的身影，昭示着青春的无限美好。如果你正当青春年少，请珍惜大好年华，努力奋斗。如果你的青春已经远去，请不要悲叹，把青春的精神留下，只要心中有希望，拥有不老的精神，青春就能在我们的心里，在我们的血液里，在我们的骨髓里永驻。

呼吸一口新鲜空气，张开你的双臂，把大自然的气息拥抱在你的怀里，大声对自己说：生活多么美好，我要学会珍惜，让希望永远留在心里。

10 月 19 日

清晨采集露珠

生活中因为有了积累，才变得深厚和宽广，工作是这样，学习是这样，感情也是这样，给自己一点耐性和希望，用心享受累积的过程。

你可以利用晨练的时间，在你家的小区里采集露珠。只要是有树的地方就有露珠，当然，最好是那种小树苗刚刚发出的新芽上的露珠。

你要轻手轻脚地走到小树苗跟前，不要触碰到任何枝叶，因为轻微的触碰就能抖落树叶上的露珠。露珠在小树叶的叶尖上，所以，小树苗的树叶最好是有尖尖的叶子的那种。看着盈盈欲滴的露珠，千万不要因为激动而心急，小心翼翼地把塑料袋的口对准露珠，轻轻一抖，让小露珠自然地滚落到袋内。注意了，抖落树叶的动作千万要轻柔，不要因为一片叶子的动静，而影响到其他叶子，让其他树叶上的露珠滚落一地。就这样，一片一片地采集，一两滴露珠真的没有多少水，这是个累积的过程，所以需要你有点耐性，用心体会这个积少成多的过程吧。

不要因为贪求速度而乱了方寸，采集露珠必须小心翼翼，不能心急，保护好你手中的塑料袋，塑料袋最好比较结实，不要让树枝给划破了，否则就前功尽弃了。

不要奢望能采集到很多露珠，有些东西就是因为稀罕才珍贵，露珠也是如此。露珠是绝好的美容精品，把采集好的露珠拿回去敷脸，感觉真的会很不错。如果你是男士，把它作为礼物送给你的爱人，她定会感动万分，最关键的是，你的这份细心难能可贵。

如果你今天能采集到大半塑料袋，那就是非常成功了。回去以后把它冻在冰箱里，尔后拿出来冰敷，效果会更佳。

10月20日

独自去散步

一个人走着，什么都可以想，也什么都可以不想，便觉得自己是个自由人。因为真正的旅行是一个人的旅行，只有一个人才能身心自由，静思默想。

一个人散步，没有可以交谈的对象，自然是有点沉闷，有点儿形单影只，因为这时在街边路旁散步的，多是一对对年轻的情侣，或是一些步履不再矫健而相携相扶的老夫妇。但一个人散步，却又有着许多的好处。你可以随意地选择或改变要走的路线，而不用与人相商，也不用担心别人反对或者不悦；可以随处站下或找一块石头小坐片刻；也可以看看天空，有月亮时就可以久久地凝视着这千古一轮的月儿，想一些关于月的神话、传说和科学探测；无月时仰望满天的星斗，也别有一番情趣。天上有一些星星，确是真正的"明星"，并且千古不变不灭，比之我们这个尘世中的那些"明星"来，可就要长久永恒得多了。你看那牵牛星、织女星、北斗星、启明星……千万年了，还是那样明明亮亮地镶嵌在夜空中，让我们从童年到老年，都注视着它们。

独自散步，除了锻炼身体的意义外，更多的好处还在于思想。人在自由状态的运动中，比正襟危坐在书桌前更利于思考和想象。有时你会不由自主地自言自语起来，似乎有一个看不见的人和你走在一起。

事实上，这时你真的不是一个人，因为在你的心灵中，这时一定有一个人在陪伴着你。也许是一位红颜知己，或者是一位忘年之交，不管他或她是远在他国或已辞别人世，在你独自的散步中，他或她就会出现在你的脑海里。你们继续着以前的话题，关于一首诗，关于一篇有趣的故事，你们交谈着甚至争执着……许多新鲜的念头，也会像闪电一样，穿过厚重的云层闪耀出来，让你感到震撼和炫目。

确实，许多有价值的思想，许多的灵感，就是在这种独自散步中产生出来的。在独自的散步中，很少有孤独的感觉。因为真正的孤独是心灵上的孤独而非形式上的孤独。有时在节日，在晚会上，在人群中，你反而会感受到一种无法承受的孤独。那是一种找不到朋友，也丧失了自在的自我之后的一种孤独。

独自散步犹如为心灵解锁，个中滋味非独自散步者莫能体会。人的心灵，其实是个囚室。衣、食、住、行之生活琐事，整天缠着身子，谁不感觉心累呢？单位上的人事纠葛，家庭里的烦恼困惑，整天亦缠着身子，哪个不叫唤辛苦呢？

所谓辛苦，其实便是心苦。天长日久，心灵忧郁，盘绕在心头的烦恼便会"剪不断，理还乱"，形成死结。独自散步时，你置身室外旷野，可以袒露心灵使之与大自然的宁静与生机融合。

10 月 21 日
睡前喝一杯浓浓的**牛奶**

生活像一道菜，你就是厨师，酸甜苦辣都由你自己去添加，但希望加得最多的是浓浓的甜；生活像一本书，让人百看不厌，从中你学会了许多。享受生活，就是享受生活的乐趣。

牛奶含有丰富的营养元素，可以补充身体所需的很多微量元素，还可以美容。同时，牛奶也是公认的助眠好饮品，睡前喝一杯浓浓的牛奶，可以起到很好的催眠作用，对于大多数有失眠习惯的人来说，真是个不错的选择。

即使你没有失眠的坏毛病，睡前喝牛奶对身体也很有好处，而且，可以提高你的睡眠质量。最好，能在睡前喝上一杯热热的浓牛奶，那样喝起来特有感觉。

在享受这杯牛奶的时候，你可以在卧室里放上一段轻音乐，一边喝一边听着柔美的音乐。音乐也可以帮你入眠，当然，你要选好音乐，那种轻柔舒缓的比较适合。这种时候，你可以抿上一口葡萄酒，然后半躺在沙发上，微闭上眼睛，在音乐中随意地让思绪飘飞，甚至展开你的想象。你可以幻想你认为最美的事，让音乐带着你畅游。也许睡眠将近，你可以想象你躺在绿绿的草坪上，草丛中点缀着零星的小花，几只蝴蝶在飞舞，蜻蜓在嬉戏，风儿吹过，你是不是闻到了一阵芳香？哦，那是牛奶的味道。

你甚至可以号召你的家人，和你一起享受这份美味、这份快乐、这种幸福。不要小看这份幸福，其实，幸福就是这么简单，就在于你如何去创造，如何去体味。

10 月 22 日
煲一锅营养又美容的*汤*

虽然有时生活会像一杯白开水，但你一定要相信，一定会越品越甜；虽然生活有时会像一杯苦涩的咖啡，但你一定要相信，怀着欣赏的心态去品，一定会越品越香；虽然生活有时会遭遇挫折，但你一定要相信，一定会成功的。

喝汤除了能促进人体健康外，亦可以美容。喝汤在促进人们美容方面的作用很多，如有的汤可润肤悦颜、抗皱驻颜、增白莹面；有的汤可生发乌发、润发香发；还有的汤可生眉扶睫、荣唇丰口、洁齿牢牙、健鼻护耳；有的汤甚至可丰形健身、香身除臭。

总之，美容离不开喝汤，这是最快捷的美容方法，尤其是在秋冬季节，喝汤能最快捷地补充人体皮肤所需的水分，而水是养颜护肤最不可缺的。

煲汤以选择质地细腻的沙锅为宜，但劣质沙锅的瓷釉中含有少量铅，煮酸性食物时容易溶解出来，有害健康。内壁洁白的陶锅最好用。

煲一锅什么汤，选择什么材料，这就要看你想补什么了。有很多美容食谱对这种美容汤都有介绍，你也可以去请教在这方面比较有心得的朋友。煲汤的材料可能会比较复杂，倒不是因为材料稀罕，而是所需材料的种类比较繁多，没有现成的已经料理好的材料，需要自己一样一样地去购买。

不要因为困难就偷懒，自行减去某样材料，多花点心思，多跑几家药材或者食品店将材料买全。买回材料，按照食谱耐心熬汤，不可偷工减料，很多汤必须火候够了，功效才能达到。

汤煲好后，如果你有足够的信心，邀请你的亲人或者朋友，和你一起品尝你的劳动成果吧！

10 月 23 日
制作个人*名片*

每个人都有自己的个性，你就是你，而不是其他任何人，在每天的生活中展现真我的风采吧！

一般个人名片，都是介绍自己的单位和职业、职位、联系方式等。如果你想制作一张比较有个性的名片，那么你可以制作一些有特色的信息。当然，不管怎样，名片的主要作用是为了证明你的身份，同时使有意与你再联络的人知道如何找到你，这是名片最基本的用途。一般当你遇到某个人，彼此自我介绍之后，对方会给你一张卡片，上面有他的名字和电话号码，或者还有其他一些个人信息。

你还可以附加一段文字来表现你的个性，就像你的个性签名一样，它可以是你的座右铭，也可以是你的个性介绍，由此来展现自我风采，让别人一看到这段文字，就能想到是你。

如果你有兴致，还可以放上一张自己的照片，展现你最美的一面，或者最可爱的一面。

清洗所有的脏衣物

生活需要用心去料理和照顾，才会开出最绚丽多彩的花朵。做一个勤劳的人，生活会馈赠你很多。

很多人都有一个习惯，脏衣物往往都是累积成堆之后，差不多都快没衣服可以换了，才记得把这些脏衣物洗了。尤其是有了洗衣机之后，家里的脏衣物又快堆积成山了吧。今天就做个勤劳的人，将它们统统清洗干净。我们通常会将它直接扔到洗衣机清洗，但在此之前，对衣物的种类进行区分是绝对有必要的，对颜色、质地以及污渍情况都要进行细分。

此外，最好再将衣物按所适用的清洗剂进行分类，中性清洗剂可以用来清洗较柔软的衣物，毛巾和衬衫等比较耐久性的衣物则需要使用弱碱性清洗剂。通过科学的方法将对衣物的损害降到最小限度才是明智之举。

清洗衣物，生活中还有一些小窍门，掌握这些小窍门，才能做到省时又省力。

比如，清洗白衣、白袜的窍门是，白色衣物上的顽渍很难根除，这个时候取一个柠檬切片煮水后把白色衣物放到水中浸泡，大约15分钟后清洗即可；清洗衣物怪味的窍门是，有时衣物因晾晒不得当，会出现难闻的汗酸味，取白醋与水混合，浸泡有味道的衣服大约5分钟，然后把衣服在通风处晾干就可以了；油渍的去除方法是，出现油渍时应及时清洗，可用溶剂汽油、四氯乙烯等有机溶液擦拭或刷洗，在清洁时，用毛巾或棉布将擦拭下来的污渍溶液及时吸附，使其脱离衣物表面，以防留下痕迹；果汁污渍的去除方法是，衣物溅上果汁应立即处理，先用热水清洗，或用湿布轻拍污处，再使用洗洁剂（或食盐水）洗净。其残留的黄色斑点可再使用漂白剂洗涤。时间较久的陈迹先用温甘油刷洗，再滴少许10%的醋酸刷洗，最后用清水漂净；油漆污渍的去除方法是，可用清凉油涂在刚沾上油漆的衣服的正反两面，几分钟后，用棉花球顺着衣料的布纹擦几下即可，如是陈漆迹，需涂上清凉油，等漆自行起皱后再剥下；茶水渍的去除方法是，刚沾上的茶水渍，可用70℃~80℃的热水揉洗去除，如果是旧渍，就要用浓盐水浸洗。

毛料衣物染上的茶渍应用 10% 的甘油溶液揉搓，再用洗涤剂洗，最后用清水漂净；衣服泛黄巧清洗方法是，泛黄的衣服可用淘米水浸泡 2～3 天，每天换 1 次水，然后取出，用冷水清洗，晾干后，可恢复原有的洁白。

用这些小窍门将堆积的脏衣物一一清洗干净，一天下来，除了满身的疲乏，更多的还是内心的充实。

10 月 25 日
给自己拍一组生活照

生活其实很多彩，就像一道五色的瀑布，倾泻出五彩的人生；生活其实很靓丽，就像一块透明的三棱镜，折射出人生的七色；生活其实很动听，就像一支清越的曲子，演奏着跳跃的人生；生活其实也很深邃，就像一部大书，提炼出人生的真谛……生活就是这样，充满着无限的乐趣。懂得享受生活，才不枉此生。

找一个朋友和你合作，你帮他拍，他帮你拍。多找几个场景，家里就不错，然后到外面小区，工作单位，反正就是你经常要出现的地方，拍下你平时生活的样子。

多换几套衣服，感觉就像在不同的时候，在家里，穿上你平时最喜欢的家居服，你吃早餐的样子，在厨房忙碌的样子，打扫屋子的样子，和家人吃饭的样子，晚上就寝前的样子，这些统统都可以照下来。你还可以和你的家人合影，像平时一样，一家人围坐在一起，话话家常，看看电视，和乐融融，用相机拍下最真实的样子。

在工作单位，拍下自己为完成工作任务专注的神情，和同事聊天的样子，整理文件的样子，工作累了闭目养神的样子，等等。请求同事的帮忙，尽量表现得和平时工作一样，最真实最自然的工作状态是这次的主题。

在其他场所，大街上，公园里，你平时娱乐的场所，就要表现你开怀的一面。放开自己，尽情玩乐，表现你最为爽朗的一面，让相机记录你快乐的生活。

10月26日
到一个舒适的地方晒太阳

我们的生活需要阳光，因为有阳光，万物才有了光辉；因为有了阳光，我们才会更加愉快，才会拥有一个好心情去对待一切。拥有一张阳光般的笑脸，快乐自己又能感染他人。无论在什么时候，只要我们学会用心去感受阳光，就一定能够发现阳光无处不在。

一般人们都认为，冬季常晒太阳对身体好，其实，秋天也应多晒晒太阳。

阳光中的紫外线能促进黑色素生长，使皮肤角质层增厚，阻碍病毒、细菌等有害物质侵入皮肤。直射的紫外线能直接杀死细菌和病毒，散射的紫外线能削弱病毒和细菌活动，抑制其生长繁殖。伤寒杆菌、结核杆菌在日光下数小时即死亡，百日咳嗜血杆菌在日光下一小时即死亡，痢疾杆菌在日光下 30 分钟可被消灭，肝炎病毒在紫外线照射下，1 小时便失去活性。流感病毒对紫外线很敏感，晒太阳可防止流感的传播。

晒太阳既可预防又可治疗佝偻病。阳光中的紫外线能使人体皮肤中的脱氧胆固醇转变成维生素 D。据有人统计，1 平方厘米皮肤暴露在阳光下，3 小时可产生维生素 D 约20 个国际单位。因此，采用晒太阳来预防和治疗佝偻病是最好的方法。另外，紫外线作用于皮肤时具有抗炎症、抗过敏、抗神经性头疼、改善皮肤营养状况等多种效应。阳光中的可见光部分还可增强情绪活动，提高人的情绪。

找一个舒适的地方去晒晒太阳，在阳台上放一把躺椅，躺在上面，轻轻摇晃，闭目养神，让阳光透过窗子照在身上，享受这种舒适温和的暖意。如果你觉得阳台上空气还不太流通，阳光还不太充足，那就外出，去海边，去草坪上，去公园的长椅上，去湖边，去小树林，去大自然中感受阳光的味道。

晒太阳也要得法。一天当中，有两段时间最适合晒太阳：一段是上午 6 ～ 10 点，此时红外线占上风，紫外线偏低，使人感到温暖柔和，可以起到活血化淤的作用；第二段是下午 4 ～ 5 时，此时正值紫外线中的 α 光束占上风，可以促使骨骼正常钙化。

还有，千万不要贪晒，秋天的阳光不比冬天的阳光，晒得时间长了对皮肤还是有伤害的，一般以 30 ～ 60 分钟为宜。

10 月 27 日

收集漂亮的树叶做书签

不要每天都千篇一律地做着同样的事，那样会让你觉得生活乏味又无趣，甚至会有一种厌烦的情绪。做一些新奇好玩的事，给生活制造一点新鲜的元素，让我们每天都能精神焕发。生活因为有了这些灵动的色彩而精彩非凡。

秋天的叶子五颜六色，特别美，而且树叶已经开始慢慢往下落，找一片树林，最好是树种比较繁多的林子，这样你可以收集到各种各样的树叶。

不要像扫落叶一样，一把一把地乱抓，制作书签的树叶要有讲究，一定要完好无缺，而且要表面平整。所以，你应该一片一片认真地捡起来，放在事先准备好的塑料袋里。塑料袋也要选择小型平整的，把收集到的树叶一片贴着一片整齐放在塑料袋里。每种树叶最好能多收集几片，因为你不能保证收集的树叶每一片都能制作成功。

回到家后，检查收集回来的树叶，选一些完好无损的漂亮叶子，把它们放在水盆里，清洗一下，再把它们拿出来，用卫生纸把它们擦干。然后，在每片叶子两面垫上几层厚厚的卫生纸，用书压上。等到傍晚的时候，再换上干燥的卫生纸，等完全干了，把叶子拿出来。

还有另外一种方法，把树叶和碱块放在一起煮，叶子煮好后，取出，用细毛刷将表面的颜色轻轻刮掉，这样就只剩下透明的一片叶子了，将其放在通风处（阳光不要太充足）晾干就好了。

第一步工作做好后，下面的工作就是美化了，用彩色荧光笔在叶子上画上图案或写上格言，这时候你可以发挥你的想象力了，最好能画上一些能激励自己的图案，或写上励志类的格言或诗词。

美化工作完成后，最后在叶柄上系上一根彩线，这样一枚叶片书签就制作成功了。也许你不满足一枚书签，那么把上面的程序再重复，制作出各种不同的漂亮书签，把它们当做礼物送给朋友也不错。

10 月 28 日

采一把野花回来

生活需要一些闲情逸致，比如采一把路边盛开的野花，独自浪漫，而不去管城市的喧嚣，世俗的无奈。生活还在继续，却无法干扰我内心的逍遥。

天天行走在钢筋水泥地上，再也看不到那漫山遍野的小花，风儿吹过，如波浪般摇曳的美景。这样的温馨浪漫，似乎只能在梦中出现，其实，只要远离钢筋水泥，去有野花的地方，还是可以找回当初的感觉的。

放下每天要做的工作，给心情放一个假，邀上几个童年的伙伴，大家一起去山野采集野花吧。

想要看到那漫山遍野的花可能不是太容易，能看到星星点点的小野花就心满意足了。仔细找寻一下，看看能找到多少种野花，你能否叫得出它们的名字，不行的话，就给它们取一个别致的名字吧。

不要太过贪婪，采集你手中能捧得住的一束就行，野花还是开在路边比较有意境，那才是它们真正的家。你要保证你能珍视它们的生命，不要采一朵扔一朵，认真对待你所采集的每一朵花，把它们带回家，不要随意扔在大马路上，如此美丽的小生命，相信你也不会舍得。

把采集回来的花，仔细地修剪，把它们剪成参差不齐的一束，找一个漂亮的花瓶，灌上水，把这束美丽的花插进去。保证从任何一个角度看，它们都是那么灿烂可爱。

为了表示你对它们的喜爱和珍视，把它们放到你卧室的床头，让它们可以扮香你每晚甜美的梦。

10月29日
给自己制作一个幸运符

心中装着美好的愿望，幸运之神才会光顾你，相信自己，你就是那个幸运宠儿。

有时候心理作用和精神力量，对人成就某件事的作用是非常大的。一个美好的愿望加良好的精神状态，是我们成功的前提。

给自己制作一个幸运符，相信它能给我们带来好运。幸运符其实就是一个有着象征意义的小玩意，一串项链、一副手镯、一个戒指，甚至只是一个书签，都可以成为幸运符，只要它被你赋予了某种象征意义。你可以运用日常生活或者童话故事、神话故事中的象征物，当做幸运事物的主题。譬如你可以制作一个神话故事中女神的头像，或者其他有着神灵的象征意义的头像。

当然，你也可以自己设定一些幸运的符号，比如，你觉得某些东西跟你特别有缘，某个数字，某种小动物，某种花卉，这些东西都可以成为你的幸运符主题。

如果你觉得自己不够心灵手巧，完全可以去专业的手工制作店，这些小店可以完全按照你的意愿制作出你想要的手工艺品。

这个幸运符最好是你能经常携带的，比如，可以天天挂在脖子上的项链。让这个幸运符天天伴随着你，想象它会保佑你，让好运时时伴随你，当你这样想着的时候，也许好运真的会在某一天降临。其实，这是自信的一种表现，相信好运会光顾自己，就是最美好的自信。

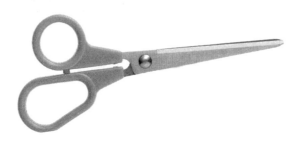

10月30日

资助一名贫困学生

　　胸怀宽广的人，装得下全世界，以己之微薄力量，给世界的某个角落一点温暖，世界就是因为这样才充满了温馨和美好！

　　如何去资助贫困学生，这要视你的财力而定。如果你足够有钱，完全可以独自去资助一名学生所有的学费；如果你也只是刚刚够养活自己，那么就以你的余力给那些更需要帮助的人一点点资助，只要在你所能承受的范围之内。

　　爱心不应以金钱的多寡论深浅，而是看是否在你所能承受的范围之内，做你力所能及的事情。

　　对于大多数人来讲，可能还没有能力去包揽某个孩子所有的学费，那么，就做你能做的吧。平时少买件漂亮的衣服，少吃一顿大餐，这对于你来说，并不会损失太多，却可以解决一个孩子的燃眉之急。

　　目前仍有很多贫困的孩子，找到你要资助的这名学生，用你自己认为合适的方式，把你准备好的财物捐献给他。你还可以给他写一封慰问和鼓励的信，鼓励他不必为自己窘迫的处境担心，这个世界上有很多人都在关心他，大家会一直帮助他，直到他完成学业，希望他发愤图强，将来做一个有用的人才。

　　今天是你资助的开始，最好能够长期坚持下去。每隔一段时间，定期地给他一点帮助，也许这对于你的经济状况来说，有些困难，那么你可以在其他方面给予一些帮助，几句鼓励的话，也是你爱心的表现，起码让这个需要帮助的孩子知道，这个世界上有一个人在一直关心着他。

　　此刻，你会发现你的价值得到了另一种认可，你的生活也为之而改变。

10月31日

到户外呼吸新鲜空气

　　不要埋怨生活的沉闷和疲乏，繁琐和单调，快乐和充实的感觉需要自己去寻找，为自己注入一点新鲜的元素吧！只要用心，生活就会有很大的改变。

　　建议你到开阔的地方去，离开空气干燥、不流通的办公室或自家的房子，走到户外去体验空气在鼻腔流动的感觉。

　　你最好能起个大早，如果你有晨练的习惯最好，利用晨练的机会感受一天中最清新的空气，如果没有，那不妨比平时起得早一点点，去绿色植物多一点的地方，能见到新鲜土壤的地方，呼吸空气里泥土和植被的味道，就像纯净水里加入了几片玫瑰花瓣，清新而自然。

如果你一整天都有空那是再好不过了，你可以外出远足，去一个你认为空气最为清新的地方。一般来说，远离市区是最佳的选择，不要觉得劳途奔波，你可以怀着轻松愉悦的心情，邀几个朋友一起上路，还可以欣赏沿途的风景。如果你觉得途中空气不错，偶尔停下来，闭上眼睛，仿佛闭目养神般，但你的鼻子不要休息，做几个深呼吸。注意呼吸有什么感觉、什么声音，并注意呼吸是否畅通，体会空气流到胸腔的感觉，想象你的整个内部器官充盈的都是新鲜的气流，是不是有焕然一新的感觉。

如果你能到那种青山绿水的地方，遍地的野花小草，鸟儿在歌唱，昆虫在鸣叫，那将是你摄取新鲜空气的最佳场所。如果可以，尽量去那种地方吧，你会觉得生活是那么美妙，再大的痛苦，再多的烦恼，此时此刻，也会化为乌有。

挑战自我，勇敢追求

一个人，想要潇潇洒洒、快快乐乐地过一生，首先就要认识自我，然后再不断地挑战自我。

挑战自我，就要不满于现状，不屈服于命运，不畏惧困难，不相信神话，勇于挑战生命的极限。

挑战自我，就要不断求新求进步，敢于开辟新的征程，乐于接受新的风雨，不墨守成规，不故步自封，敢于体验置之死地而后生的快乐。

11月1日
一个人走夜路

生命中难免有些灾难突如其来，内心的恐慌让我们不知所措，不要害怕，迎面直上，勇敢地笑一笑，所谓的灾难也能现出一道美丽的风景。

今天不要像平时那样，一下班就早早回家，试着自己给自己加加班，等到天黑了再回家。当然，你要事先给你的家人或同住的伙伴打个电话，告诉他们你今天要晚归，让他们不必担心。

一个人回家的时候，不要打电话叫人来接你，或在某个地方等你。试着一个人在夜色中走完全程，当然你得确保你所在的这个城市的治安环境还不错，否则还是不要太晚回家。一个人走的时候，别忘了欣赏夜景，看看街道两旁的霓虹灯，看看夜色中的建筑群和白天有什么不同，看看夜色中疾驰的车辆和匆匆而行的人群。如果觉得害怕，不如轻轻地为自己唱一首歌，就像自己在舞台上表演一样，努力回忆歌词，争取把它完整地唱出来。这样努力思索的过程会分散你的注意力，恐惧感也会随之分散。或者塞着耳机，让音乐包裹着你，仿佛自己置身于一个音乐的世界，你会忘了夜色中你的孤单，反而感受到一种不受外界干扰的宁静感觉。

一个人静静地行走，也是思考的好机会，你可以想想你的人生和梦想，想想你这么多年来的生活，付出多少，又收获了什么，有没有给你现在和未来的人生留下什么启示？一个人静静行走的夜晚，也是放飞思念的空间，如果你心有牵挂，可能白天繁忙的工作占据了你所有的思绪，让你没有余暇去顾及心中那一腔情思，那么，现在就让它自由飞翔吧。

11月2日

大胆对暗恋的人表白

勇敢表白，表面上看来是对爱情展开追逐，但其实是想努力找到完整的自己，即使到最后未能如愿和心仪的人在一起，却一定能够寻回自己曾经失落的部分。

爱有时不需要承诺，却需要真心表白。一份没有表白过的爱情，有如一册空白的日记，一份埋藏在心底的爱，也如同一本空白的纪念册，虽有无限的幻想和憧憬，最终的命运都是被沉默窒息，如果连开始都没有，又谈何结果？

勇敢表白，让对方明白你的心意，即使被拒绝，以后回想起来也不会后悔。因为自己曾经尝试过，也努力过。这是一段还没来得及开花的恋情，我们怎忍心让它无声地夭折？

爱，就大声地说出来，不要给自己的人生留下永远的遗憾。如果你不敢亲口说出来，那么就用别的方式，用文字来表达，给对方一封表白的信。如果你连亲手把信交给对方的勇气都没有，那么就用电子邮件。别忘了，现在你还可以用手机短信来表达你的心意。

11月3日

主动约会喜欢的人

生活需要理性，但是太多的理性会压抑人的本性，有时候不妨尊重自己的心意，按照心的旨意来做一些事。

不管你是男士还是女士，尤其是女士，拿出勇气来，主动约会自己喜欢的人吧！

也许你们彼此有意，只是还没有捅破那层窗户纸，谁都不肯主动约会对方，那么，这个时候，你更应该主动一些了。也许只是你单恋对方，你还不知道对方的心意，那么，主动地邀约他，刚好可以趁此机会试探出对方的心意。

如果你不敢当面发出你的邀请，那么，就打一个电话。事先不要去担心对方的拒绝，很简单，邀请对方去咖啡厅坐坐，看一场电影，或者去公园走走，就当是作为朋友的一种邀约，这也可以理解为一种友谊的邀请。

其实，你大可不必想那么多，人有时候做事是需要冲动的，如果患得患失，思前想后，就会失去了行动的勇气。你之所以犹豫、胆怯，其实还是害怕被拒绝后，颜面上过不去，做人何必那么在意别人怎么想自己呢？做自己想做的，只要没有对别人造成恶意的伤害。为你的人生留下一些勇气的痕迹，就算将来回忆起来，也是一种骄傲。

11月4日
不要压抑你对某人的**不满**

给自己的情绪一个发泄的出口，不要让它烂在肚子里，因为生活需要阳光的照耀，给阳光雨露留一个空间。

如果某个人让你觉得讨厌，或许是因为他今天做了一件特别让你恼火的事，你到现在心情还无法平静。换了平时，可能你就忍了，让情绪慢慢地消化。今天你可以不再忍下去，那样的确有点委屈自己，不要压抑这种情绪，总是忍耐对自己的身心也没有好处，今天就对自己好一点，让这种不满的情绪自由发挥出来吧。

当然，你不必真的对着这个人发火，因为有时冲动起来，容易产生矛盾，可能等你冷静下来，就该后悔了，而且，因为一点小事失去一个朋友，那样可就不值了。所以，你可以对着墙，把它当做那个人，把你心中的不满全部都表达出来，或者找一张纸，把你心中的愤懑全都写下来，就像在给他写信一样。

如果对方是一个和你关系不错的朋友，彼此很了解，也能宽容对方，那么你可以把你的想法告诉他，情绪别太激动就行，言辞也别太激烈，用一种比较平和的口气，讲出你对他的意见。并且告诉他，你觉得应该如何改善你们的关系，以后大家应该如何更好地相处。

一旦你的情绪得到发泄，就要下决心不再回顾这件事。生活必须继续，不要让它一再拖住你的思绪，毕竟它只是你许多经验中的一部分，放它去吧！

11月5日
向老板要求加薪

沟通成不成功，不在于你是否要到你想要的，而在于双方是不是"心服口服"，是不是清除了心中的芥蒂，而且，纵使你得到了你想要的，也要考虑对方是不是跟你一样开心，或是比你更开心。

如果你觉得老板给你的薪水与你的付出不成正比，你觉得你有充分的理由可以加薪，那么，勇敢走进老板的办公室，说出你的要求。

要求加薪，必须秉持委婉与中肯的态度，以下有几个步骤供你参考。

1. 了解上司的需求。事先了解上司的需求与目前待解决的问题。上司的需求，最好能与我想加薪的理由结合在一起。

2. 确立加薪的原因。理清我在意的是什么？我的疑虑是什么？我想要的是什么？我想要上司知道的状况是什么？你在意的不一定要告诉上司，但是你必须理清你的思路。

3. 搜集有说服力的资料。尽量找出有力的数据与证明来说服上司。比如，想要强调工作的分量增加了，可以用数据比较过去两年与今年的工作量，让上司作为参考。

4. 讲清楚说明白。把想问上司的问题问清楚，许多人尽管喜欢"不直接"的沟通，但是还是需要把自己想要加薪的原因说清楚。比如，许多人常间接地问上司："我3个月的试用期到了，是不是应该有绩效考核？"建议还是直接对上司说："3个月试用期到了，我认为我的表现为公司争取了许多业绩，您认为，是不是值得加薪呢？"

5. 询问上司的看法。清楚说明想要加薪的原因之后，一定要反问上司的看法如何，大多数人单方面说完想要加薪的原因之后，就不了了之。建议你陈述完后，可以问上司说："您觉得呢？"

6. 根据响应修正自己的要求。也许上司作了解释，表明暂时无法加薪，但是，不要马上就放弃，你必须再修正你的要求，再次询问上司的看法。

7. 得出具体结论。谈加薪就像谈合约，在合约上应该有清楚、明确的注意事项与时间要求，让双方知所依循。但是许多人往往不好意思问，或忘了向上司要求具体的结果，比如，时间、数目，等等。建议你可以说："我知道公司目前有困难，我自己也必须考虑我生活上的需求。我想知道，您什么时候可以给我答复？"

如果一开始你觉得没有把握，那么，事先找一个朋友和你练习一下，想想上司可能会向你提出什么问题，看看你能否能熟练地回答所有的问题。最后，想象满怀自信地提出加薪要求的情景。假如连你也不能肯定自己值得加薪，又怎能说服上司这样做呢？

11月6日
对领导提出批评性意见

一个敢于说出自己真实意见的人，才是一个真正有主见的人，才能得到别人的尊重。

当你与顶头上司的意见不一致，发生分歧时，你千万不要顺从领导的意见，害怕对领导提出批评。如果你掌握了批评时的技巧，同样可以在领导面前让领导对你心悦诚服。

如果有可能的话，不要在公众场合提出意见，比如，在会议上等，因为如果有第三者或外人在场时，领导很难丢下面子去接受你的意见，本来也许你的意见是正确的，可能出于面子的问题，领导也会嗤之以鼻，更严重的会恼羞成怒。

如果你提出意见时，只有你们两个人在场，领导就会暂且放下面子，考虑你的意见。领导可能不会对你的意见作出明确的反应，而且有时领导会对你说明他做事的意图，在这种情况下，气氛会比较好。

如果你提意见时，能够站在领导的角度，试着用真心帮助领导的诚意来分析问题，提出解决问题的方法，而不是为了个人的利益，或权力的争夺，你的意见往往会更容易被接受，因为没有一个人会做对自己不利的事情，没有一个人会反感对自己友好的人，所以在这种朋友式的融洽氛围中，有利于保持双方融洽的感情沟通。而且在轻松的气氛下，领导可以对你的意见作出更多的解释，解释他的苦衷，他的理由。总之，在这种轻松的气氛下，地位的差距已经不重要了，反倒更容易让人剥开世俗的面纱，吐露真情。

当然，如果你提出的批评意见非常重要，而且你非常希望领导能够重视，那么在越重要、越正式的场合提出，效果越好。因为对你提出的意见，领导必须要有一个说法，这就会逼迫领导必须对你的意见进行考虑，引起重视，至于接受还是反对则另当别论，你的意见达到引起重视的目的就足够了。至于采用哪一种方式提出，你必须根据批评意见的重要性来决定。

如果你的领导是一个固执的人或是比较骄傲自负的人，你就更要注意批评的技巧了，因为往往正面的批评他是很难接受的，你可以试着用间接的方法去暗示他。比如，你可以比喻、举例子，用日常生活中最简单的事例或以前发生过的事例去说明你的观点，也许会有意想不到的效果。而且，往往这种人接受批评后，还会强词夺理对你进行反驳，这时你可要留够充足的面子给他，其实往往他的心里已经接受你的观点了。

11 月 7 日

尝试新的工作

一个敢于改善自己现状、敢于尝试新事物的人，才是一个真正有生活勇气的人。

在如今这个时代，人们早就应该放下"铁饭碗"这个观念，人不能抱着在一个工作单位，甚至一个工作岗位待一辈子的思想，作为不断进取的人，就应该不断尝试新的工作机会，不断提升自己的能力。

尝试新的工作机会，绝不能凭一时的冲动，必须等到时机成熟，做好充分的思想准备后，才开始行动。首先，你要考虑现在的工作的确找不到你发挥的余地了吗？当然，也许是你找到了更好的发展机会，你觉得新的工作机会更能发挥你的潜能，对你的前途更有帮助。

如果你都想好了，那么不要犹豫了，开始为你的新工作机会准备吧。首先想想这个工作岗位需要什么样的素质和才能，你现在都具备了吗？新工作和你现在的工作有什么样的差别？你觉得你能适应新的工作环境吗？如果你去应聘新的工作岗位，你该如何向用人单位展示你优秀的一面呢？

把这些问题想好后，还要告诫自己一定要有一定的承受能力，万一失败，你有可能连现在的工作机会都丢失。但是不去尝试，又怎么去抓住改变现状的机会呢？

准备好你的简历和你的自信与口才，出发吧！

11月8日

开始**创业**计划

能把大多数人所想但不敢尝试的事付诸实施，那需要非凡的勇气和魄力，无论成功与否，都必定能创造出不平凡的人生。

不可否认，世界上绝大多数的人都有创业的念头，但是真正能付诸实施的可能少之又少。对自己说一句，我不是一般人，我能行！

想要创业，先要制定一个创业计划，有了创业计划，你就可以按"计划"逐项进行工作，并努力付诸实施，在实践中调整修订计划以臻完善，使之真正成为你整个创业过程中的"行动指南"。一份成功的创业计划应明确经营的规划、步骤和要达到的目标。

创业战略是在分析创业资源的基础上的，描述未来方向的总体构想，它决定着创业企业未来的成长轨道以及资源配置的取向。首先得要有核心能力战略和企业定位，核心能力战略是创业企业的根本战略，不仅决定着创业企业能否存续，而且决定创业企业能否实现成功的跨越和进一步发展。而企业定位则包括创业产品定位和创业市场定位，决定着创业企业能否成功地进入并立足市场，进而拓展市场。反观中国许多企业，在一不缺乏创业资本、二不缺创业技术的情况下，往往只是因为缺乏准确的创业战略而使企业走向夭折。因此要有跑马拉松的思想准备。列出任何可能会影响到规划的情况，考虑好调整、应变的措施。

　　欧美公司和中国公司有很大的差别，中国的公司认为它需要向每一个人提供自己的产品和服务才能够获得成功，而美国和欧洲的公司则会认清自己的目标市场，然后为特定的目标市场提供专门的服务。所以，建议你在制定创业计划时，一定要明确指出你们的目标市场是谁，针对你的目标市场展开你的营销活动和促销活动。例如，某公司生产一种新型椅子，专门针对大家庭的市场，因为这种椅子使得这种家庭清洁起来十分方便。于是他们在确定目标市场时，就提出了一个问题：在美国的城市里有多少 4 个孩子以上的大家庭？通过调查，他们发现在盐湖城等 4 个城市拥有数量最多的大家庭。于是这个公司把它的产品主要向这 4 个城市推出，结果非常成功。另外，一定要提到的是你的竞争者，他们在做什么？他们的主要客户是谁？他们是否在盈利？

　　你一定要选择你有经验和喜爱的行业。但同时必须注意：你所选择的事业本身必须有发展前途，前景可观。如果你所选择的业种本身效益不佳，你就需要重新研究确定想进入的行业。在前景不妙的行业内，你很难成功。即使是你所熟悉的行业，你是否有独到见地？你是否发现了别人尚未看到的商机……这对你的成功十分重要。同时，必须预测你的风险有多大，风险来自各个方面，有市场风险，有执行计划中的风险。在计划书中你不仅要一一列出这些风险，还要根据不同风险制定出不同方案。

11月9日
学会投资理财

头脑清晰的人，往往会把自己的财物管理得很好，并敢于冒一定风险进行投资理财方面的经营。

或许你还没有意识到，作为白领的你，当每月的工资都被公司直接打在了卡上，自己用多少取多少，每月节余部分放在卡里吃活期利息时，这种多数同事们都采用的做法，已经让你白白丢掉了 3 倍左右的定期利息。看似几十元到几百元的差别，时间一长损失可就大了。更重要的是，这种方法非常不利于资本的积累，这样的"不理财"方式，让你很难存够 10 万元。

据了解，目前各家银行都有自动转存服务，用户可以凭工资卡和有效身份证件，到银行柜台开通这项服务，并可设定一个转存点，让资金在定期账户和活期账户间自动划转。通过这项业务，工薪族可完全实现为自己量身订制理财方案的目的，如设定零用钱金额、选择定期储蓄比例和期限等，实现资金在活期、定期、通知存款、约定转存等账户间的自主流动，提高理财效率和资金收益率。据统计，如果资金平均分配为 3 个月定期到两年定期，一年下来可以达到约 1.75% 的年综合收益率。不过，需要注意的是，不同银行的转存起点和时间有所不同。

另外，定期定额申购基金很适合工薪族达到强制储蓄的目标。已上市的各种开放式基金的数目已二三百支，它们的主发行渠道就是银行。那么，经常光顾银行的工薪族，不妨选定其代销的某支基金，跟银行签订一个协议，约定每月扣款金额，以后每月银行就会从你的资金账户中扣除约定款项，划到基金账户完成基金的申购。这种方式有利于分散风险，长期稳定增值。这种投资方法，不必掌握太多的专业知识，不必费心选定购买的时机，只需耐心一些坚持中长期持有，而且在一般情况下，基金定投的收益会高于零存整取的利息。正因为此，它甚至是工薪族为孩子储备教育金或筹划养老金的一个优良选择。

定期定额买基金，选定哪支基金特别重要。一般来说，这种投资方式适合股票型基金或偏股票型混合基金，选择的重要标准是看它的长期赢利能力。

11月10日
写份创业计划书

为自己的梦想画下蓝图，是为了证明自己的聪明才智，更是为了用一种无懈可击的理由来说服自己为梦想付出。

对刚刚开始创业的风险企业来说，创业计划书的作用尤为重要，一个酝酿中的项目，往往很模糊，通过制订创业计划书，把正反理由都书写下来，然后再逐条推敲。创业者这样就能对这一项目有更清晰的认识。可以这样说，创业计划书首先是把计划中要创立的企业推销给了创业者自己。

那些既不能给投资者以充分的信息，也不能使投资者激动起来的创业计划书，其最终结果只能是被扔进垃圾箱里。为了确保创业计划书能"击中目标"，作为创业者的你，应做到以下几点。

1. 关注产品。在创业计划书中，应提供所有与企业的产品或服务有关的细节，包括企业所实施的所有调查。这些问题包括：产品正处于什么样的发展阶段？它的独特性是什么？企业分销产品的方法是什么？谁会使用企业的产品，为什么？产品的生产成本是多少？售价是多少？企业发展新的现代化产品的计划是什么？

2. 敢于竞争。在创业计划书中，创业者应细致分析竞争对手的情况。竞争对手都是谁？他们的产品是如何工作的？竞争对手的产品与本企业的产品相比，有哪些相同点和不同点？竞争对手所采用的营销策略是什么？要明确每个竞争者的销售额、毛利润、收入以及市场份额，然后再讨论本企业相对于每个竞争者所具有的竞争优势，并向投资者展示。顾客偏爱本

企业的原因是：本企业的产品质量好，送货迅速，定位适中，价格合适，等等。创业计划书要使它的读者相信，本企业不仅是行业中的有力竞争者，而且将来还会是确定行业标准的领先者。在创业计划书中，你还应阐明竞争者给本企业带来的风险以及本企业所采取的对策。

3. 了解市场。创业计划书要给投资者提供企业对目标市场的深入分析和理解。要细致分析经济、地理、职业以及心理等因素对消费者选择购买本企业产品这一行为的影响，以及各个因素所起的作用。创业计划书中还应包括一个主要的营销计划，计划中应列出本企业打算开展广告、促销以及公共关系活动的地区，明确每一项活动的预算和收益。创业计划书中还应简述一下企业的销售战略：企业是使用外面的销售代表还是使用内部职员？企业是使用转卖商、分销商还是特许商？企业将提供何种类型的销售培训？此外，创业计划书还应特别关注一下销售中的细节问题。

4. 表明行动的方针。企业的行动计划应该是无懈可击的。创业计划书中应该明确下列问题：企业如何把产品推向市场？如何设计生产线？如何组装产品？企业生产需要哪些原料？企业拥有哪些生产资源，还需要什么生产资源？生产和设备的成本是多少？企业是买设备还是租设备？解释与产品组装、储存以及发送有关的固定成本和变动成本的情况。

5. 展示你的管理队伍。把一个思想转化为一个成功的风险企业，其关键的因素就是要有一支强有力的管理队伍。这支队伍的成员必须有较高的专业技术知识、管理才能和多年工作经验，要给投资者这样一种感觉："看，这支队伍里都有谁！如果这个公司是一支足球队的话，他们就会一直杀入世界杯决赛！"管理者的职能就是计划、组织、控制和指导公司实现目标的行动。在创业计划书中，应首先描述一下整个管理队伍及其职责，然后再分别介绍每位管理人员的特殊才能、特点和造诣，细致描述每个管理者将对公司所作的贡献。创业计划书中还应明确管理目标以及组织机构图。

6. 出色的计划摘要。创业计划书中的计划摘要也十分重要。它必须能让读者有兴趣并渴望得到更多的信息，它将给读者留下长久的印象。计划摘要将是创业者所写的最后一部分内容，但却是出资者首先要看的内容，它将从计划中摘录出与筹集资金最相干的细节：包括对公司内部的基本情况，公司的能力以及局限性，公司的竞争对手，营销和财务战略，公司的管理队伍等情况的简明而生动的概括。如果公司是一本书，它就像是这本书的封面，做得好就可以把投资者吸引住。成功的计划书会使风险投资家有这样的印象："这个公司将会成为行业中的巨人，我已等不及要去读计划的其余部分了。"

11月11日

一天工作 12 小时

被动的忙碌常常会让人觉得无奈，不得已的清闲又会觉得无聊，那么你不妨试试主动地让自己变得忙碌，变得充实，生活的感觉也许就会变得有意义多了。

头天晚上一定要早点睡，充足的睡眠之后，才有充沛的精力。清早起床，给自己计划一下，今天具体做些什么工作，估计一下工作量，如果老板没有交代那么多工作，完成该完成的任务之后，自己给自己找点活干，或者学习工作技能，为此做一份详细的计划书。

当一天8小时工作结束下班后，其他人都松了一口气似的纷纷回家时，别忘了，你的工作还没结束，你还有4个小时的工作时间，即使整个单位只剩下你一个人。

加班归加班，可不要让自己饿肚子，该吃晚饭的时候，给自己叫个外卖，边吃饭可以边听听音乐，看看短片，让神经稍微放松一下，让心情舒缓一下。

当夜色降临，寂静的办公室里，可能会让人感到有些孤单，那就让专注的工作状态驱赶内心的空虚。这个时候，最好做点自己喜欢的事情，你的工作里面一定有你最感兴趣的一部分。白天的工作时间里，都是按照上司的部署，按步骤进行，而现在，你可以完全放弃这些规则和程序，做你最喜欢的。或者，你也可以为未来几天的工作做一些准备工作，让未来几天不致为扑面而来的繁重任务弄得焦头烂额。为自己也能拥有成功人士般的从容不迫而努力吧！

11月12日

一整天不开小差，全心工作

除非是火烧眉头，很少有人让自己的精神持续处于紧张状态，过度的紧张反而让人难以正常发挥，只有必要的紧张才会让人有机会完全发挥。

改变平时工作时的漫不经心和随心所欲，专心于手头的任务，最好给自己下一个死命令，今天必须完成多少任务。这个工作量可能要超出平时，因为平时真正工作的时间可能比今天要少许多，至少，在今天任务完成的质量上要高于以往。

控制自己，不要加入大家的闲话会，也尽量不要去旁听，否则手中的活就慢下来了，甚至会因为注意力的分散而出差错，影响工作质量。

也许别人都会在累了的时候，喝喝茶，看看报纸，不要觉得心痒痒的，想想利用这段时间你可以比别人多干很多活，当一天的工作时间结束的时候，你会比别人多收获一份内心的充实感。

不但在行动上不让自己闲下来，在思想上也不要走神。有时候，你可能会在累了的时候想想工作以外的事，尤其当你有心事的时候。今天尽量让自己的思绪集中，不要任意神游。

其实这很简单，当你用工作把自己的脑子填满的时候，你不可能再有余暇去顾及那些所谓的心事，无论是高兴的事，还是烦恼，工作的时间都不要去想它。

坚持，坚持就是胜利，可能让你连续工作一两个小时不开小差，这不算什么难事，但是，难就难在，在一整天的时间里，你都要持续不断地专注。人难免会在不知不觉中走神，一旦发现自己的注意力分散，就马上对自己喊"停"，然后让自己把全部的注意力转移到正在忙的工作上来。也许这有些难，但是努力，加上不断地克制，坚持到最后，你就成功了。

11 月 13 日

玩一些刺激游戏

给生活一点刺激，就如同平静的水面泛起的一丝丝涟漪，静中有动，才会让人感觉到生命的流动。

有很多游戏就是玩刺激，挑战人的心理和身体的极限。给自己一点勇气，和朋友一起玩玩刺激游戏。

游戏规则可以自己制定，比如，和某人打一个赌，打一个很没有把握的赌，但是赌注足可以让你听到自己心跳的声音。

你还可以去游乐园，那里有很多游戏就是玩心跳的，比如，过山车、海盗船、空中大转盘，等等。很多游戏光是听起来就让人觉得心惊肉跳的。也许你有些胆怯了，如果觉得害怕，就从刺激性比较小的开始玩起吧！你还可以叫比较胆大的朋友陪你一起玩，让他给你一点勇气。如果不行，就把心一横，眼睛一闭，对自己说：豁出去了。如果害怕得不行，就大声叫喊，这样就可以把你的恐惧感发泄出去。

就这样，不断挑战自我，直到把最后一项游戏玩完，别忘了，今天玩的就是刺激。

11月14日
和朋友一起分析你的弱点

敢于把自己最不光鲜的一面敞露给别人看，并与人剖析，才是真正有勇气完善自己的人。

人人都说，旁观者清，也许别人比你自己更清楚你的为人，尤其是你的弱点，因为人们常常由于自傲自负，而看不到自己的短处。

找一个非常熟悉你的朋友，最好是你的死党，如果你有这样彼此信任的朋友，让他今天毫不客气地指出你所有的毛病，不管用什么样的言辞，最好不要顾忌什么朋友的情面。你可以自己先开个头，说出你对自己的认识，对自己哪些方面深恶痛绝，而又无可奈何。然后请你的朋友对你作出评价，也许有些方面是大家对你的共识，而你自己也认识到了，而某些方面你还没有认识到，并不知道你在别人眼里是这样的。

可能，某些方面你认为是自己的缺点，而在别人眼里却并不是什么毛病。因此，你也不必对自己的缺点灰心丧气，如果往正确的方面引导，缺点也可以变成优点。

你的态度首先要谦虚诚恳，如果朋友说到你的痛处，可能是你平时比较忌讳的，或者有些方面是你不太认同的，你有你的解释，你也要记住，朋友现在是在帮你，而不是在恶意揭你的短。所以，无论朋友说什么，首先你都要诚恳地表示接受，并表示感谢。如果你觉得有什么委屈和苦衷，你可以心平气和地向你的朋友解释，但是，无论如何，这也表示你的某一方面在别人眼里并非如你所想的那样，这也是你为人欠缺的地方。

分析完所有的缺点，接下来该想办法改善这些缺点。你可以与你的朋友一起讨论，可能很多方面是你以前想到过的，并试图去努力改正的，但是却屡屡失败。也许很多时候都是由于你的毅力不够、决心不够，那么这次，向你的朋友发誓，表明你坚定的决心，并要求他作为你的监督者，往后督促你不断改正缺点，提高自己。

11月15日

告诉某人你曾经犯过的错

人无完人，孰能无过，重要的是对待错误的态度。有些错误，与其藏在心里，让自己忍受灵魂的折磨，不如袒露心怀，让自己的罪过有一个释放的出口。

给自己一个倾诉的机会，与其一个人在心里翻来覆去地想，不如找个人说出你的心病。当然，这个人必须是能够彼此信任、互相理解的朋友。

这件事也许伤害到了某些人，在你的心里有着深深的歉意，可能你再也没法联络到当事人，对他们说一句对不起，那么，就对你的这个朋友说一句对不起，让他代为接受。

真正的好朋友是能理解你的心情的，他会代替曾经被你伤害的那个人接受你的道歉，并原谅你。相信他，好朋友会让你的心灵得到安宁。

你可以原原本本一五一十地把整件事都讲给朋友听，真正关心你的朋友会有这个耐心听完你的故事，不要担心对方会厌烦你的倾诉；并告诉他，你自从事情发生以来内心所受的折磨和煎熬，说出你的忏悔和懊恼。

说完之后，就要像倾倒完垃圾那样不再回头看一眼。事情已经过去了，我们的生活还要继续，无论快乐或是忧伤，辉煌或是惨痛，都已是过眼云烟。人不能老是活在回忆里，只有不断向前看，向前走，才能让你的人生少一些遗憾，多一些坦然。

曾经的错，既然已经犯下，只要懂得如何改正错误，以后不再犯，就是成长。

犯错并不可怕，只要懂得从错误中吸取教训，学会人生的道理，就可以让你把遗憾变为欣喜。

11月16日

向你曾经对不起的那个人道歉

有时候，明知自己错了，却不肯低头，更无法开口，向那个被你的错误所连累的人说声对不起，人生的遗憾往往就是这样造成的。在你还能有机会道歉的时候，勇敢地站出来，让你的良知不再受累。

向人道歉需要你鼓起足够的勇气，首先看看这个人现在是否还能联系得到，多方面、多途径打听也是必要的。其实，只要你有心，并肯努力去寻找，想找到一个人并没有多难。

你得明确一点，道歉的目的并不是为了祈求某人的原谅，事情也许已经过去了很久，别人说不定早已不放在心上，你这样做的目的，只是为了坚持一种做人的原则，也是为了寻求内心的一种安宁。

也许你所做的事，给对方的心理造成了一种极大的伤害，到现在还未平复，你现在的道歉，对对方来说，也是一种安慰。

也许对方还在生气，不管对方现在对你采取什么样的态度，你的态度首先得万分诚恳。

也许，对方等的就是你的一句"对不起"。一句"对不起"，就可以冰释前嫌，又可以让你赢回失去的友谊，何乐而不为呢？

当然，事先你不要有任何的期待，只需要做你想做的，道一声歉就是你要做的全部。道歉也意味着承认自己曾经犯过的错，这需要足够的勇气，拿出你的勇气来，坦然地面对吧，不管它过去多久，毕竟它是你人生的一个印记，尤其他对别人造成了影响。

有责任感的人，是不应该逃避的，勇敢地面对自己的过去吧！

11 月 17 日
在某个大会上*积极发言*

敢于并且善于表现自己的人，才是真正对社会有用的人。因为如果你空有一身本事，却无法表现并作用于社会，那你和一个无能的人基本上没有什么两样。

这次大会的主题是什么，这是你首先要弄清楚的，然后认真领会大会精神和主旨，认真听取大会主席的讲话，在边听报告的时候，脑子里要飞速地运转，形成你自己的观点和见解，并形成流畅的语句。

一旦你考虑成熟，待到流程进行到与会人员发言的环节，不要犹豫，也不要等待，做一次第一个发言的人，那感觉会很不错。

当所有人把注意力都转移到你身上，聚精会神地听你的讲演时，你一下子就成了这次大会的中心人物，如果你的发言能起到抛砖引玉的作用，你就对这次大会发挥了重要作用。不要觉得自己发了一次言就算完成了任务，就可以松一口气，甚至让你的思想游离于众人的言论之外。你要始终保持高度的注意力，当别人发言的时候，你既要认真听取，也要仔细思考。

别人的言论也会启发你的思维，无论你是感同身受，还是心存异议，都要立即表达你的思想，让大会变成一次大家交流的机会，众人的踊跃发言，慷慨陈词，才能把大会推向高潮，这才算是真正成功的大会。

不管其他人发言是否积极，也许其他人都低着头保持沉默，但你要始终保持你积极的状态，哪怕所有人里面，只有你一个活跃分子。

而且你要相信，你的热情定能点燃大家的激情，不如，把这当做你的目标，加油吧！

11月18日
参加演讲大赛

谈吐自如是一个人自信的表现，也是一种涵养和风度，但这需要勇敢从容地表现出来。

也许你一直都很少在大庭广众之下大声讲话，但是你要相信，不是每一个在演讲台上口若悬河的人在台下都是自信满满的人，他们也不是一开始就拥有非凡的口才。相信你自己，只要你肯尝试，肯努力，你也行的。

演讲比赛，除了在台上的表现之外，一份优秀的演讲稿也是非常重要的，如果你对自己的文笔没有充足的信心，你也可以找人帮忙，找一个优秀的写手，但你事先要认真

跟这个人沟通，说明你想表达的感情，语言可以模仿，可是感情却是你自己的，你必须保证演讲的语言能充分表达你的感情。

演讲稿准备好后，你必须要提前练习，自己对着镜子反复地练习，包括自己的表情、手势、语速等都要一一注意。反复地练，直到练出充足的自信。然后，找一帮人，亲人或者朋友都行，请他们当你的观众，模拟演讲大赛的现场，事先预演一次，并让他们帮忙提出宝贵意见，也好让你有提高的机会。

等到要上台的时候，面对台下的观众，露出你自信的微笑，加油吧，你可以的！

11月19日

做一件大家都不赞同的事

真正有个性的人，总会做一些特立独行的事，即使没有鲜花和掌声的祝福，也不管最后结果如何。这种敢于行动的勇气，就足以使其他人汗颜。

这不是让你顽固地成为众矢之的，也不是让你为了个性而个性，而是当你真的有足够的理由坚持自己的见解，并有充分的信心能成功地完成这件事，那么，就不要让众人的唾沫把你的声音淹没，站出来，行动吧！

做一件事最大的难度就是，你要顶住所有人都反对的压力，可能在你刚刚鼓起勇气，准备行动的时候，立马就有一瓢冷水泼过来。

千万不要被这瓢冷水浇灭你所有的热情，热情的火把需要你自己点燃，没有人为你助燃，一切都要靠你自己努力。

在顶住所有压力的同时，你还要保持清醒的头脑和充沛的精力，来认真策划完成这件事的最佳策略，并用全部的力量来实施。这个时候你最好把自己当做聋子，做一个力排众议，果敢行动的实干家。

当然，你也不能保证这件事最终能如你所愿，也许事与愿违，但是，做一件事的时候，你要记住一句话，真理往往都是掌握少数人手里。

事先不要去管结果，即使最后的结果会让你失望，至少，通过这件事证明了你的勇气和你的心理承受能力。这不是一般人所能做到的，这似乎比事情本身的成功与否更加有意义。

11 月 20 日
在联欢会上表演节目

把自己优异的一面展现出来，在自己的才能得到肯定的同时，也给别人带来了欢乐。这不是虚荣，这是内心最真实的充实感，我们的自信心有很大部分就来源于外界对自己的肯定。

联欢会，就是大家一起制造快乐，增进友谊的大会，在这里，每个人都可以尽情地展现自己最为优秀的一面，只要能给大家带来快乐，无论是什么，都可以表现出来。

如果你有某项艺术特长，比如，唱歌、跳舞、弹奏乐器等，那还等什么，赶快展现给大家看啊！不过对于大多数人来讲，可能并没有独特的才能，没关系，重在参与，哪怕只是去唱一首歌，朗诵一首诗，甚至只是讲一段话，都是你的节目。

在众人联欢的场合表演节目，其实需要的就是站上台的那一刹那的勇气，是不是感觉抬不起脚步，尤其当你对自己的节目没有什么信心的时候？其实，根本不用去多想什么，这是联欢会，而不是什么比赛，没有人会去计较你的表演会得多少分，也没有人会去比较你和某某的表现，所以你不用去担心，只要能给大家带来快乐，你就成功了。

如果你既不会唱，也不会跳，那就给大家讲一个笑话吧！如果你的知识库藏里没有现成的笑话素材，那么你就勤快一点，提前准备吧。

如果你有足够的兴致，你甚至可以表演多个节目。没有人规定一个人只能表演一个节目，这样做的目的也是为了给那些缺乏勇气的人鼓劲，尤其当你的表演把联欢会的气氛推向高潮时，你就是这次联欢会的快乐使者了。

11 月 21 日
把想了很久的一个工作计划付诸实施

这个世界上从来都不缺乏空想家，但很少有人把心中所想付诸行动，不论梦想有多完美，如果没有行动，一切只能等于零。

这件事你想了许久，想必想法已经非常成熟，但你为什么一直没有实施，原因是什么？这个你得首先考虑清楚，让你望而却步的原因是什么？你觉得现在开始实施的话，能否克服这个让你迟疑的因素，怎样克服？

认真考虑这些问题，包括每一个细节。

把这个工作计划用文字详细地描述出来，做成一个具体的行动计划书。这个工作计划可能是一个长期的任务，并非一天就能完成，那么，就让今天成为一个良好的开始。

今天你要思考如何为你的工作计划打开局面，这是一个很重要的问题，万事开头难，尤其是这种你一直不敢尝试的工作，所以，你一定要坚定意志，下定决心，一旦行动了，就不要回头。

那些让你迟疑的因素，可能并非来自工作本身，而是来自工作以外的一些因素，这些因素可能来自周围的环境，也有可能是来自你自身。在专心这项工作的同时，别忘了努力克服这些阻碍因素。当然，只要你全神贯注于工作本身，那些外界的妨碍因素自然就会望而却步了。

谁都知道，梦想和现实总是有距离的，你所想的一切，并不一定能在现实中一一实现，你在实践这个工作计划的时候，可能并不是如你所想的那样顺利，事实上，很多环节与你想象中的发生了偏移。

这个时候，是真正考验你的心理承受能力的时候了，虽然难免有些失望，但千万不要灰心，冷静地想想你该如何为你的工作改变原本的计划策略，并付诸实施。

11月22日
去拜访自己崇拜的人

做自己想做的，说自己想说的，不要在乎别人怎么想，人生的快乐在于不违背自己的心意。

他可能并不认识你，或者你根本就没跟他讲过几句话，可想而知，对方可能对你并没有留下什么印象，但是他的光辉形象在你的心目中留下了深刻的烙印。

如果你真的很想和他交流，就要自己争取机会，花点心思，先搞清楚他的住址或者他工作的地方，总之任何你能找到他的地方。

这无疑有些冒昧，事先对方并不知道你的拜访，而且，他可能根本就对你没什么印象。但是，如果他真的值得你崇拜，他就应该是一个有涵养的人，这样的人是不会拒绝真心人的好意的。

其实最主要的是需要你的勇气，而不是对方可能的态度，以及日后对你的看法。见到对方后，先平复一下你激动的心，不要因为情绪激动而语无伦次，简单而清楚地说明你的来意和你对他的敬仰，大方得体地介绍自己，然后很自然地和对方开始攀谈。

当然，首先你得很礼貌地询问对方是否有时间与你交流，如果对方有空，想办法勾起对方与你交流的欲望和兴趣。以你对他的了解，猜想对方可能对什么感兴趣，尽量去谈对方感兴趣的话题，燃起对方谈话的激情，甚至使他想了解你，想与你交朋友，这就要看你的交际能力了。

最好能带一件礼物去拜访，礼物不必太贵重，太贵重反而显得有些谄媚和更加的冒昧。礼物在于合适，适合对方的身份，适合你们之间的关系，能表达小小的心意即可。其实，最主要的，是为了礼仪的需要，所以，一点水果、一些小点心，或者一束鲜花是最合适不过的了。当然，如果你有什么别出心裁又恰到好处的礼物，那是最好不过的了。

11月23日

来一次"霸王面"

机会不是上天的馈赠，而是要自己努力争取的，如果上天的安排与你失之交臂，被动地接受不是勇者所为。改变一些预先的规则，用一些非常的办法为自己创造机会，你会让人刮目相看。

虽然面试名单里没有你，也没有人告诉你面试的地点和时间，虽然所有的一切都在告诉你，你已经提前出局，你已经没有机会了。但是，仔细地想一想，其实，你还没来得及表现，就被蛮横地踢出局了，这是不公平的。

自己为自己争取一次机会，想办法知道面试的地点和时间，把自己当做幸运儿中的一员，加入面试者的队伍。这比正常的面试更需要做好充分的准备，你要做更多的准备工作，除了要应付考官们正常的考查之外，你还要负担额外的考查，以及你该如何为自己争得机会，而不被他们拒之门外。

你所要做的就是，以独特的姿态亮相，一开始就要让考官对你刮目相看，至少也要能留下深刻印象，勾起他们想了解你的兴趣，如果能做到这点，就等于你为自己赢得了一次机会。

无疑，这很难，需要你不同寻常的聪明才智。你也可以请教你心目中的成功人士，或者有过"霸王面"经验的人，能从有经验的人那里获取一些宝贵的指导意见是你的独门武器。

如果你没有被拒之门外，说明你成功地为自己赢取了机会，不过不要高兴得太早，此时你还只是和其他面试者站在同一起跑线上，无论你已经做出了多少努力。

继续保持你的良好状态，情绪和精力上不要有丝毫的松懈，继续以你的自信和优雅来面对考官们接下来的能力和知识考查。

11月24日

大胆地去相一次亲

缘分，有时候会在你等待的状态下悄然降临，但更多的时候，需要你主动地去争取。当缘分来临的时候，更需要你好好去把握和珍惜，为你的爱情赢得机会，这样才是真正的爱情勇士。

在现在都市生活中，"相亲"似乎已经成为一种流行。对于大多数青年男女来说，这已经是司空见惯的事，很多人已不再排斥，不再像从前那样，说起相亲，一脸的不

屑，似乎把它当做一种落后的文化而嗤之以鼻。

相一次亲吧，如果你还尚未婚配，如果不能有期盼中的结果，就当认识一个朋友也是不错的。实际上，现在很多人都是抱着这样一种心态加入了相亲大军的队伍。

其实，摆正心态之后，相亲也是很有意思的。相亲也有很多种方式，最传统的大概就是，由双方介绍人领着男女双方见面，聊着聊着，瞅准一个机会，双方介绍人先行退场，留下两个当事人互相了解。

现在大部分的相亲，介绍人都不出场了，只需要给双方当事人彼此的联系方式，怎么进展全看当事人自己了。采取什么方式，全看你自己的选择了。见面之前，你也要好好准备一番，起码在外形上，要好好地打扮一番。这不是虚荣，而是对对方的一种基本的尊重，这起码表示你对这件事的重视。

见面之后，也不用如何刻意地去表现，把你最真实最自然的一面展现出来就行了。真诚地和对方进行交流，以结识一个新朋友的态度去对待这次相亲，无论对方是否是你所欣赏的类型，热情大方应该是你自始至终的态度。

相亲，你准备好了吗？不要错过一次结交朋友的好机会！

11月25日
与虚拟世界里的陌生人聊天

四海之内皆朋友，如果有可能，不要错过任何一种结交新朋友的途径和机会。生命中最难得的友谊，是没有心灵负累的朋友。

网络为我们提供了很多资源，也给了我们结交新朋友的机会，比如结交网友。虽然很多人对这个虚拟世界的友谊颇有微词，但是，不可否认，这是一个结识朋友的很好途径。其实，赢得友谊最关键的不是途径，而是我们对待友谊的态度。

网络为我们提供了众多的聊天工具，比如，我们常见的 QQ、MSN、ICQ 等，你习惯用哪一种呢?

你可以去浩瀚的网络世界里去主动找寻你想结交的任何一位在线用户。网络会公开用户的一些基本资料，这是每位用户在注册时自己填写的个人信息，有些还提供了个性签名，从这些个性签名中，多少可以窥见此人的性格特征，至少是个性的一个缩影。如果你从这些信息中获得了某种共鸣，或者很欣赏他，那么就加他为好友吧。

很多时候，甚至不需要你主动去找寻，也会有很多陌生人闯入你的视线，也许平时的你看也不看，一概拒绝，那么今天改变一下风格，有选择地接受一些人友好的邀请吧。

和陌生人聊天，也要本着真诚的原则，人与人之间，只有付出了真诚，你才能收获真诚，这些都是相互的。如果你对别人存有防心，有所保留，那么别人也能感受到你的疑虑。当然，虚拟世界毕竟不是实实在在的现实世界，稍有谨慎心理也是可以理解的，也是必要的。

其实只是聊天，大家可以就一个彼此都感兴趣的话题，随心随意地聊天。这种聊天，反而会因为彼此的不相识、不了解，而无所顾忌，无所约束，反而会有一种在现实世界里无法企及的轻松。

11月26日
厚着脸皮请求别人帮忙

你可能认为越重大的事情，越需要找亲近的人帮忙，你也可能认为别人会觉得你找他帮忙太不客气或太冒昧，其实不然，当你困难时想起某人，他会感觉到你很在乎他。

请求他人的帮忙，是一种艺术，只要你学会了，你就可以领悟到它的美妙。别担心如何回报对方，生命本身就提供了很多互惠的机会，只要你记得在自己有能力的时候应该尽量帮助别人。

当你充满信心请人帮忙的时候，也许会有人拒绝，但不要紧，可能他们真的无能为力。我们不必觉得丢脸或是受打击，我们可以继续请求其他人，总会有人答应你的，一次不行，就多次，因为你是一个友善的人，会有人用友善来回报你的。

也许第一次鼓起勇气，说出你的请求，你会感觉到脸上火辣辣的，你的脸可能都已经红了，没关系，万事开头难，尤其当这个人是你不熟悉的人的时候。请求别人帮忙的时候，要注意措辞，记住你是在请求别人的帮助，别人并没有义务来帮助你，拒绝你也是别人的权利，所以你的态度一定要谦逊客气。在请求别人帮忙的时候，应恰到好处地赞美一下对方，这不是虚伪。如果你觉得此人能帮上你的忙，想必这个人也有你认为优秀的一面，你只是把心中对他的欣赏与景仰表达出来而已。而且，任何人都喜欢听别人的赞美，这也是人之常情。

11月27日
尝试着说服别人做某件事

晓之以情，动之以理，说服一个人需要花费很大的精力和时间，因为说服不能强迫，而需要让别人心悦诚服。

在你小的时候，你也许听过这个故事：北风与太阳打赌说，它可以吹掉一个人的大衣。太阳答应和它打这个赌。于是北风使劲地吹啊吹，而那个人更用力地将大衣裹在自己身上。不管北风刮得多猛烈，它只能使那个人将大衣裹得更紧。最后，北风放弃了。太阳说："我知道该怎么做。"太阳开始将温暖的阳光洒在那个人身上。几分钟后，那个人慢慢松开了大衣。接着，太阳更温暖地照耀着这个人。最后，那个人将大衣完全脱掉。凭着自己的温暖，太阳很快做到了北风竭尽全力也做不到的事情。

这就是原则：说服人们最容易的方法是帮助他们得到他们想要的东西。

不管你多么能说会道，不管你有多少事实与数据支持自己的观点，如果人们不想做某件事情，你是无论如何也说服不了他们的。所以，说服人们实际上是一个找到人们喜欢什么、需要什么、想要什么的过程。所以，想要说服某人做这件事，那么就试图从这件事中找到此人感兴趣的部分，或者通过你的劝说，让他对这件事产生兴趣，这才是关键所在。

征服、口若悬河、操纵人们，这些都不是说服。它们只是控制人们的不同方法。说服人们就是与人们想要的东西达成一致意见，然后帮助他们找到得到这些东西的方法。这样，所有人都可以赢。如果有人没有赢，他就不会心悦诚服。

关注对方的肢体语言，当他谈到自己想要的东西时，他会以某种特殊方式"明亮"起来。他似乎变得更有能力，更有活力。当这种情况发生时，隐含的信息就会明朗起来。

留意对方的用词，当他说"问题在于……"这些话语的时候，他正在告诉你他们有一种需要。例如，如果他说"问题是我们没有时间做其他事情"，那么他正在告诉你，他们需要给自己更多的时间。

当有人说"我真希望我可以……"的时候，他正在表现出一种需要，你就应将谈话转到那个方向去。

品味对方的埋怨，每一个埋怨的背后都隐藏着一个秘密的渴望。如果你能学会将人们的消极话语翻译成它所对应的积极话语，你就会知道人们想要什么，而知道人们想要什么是说服他们的金钥匙！

11月28日
做一份兼职

尝试另一份职业，不一定非要放弃现有的，如果你的精力允许，鱼与熊掌兼得也不是不可能的。

如果你的工作不是整天加班的那种，你就完全可以尝试另一份工作，作为兼职，当然得与你的正职协调好，也就是说，在不影响你目前的工作的前提下，用余力做这份兼职。

首先，在时间上，必须是在你业余的时间进行，不能把你的兼职带到工作岗位上来，尤其不能在你的工作时间内一心二用。你可以利用你每天下班后的时间，或者周末来做兼职。

其次，在精力上，也必须保证在你的能力范围之内。可能你虽然不用每天加班，但是你的工作强度很大，下班后你已经是筋疲力尽了，这种情况下，你还能有余力去做另外一份工作吗？

最后，这份工作，必须是你所感兴趣的，有些人可能是为了挣一份外快，当然，这个目的是无可厚非的，但是，首先你得是为了兴趣而工作。兴趣是最大的动力，只有在做自己感兴趣的事情的时候，才不会觉得累，也许是对你一天疲劳工作的一种精神缓解。

这份兼职，也可以是为了你的理想。也许，你理想的职业并非是你现在所从事的工作，那么，用一份兼职来弥补你内心的遗憾，是你最好的选择。试问有多少人又能如愿以偿地从事自己最为理想的职业呢？虽然说干一行爱一行，工作时间长了，很多人自然对自己的工作产生了热爱，但有机会圆原来的梦，又怎能放弃呢？

虽说是兼职，也要本着认真负责的态度，尽你最大的努力去完成。虽然它可能与你个人的升迁没有什么关系，但不可否认，它绝对与你的个人能力有关系，也许还会影响到你的职业生涯和人生轨迹。所以，认真对待，谨慎选择！

11月29日
去自己梦寐以求的工作单位应聘

梦想的实现，在于勇敢地去尝试，否则，梦想永远都只能是梦想。也许你不会成功，但至少你努力过，这才是最重要的。

对于很多人来说，能否拥有成功的事业、惬意的生活以及快乐的心情，很大程度上在于他是否找到了一份能够发挥个人特长的工作。但是，在就业竞争激烈的情况下，虽然你和别人拥有同样的受教育背景、同样的工作经历，却未必能像他人一样获得心仪的工作，那是因为在获得工作之前，你要跨过一道求职的坎儿。

要想成功跨越，除了首先要为你自己增加含金量外，还要做到知己知彼，也就是了解招聘单位需要什么样的人，知道根据招聘单位的特点，弄清他们更侧重于考察你的哪些方面，你需要注意哪些事项以及如何突击提高。

自信，是你今天最需要的，然后，就是做到自然，别紧张，既不要太刻板，也不要太随意，自然地做你自己。

从心理学的角度来看，一个人的言谈举止反映他的内在修养，比如，一个人的个性、价值取向、气质、所学专业……不同类型的人会表现出不一样的行为习惯，而不同公司、不同部门，也就在面试中通过对应聘者言谈举止的观察，来了解他们的内在修养、内在气质，并以此来确定其是否是自己需要的人选。从踏进大门的一刻起，你的言行举止：怎样和面试人员握手、打招呼，怎么样递送自己的简历，用什么样的坐姿，这些不经意间完成的动作都可能在单位的考察范围之内，面试能否成功也许就在你不经意间被决定了。

其实在职场，常胜将军并不总是那些出类拔萃的人，能力并不出众的求职者，找到好工作的例子比比皆是，在这里关键是看对这份工作有没有诚心。

积极表现出你对这份工作的渴求度，不要只是抱着试试看的心态，把能不能得到工作全托付给了运气，自己则毫无目标和规划。不要这样，很多单位都不喜欢用这样的人，既然有更需要这份工作的人，为什么不把机会给他们呢！所以，你要积极表现出你

307

的热情，你要让招聘单位从你身上感受到你是非常想从事这份工作的信息，让他们觉得，把工作交给你，会换得你感恩的心，从而工作起来会非常认真、努力。

11月30日
参加中奖活动

幸运之神需要你主动地亲近才会悄然降临，如果你连去梦想的勇气都没有，你就永远都不会知道幸运之神在某一个瞬间与你擦肩而过。

社会上的中奖活动形形色色，当然，你不能随便就去参加某一种，在参加之前，先对这个活动作一个简单的了解。活动的性质、形式、规则、中奖概率，等等，都必须做到心中有数。

当然，也许你并不追求最终能有一个爆炸性的结果，就是想凑凑热闹，但是，你无法否认，在你凑热闹的时候，你的内心或多或少总有一些期盼，甚至有一些侥幸心理。所以，既然如此，最好还是认真对待，让你的心有更多的期盼，因为，生活中有一些期待，那种感觉真的不错。

这种活动，有一个弊端，就是很有诱惑性，就像赌博一样，尤其对于那些意志力不够坚定的人来说，稍不注意，就会投入大笔的钱。所以，事先给自己设定一个底线，最多只能投入多少资金。因为，这只是一个游戏，为生活增添一些新鲜元素和别样的乐趣的一种游戏。

有可能的话，召集你的亲人或者朋友和你一起关注这个活动，让他们分享你期待的心情，也许他们还会帮你出出主意。最重要的是，众人的力量会给你更多的勇气，让你的心不至于跳得那么猛烈，还有，大家一起参与会有更多的快乐。

点亮智慧，磨炼自身

　　一个人的处世之道是从一个个人生历练，一个个磨难中锻炼出来的。每个人走的路不同，也许处世之道便不一样。但人之为人，总有一些共同的道德准则和公认的优良品质标准，而这些常常被我们奉为为人之经典和绝学。

　　一个人的资质虽然重要，但是，为人处世之道也可能会决定人一生的命运。掌握一套适合自己、适应社会的处世哲学，是决定人生成败的关键因素之一。

12 月 1 日

做一份本月的计划书

做一个有计划的人，有行动力的人，才能成为一个有收获的人，一个脱离了低级趣味的人，一个真正会生活的人。

新的一个月又开始了，这是一年最后的一个月了，是否有点遗憾，前面的生活过得有点杂乱无章？那么，在这个月的第一天，为这个月的生活做一份计划书吧。

首先，你得明确你做这份计划书的目的是什么，这个月结束的时候，你要实现一个怎样的目标，或者完成一个怎样的心愿，对于你自身来讲，要有一个怎样的提高或者突破。

其次，你要对你这个月的活动进行一下部署，倒不用事无巨细地列出每天所要做的事，你不可能面面俱到，否则，一不小心，就会让你钻进一些细枝末节中去，而忽略了全局。所以，最好的办法是，分阶段分层次地分解你的目标，比如，以旬为时间单位，将一个月分为 3 个 10 天，在这三个阶段你分别都要做些什么事。

别忘了，这是一年的最后一个月，所以，你得做点总结性的工作。比如，这一年中你还留有什么遗憾，一一列举出来，看看能否在这最后一个月的时间内一一完成。也许你不能如愿以偿，但至少在你的计划书中应该有所体现，最好想出好的策略，能弥补这些遗憾。

12 月 2 日

用幽默来自我解嘲

人人都会遭遇尴尬，面红耳赤是我们常有的难堪，别忘了，幽默能帮我们把眼前的障碍化解为无形，自我解嘲是一门艺术。

幽默一直被人们称为是只有聪明人才能驾驭的语言艺术，而自嘲又被称为幽默的最高境界。由此可见，能自嘲的必须是智者中的智者，高手中的高手。自嘲是缺乏自信者不敢使用的技术，因为它要你自己骂自己。也就是要拿自身的失误、不足甚至生理缺陷来"开涮"，对丑处、羞处不予遮掩、躲避，反而把它放大、夸张、剖析，然后巧妙地引申发挥，自圆其说，取得一笑。没有豁达、乐观、超脱、调侃的心态和胸怀，是无法做到的。自嘲谁也不伤害，最为安全。你可用它来活跃谈话气氛，消除紧张；在尴尬中为自己找台阶，保住面子；在公共场合获得别人的好感；在特别情形下含沙射影，刺一刺无理取闹的小人。

适时适度地自嘲，不失为一种良好修养，一种充满活力的交际技巧。自嘲，能制造宽松和谐的交谈气氛，能使自己活得轻松洒脱，使人感到你的可爱和人情味，有时还能更有效地维护面子，建立起新的心理平衡。

12月3日

放弃自以为是，虚心接纳别人的观点

我们是否像一个注满水的杯子，容不下其他的东西，也不愿意接受他人的意见？学会把自己的意念先放下来，以虚心的态度倾听和接纳，你会发现大师就在眼前。

有句话说得好，聪明的人知道自己的愚昧，而愚昧的人则以为自己聪明。海纳百川，有容乃大。人只有虚怀若谷，才能知道自己的不足，看到别人的长处，才能善于吸纳，善于自我改进，才能领悟到人生的更高境界。否则，永远都只能生活在自我的狭小空间里，犹如坐井观天，其结果只能是被世界遗忘。

有这样一个故事，有个自以为是的暴发户，去拜访一位大师，去请教如何修身养性。但是一开始，这个人就滔滔不绝地说话，大师在旁边一句话也说不上，于是只好不停地往他茶杯中加水，茶杯中的水已经满了，大师依然在继续加水，这人见了，急忙说："水已经满了，为什么还要继续倒呢？"这时大师看着他，徐徐说道："你就像这杯子，已经被自我装满了，如不先倒空自己，如何能悟道？"

检查一下你心中的那个杯子，是否也被自我装满了？不要学那个暴发户，记住这位大师的话，先倒空自己，再去认真听取别人的意见。用谦逊的态度去聆听，你会听到不一样的声音。

12月4日

把别人踢过来的"球"踢回去

当面对别人狡辩的时候，你无需着急，也不用生气，只需学着对方的方法，把他的"球"踢回去就行了。

无理之人的狡辩的确恼人，但是如果此时你恼羞成怒，气急败坏，那么你就输了，中了别人的招。聪明的人要学会智慧地应对，沉着冷静，把别人"踢"给你的"球"硬生生地又给他"踢回去"，让别人也尝尝自己亲手种的"果子"。

这需要智慧，智慧需要冷静的头脑，所以，当面对某人的冒犯，你不要急着还击，冲动会令你头脑发昏，甚至变成最笨的人。此时你不如先稳定一下情绪，用一种最平和的态度，甚至最温柔的声音，说出最让人哑口无言的话语。比如，某件事很难，你做得不好，这是人之常情，但是对方却用瞧不起的眼神骂你是笨蛋。面对这种羞辱，你完全不用气恼，就顺着他的话，说一句："你聪明，那你来做吧。"事实上，他可能做得更加惨不忍睹，但是他无法推托。瞧，这不就把对方踢给你的"球"又踢回去了吗？

这只是一个简单的例子，具体的事情还需要你具体分析，具体地来面对。相信，只要你保持冷静的头脑，稍用智慧，就会踢出一个漂亮的"球"。

12月5日

把"鄙视"还给别人

面对鄙视我们的人，要学会不卑不亢。要让他们明白他们的眼光是多么的愚蠢，把"鄙视"还给他们就行了，就是如此简单而已！

爱默生曾经说过，当我们真正感到困惑、受伤甚至痛苦时，我们会从柔弱中产生力量，唤起不可预知威力无比的愤慨之情。人立命于世，首先要自尊自重，遭到歧视，绝不低头，在强大的势力面前不卑不亢，这样就会赢得别人的敬重。

宽容是留给善良、有涵养的人，面对无知的小人，我们要懂得把"鄙视"还给他们。

你鄙视我，我更鄙视你，如果你给我一个白眼，我就看也不看你一眼，把你当空气，无视你的存在，岂不是把对方置于比自己更低的地位吗？

12月6日

回头看一下来时的**路**

人生有亮点，自然就有暗点，而且经常发生错位。当乌云遮盖前面的天空，失去光彩时，谁曾想，回头却同样能看见蔚蓝。在困境中学会向后看，另谋出路，也是一种人生智慧。

生活总喜欢把荣辱、成败、得失等对立的东西同时呈现在人们面前，考验人的心性。这时往往需要向后看，理清思绪，拥有一颗平常心，学会平静地说再见，避免误入激流，剑走偏锋，伤及他人和自身。这是积极的人生态度，是珍重生活的方式，是一种生命的支撑，是生活的主色调之一，是大聪明、大智慧。回头感悟人生哲理，重新理解生活，从容面对喧嚣纷杂的世界，就不会因昨天错过今天。

向后看，不是消极回首，而是一种前瞻；不是刻意逃避，而是一种壮行；不是甘于平庸，而是角色转换；不是砸碎原有生活框架，而是在现有框架里构建新生活。"功夫向后看，功效向前进。"

哲人说："一个人的幸运在于恰当时间处于恰当的位置。"人生道路崎岖，不管痛惜还是悔恨，生活终究还要继续。向后看，从时间里寻觅真理，收拾好心情，领悟人生，准确定位，用智慧汗水兑换幸福。

回头看一下来时的路，是笔直，还是弯曲？是顺畅，还是迂回？在哪个地方你走得非常艰辛，为什么？你难道还要继续走下去吗？来时的路，是不是在启示你前方的路，你该如何走？你看明白了吗？

12月7日
用智慧赢得尊严

人人都有尊严，自尊让我们挺起胸膛，抬起头来做人，自尊让我们感受到自身的存在和价值。然而，自尊的维护并不一定要靠鱼死网破来维护，友善更是一种为人处世的智慧。

人人都有尊严，人人都需要维护自己的尊严，但由于方法不同，效果就会有天壤之别。是用善良的微笑来维护尊严，还是依靠你死我活的决斗维护尊严？起决定作用的似乎不是物质财富的多少和文化水平的高低而是心灵的选择，是善良宽容还是自私狭隘。

在维护尊严的一刻，想想你得到的是忍俊不禁的笑容，还是血淋淋的代价。

生活是一面镜子，当你面带友善走向镜子时，你会发现，镜中的那个人也正满怀善意地向你微笑；当你以粗暴的态度面对它时，你会发现，镜中的那人也正向你挥舞着拳头。人生在世，都看重自己的尊严，但请用一颗友爱之心，一份友善之情来维护它吧！

友善是什么呢？友善是天空，包容天地间的万物；友善是氧气，孕育新的生命；友善是阳光，是雨露，照耀、滋润着美德的生成。

温和待人、自我省察和友善相处，才能真正维护好自己的尊严。

12月8日

婉转曲折地表达你的**意见**

"忠言不必逆耳，良药不必苦口"，在人际交往中，要学会像螺丝钉一样婉转曲折地表达自己的意见和建议。有人会说，我嘴笨，不会绕着弯子说话。其实只要你有一颗善良的心，一颗友爱的心，只需换个口气，像自我批评那样理解对方的疏漏和错误，从帮助对方、拯救对方的角度出发，而不是批评与指责，相信每个人都会很乐意改善自我，走向"完美"。

其实，你就是换一种表达方式，本质内容还是一样的，是要让对方明白你的意思。只是，你的出发点发生了一些改变，你不是指责他做错了事，也不是在揭对方的伤疤，如果那真的是一块伤疤，那你就是一名负责任的医生，用你的善心为病人疗伤。

这可能需要你多花点心思，你不能随心所欲，口不择言地就表达你的意思，你必须事先想到你此言一出，对方会有什么样的心理反应。

所以，你应在内心深思熟虑，让自己站在对方的角度，尝试着去听听你想说的那些话，你能接受吗？

当然，这不是让你一味卖乖，做一个老好人，有意见也不发表，那并不是真正的朋友。无论你选择什么样的语言，采用什么样的表达方式，你内心真正的意思一定要表达出来，只要你有心，相信你一定能做到。

12月9日

说个善意的**谎言**

与人交往贵在"坦诚"，真诚会让人心里坦荡荡，放心交往，然而，有时候，真诚会"刺"到人柔弱的心灵，这时不如换个方式，善意的谎言也是一种真诚。

一些直爽的人，喜欢实话实说，常常让人觉得太过莽直，锋芒毕露。但是，人无论处在何种地位，也无论是在哪种情况下，都喜欢听好话，喜欢受到别人的赞扬，不愿听到伤害自己的话。

为人必须有锋芒也有魄力，在特定的场合显示一下自己的锋芒，是很有必要的，但是如果太过，不仅会刺伤别人，也会损伤自己。

面对某人的脆弱，不如说个善意的谎言，如果你觉得真实的情况可能会让他无法承受，或者真话说出来没有任何好处，无论对谁都是有百害而无一利，那么，你又是何苦呢？

也许，你的谎话反而能给对方一些安慰，一些鼓励，一些动力，一些自信，会使对方重燃激情、重新找回奋斗的勇气和魄力。

只要不是恶意的欺骗，只要是出于善心，只要是为了帮助对方，没关系的，说个小谎，上天都会感激你的善良。

12月10日
给对方一个痛哭的机会

当别人伤心难过时，也许你很想说出一句充满了智慧和力量的话来振奋人心，然而，很多时候，你却因为词穷而苦恼。也许，痛哭才是对方最好的发泄方式，让你朋友痛哭一场吧！

世界上有许多聪明的人，会说许多聪明的话，但是，聪明的话说出来不一定贴切，不一定说得让人欣慰，不一定说得让人心存感激。其实这样的话都是些非常简单的话，可惜简单的话并不是人人懂得该怎么说。

事实上，当别人遭遇坎坷磨难时，我们根本帮不上什么忙，有时就靠某句简单的话去安慰一下。如果你找不到合适的话，就给对方一个痛哭的机会吧。

在他痛哭时候，你可以静静地守护在他身旁，借给他一个肩膀，一双手，或者轻轻地拍打他的背，拿出手帕为他拭去脸上的泪痕。不需要任何语言，他已经感受到了你对他最为体贴的安慰，相信自己，你已经为他的内心送去了暖暖的阳光。

12月12日
从自己身上找找做人失败的原因

自己犯下的错误应想方设法地去弥补，不要把希望寄托在别人身上，别人没有理由和责任为你分担。

愿意帮助别人，并在需要的时候希望自己得到别人的帮助，可以说是人之常情；而有时候，偏偏会让你感觉到人情冷暖，甚至是世态炎凉，你是不是又开始哀叹、抱怨、恼恨？其实何必去怪别人，怨老天呢？这样真的于事无补，真正豁达睿智的人，善于从自己身上找原因，不会一味抱怨别人。

正如智者所言，帮助别人是发自内心深处的善意和热情，而不是为了日后自己的方便，只有这样，才能赢得真正的友谊，也才能赢得为人处世的豁达和睿智。

当遭到冷遇时，不要一味埋怨别人，这样做也无济于事。想想看，是不是自己哪里做得不好，或是以前你就犯了一个错误？那么今天，就从自己身上找找做人失败的原因，为我们日后找到更好的行为准则。

12月12日
了解自己想要做什么

许多人之所以在生活中一事无成，最根本的原因在于他们不知道自己到底要做什么。在生活和工作中，明确自己的目标和方向是非常必要的。只有你知道你的目标是什么、你到底想要做什么之后，你才能够达到自己的目的，你的梦想才会变成现实。

这需要你先静下心来，浮躁不安的心是没法回答自己的问题的。首先你得问自己，你喜欢你现在的生活吗？包括你的工作，你每天做的事，你努力奋斗的某个人生目标，以及你身边的朋友。

如果你觉得很喜欢，那你真的很幸运。对于大多数人来说，可能都会对自己的生活有些抱怨，有些迷茫，那么你就问问自己的内心，自己到底想要做什么？从你曾经的梦想开始忆起，也许你曾经很早以前就有一个梦想，但是随着时间的流逝，你已经将它搁浅了，为什么？你还能找得到原因吗？是因为兴趣发生了改变，还是现实让你不得不掉头？那么你现在的兴趣又是什么？你目前的生活正在你兴趣的轨道上运行吗？或者现实是如何让你放弃梦想的？你真的确定你没法克服现实中的困难吗？

看清楚了你自己的内心，了解了自己的兴趣所在，那么，分析一下你感兴趣的事情实现的可能性吧！不是你想要做什么，就一定能做到的。也许你只是羡慕那件事光鲜的一面，比如，电影明星、舞蹈演员等，你看到的是他们风光美丽的一面，却没有了解他们背后的故事。所以，全面了解你想做的事，包括它的好处和坏处，看看你是否真的是那么想做，最重要的，是看你是否真的能做到，你确定你能一直坚持下去，永远不放弃吗？如果可以，那么，不要犹豫，赶快行动吧！

12 月 14 日
从今天开始每天存一元钱

生命是一种长期而持续的累积过程，很少会因为单一的事件而有剧烈的起伏。

每个人都应该看过书，那有没有想过书本的厚度？一本书是由一张一张的纸累积起来的，但是，一张纸又能有多厚呢？一张一张地纸积累起来就是一本书，一本一本地积累起来就可以"汗牛充栋"。所以，不要忽略生活中的点滴累积，日积月累，它会让你有惊人的收获。

人活在这个世界上，学习、工作、生活，乃至生命就像跑步一样，是一个不断积累和进步的过程。有的人浅尝辄止，有的人畏首畏尾，有的人半途而废，有的人根本不屑"一分一毫地累积"这样的小事，而是向大事进攻。这些人忘记了"不积跬步，无以至千里；不积小流，无以成江海"的道理，他们的人生谈不上成功。

一个工作"认真"做了 5 年，没有什么显著成效；再"认真"做 5 年，就有一些经验，并形成一定的技能、技巧；继续"认真"做 5 年，就形成自己的风格，并初步形成思想、观念；再继续"认真"做 5 年，就形成自己独特成熟的思想、观念和理性精神，并收获人生真谛。这时候，他的人生就达到了较高的境界。但他仍然积累着、学习着、思考着，不仅仅是为了明天的工作，更是为了丰富自己的知识、开阔自己的视野、升华自己的境界，不断提高自身的素质，活出生命的意义。

累积，请从生活中的小事做起，从今天开始，每天存一元钱，不要小看这一元钱，若干年后，它会让你有一笔收获。准备一个储钱罐，每天塞一元钱，存到某天，用这些钱去银行开一个户，然后继续存。终有一天，你会为今天开始存的这一元钱而感叹不已！

12 月 13 日
记住自己的身份

人生在世，在一个特定的生活圈子，每个人都有自己特定的一个身份，扮演着特定的角色，发挥着特定的作用，享受着特定的权利和待遇，承担着特定的义务和责任。因此任何时候，都不要忘了你自己的位置。

人在一个固定的生活圈，都有自己特定的角色，在任何时候，都不能忘记自己的身份，也不能忽视别人的身份。

当你处在一个特定的环境中，和特定的某人打交道的时候，事先想想你此时此刻扮演的是什么角色，你该说什么话。对待你的亲人和朋友，不要因为你比他在生活中的某一方面表现得优秀，就数落或是看不起他。英国女王伊丽莎白二世就曾经这样对待过她丈夫。一次宴会上她丈夫受到了冷落，宴会以后女王回卧室发现房门被锁上了，她敲门。丈夫问她："你是谁？"她说："我是女王。"丈夫没给她开门，她又敲一次，他再问："你是谁？"她回答："我是英国的女王。"他也没有开门。她发火了，再敲了一次，他仍然问她："你是谁？"她回答："我是你的妻子。"门开了。

当你要对某人说话之前，对某人做出某一行动之前，提醒一下自己：我对于他是一种什么样的关系，是一种什么样的角色，我该怎么说话，怎么行动？这样做虽然有点累人，但是这样做，是为了教会你怎样更好地为人处世。

12月15日
反复地练习某项技能

专长可能是与生俱来的某些能力，但后天的勤奋练习，却是成就天才的必要武器。

这项技能不一定非得是你擅长的，你可能不具备这方面的天赋，但是爱好可以成为你最好的老师。如果你喜欢，并愿意付出，那么，没有别的更好的办法，勤加练习，终有一天，它会成为你的专长。

当然，你得首先掌握练习的方法和技巧，所以，找一个懂行的老师指点一下是非常必要的，有时候，还会起到事半功倍的作用。向你的朋友打听一下，看看谁认识这方面的老师，或许，你的朋友中就有一位。

牢记老师的指导意见，如果你是初学者，尤其要掌握入门的技巧。这时候，一位好的老师会带你轻松入门，当然，也需要你用心地学习，有那么一点点的领悟力。

如果一开始有那么一点摸不着头脑，也不要着急，不要气馁，要相信自己，万事开头难，虚心向老师请教，并请他原谅你的"笨拙"，用你的耐心感动老师。

掌握技巧后，剩下的就是考验你的毅力和意志的时候了，反复地练习，可能有点枯燥，还会生出一些厌烦情绪，当初的兴趣可能会逐渐减退。当娱乐变成一种强加的学习之后，往往会将人的兴趣赶跑。

那么，不如放轻松一些，调整一下心态，如果累了，一时找不到感觉了，就先休息一下，等情绪稳定了，再继续练习。看着自己一点一点地进步，你会找到学习的兴趣的。

12 月 16 日
为自己起草一份行为准则

不要因为没有一双监督的眼睛看着你，就让自己变得随心所欲、任意妄为，自己给自己一点约束和要求，让不听话的你变得规矩起来。

有的朋友可能会说，现在上有党纪、国法，下有地方和单位的各项法规及规章制度，已经够约束的了，个人还有什么必要制定行为准则呢？这岂不是多此一举吗？此话差矣。上边这些东西很有必要，个人的行为准则更是不可缺少的，而且具有极其特殊的重要作用。

个人的行为准则如此重要，那么应当包括哪些内容呢？当然，这是因人而异的，不可能每个人都制定出同样的条条款款，这与个人性格特点有关。但总的来说，大多从以下三个方面来着手：

一是思想行为上的准则。比如，树立正确的人生观、世界观、价值观的问题，确定为谁而活和怎样活得有意义。

二是日常生活行为上的准则。比如，如何确定自己应该吃什么、喝什么、穿什么，不应该吃什么、喝什么、穿什么；如何吃、什么时间吃；每天什么时间上床睡觉，什么时候起床；应该如何锻炼，怎样才能有利于健康长寿。

三是公共道德行为上的准则。比如，如何做到尊老爱幼，怎样与人为善，爱护别人、帮助别人、支持别人，多给别人提供方便，不给别人增添麻烦，怎样多为单位多为社会增添光彩，少添乱和不添乱。还有，像如何管住自己的口、管住自己的手、管住自己的腿、管住工作8小时以外的业余生活，等等都是。

总之，控制自己所有的不良行为，不被不良行为的冲动牵着鼻子走，这并不是所有人都能够认真把握得好的。这的的确确需要我们每个人根据个人情况来作出各种决定，而不是束手无策，被动地活着。

12月17日

收集一些幽默小故事或语录

快乐就在你的身边，需要你有双聪慧的眼睛去找寻，为你的生活收集更多的乐趣。没事偷着乐也是一种难得的幸福。

这可能需要你平时的细心和累积，比如，当你在无意中看到一些有意思的小故事或者有哲理的语录之类的，留一个心，勤快一点，把它们用某种方式收集起来。

但是，今天，你能不能主动做一下这件事，这也不难，有很多途径可以让你收集到这些小东西。网络就是最好的资源，或者去图书馆，去书店，总之方法很多。如果你觉得建一个专门的文档没有什么新意，对你来说也没多大的动力，教你一种新方法，把它们放到你的博客上。

博客，是网络日志的一种，现在很流行。如果你还没有建立自己的博客，那么不妨今天就建一个。如果你没有兴致写日记，那么，刚好，你可以用它来收集这些幽默小故事和哲理语录。其实，这样做很有意义，它能给每一个光顾你博客的人以人生启迪和欢乐。

也许你有兴趣把这些小故事重新编辑，并汇编成册。相信你所有的朋友都会支持你的，这是一件非常有意义的工作。你收集的肯定是你认为的精华，那么，在你精心的安排下，这便是一本精编本了，不知不觉中，你也成了一名编撰家了。

12 月 18 日
把一直有疑惑的问题弄清楚

君子之学必好问。问与学，相辅而行者也，非学无以致疑，非问无以广识。

你为什么要把这个疑惑一直留在心里，是因为懒惰，还是因为找不到答案，抑或你不懂装懂？不管什么原因，你今天的目标就是，不把这个疑惑解开就不罢休。

如果是因为懒惰，那么太容易了，勤快一点吧，也许你只需要翻翻字典就可以找到这个答案；也许你只要静下心来冷静地想一想就能豁然开朗；也许你只需要请教某个人就能茅塞顿开。

如果你曾经试图解惑，但失败了。是什么原因导致你的失败呢？这个问题你得弄清楚，在你寻找答案的征程中，遇到了怎样的困难，你为什么没有克服，还是你屈服了，根本就没有付出努力去克服？

找到克服这个困难的办法，相信只要你有心，你一定能找到办法，并一鼓作气，找到这个问题的答案。

如果你是不懂装懂，那就太不应该了，说不定哪天就露馅了，这样会让你更觉得丢人。

所以，放弃所谓的面子，相信你装懂的缘故也是为了掩饰你所谓的无知。可想而知，你装懂，是因为你的周围有很多人都知道这个答案，你害怕让别人知道，你竟然连众所周知的问题都不明白。

罢了，今天就放下这该死的虚荣吧，大方而谦逊地问其中的一个人，他必定会很诚恳地告诉你答案。如果有人嘲笑你，不要理他，转身去问另一个人，只要你肯问，就一定会找到答案。

12 月 19 日
咨询一下心理医生

转变你的观念，看心理医生不是因为你有心理疾病，而是想更清楚地了解自己的内心。

并不一定要遇到很严重的情况才去看心理医生，在你烦躁的时候、在你感觉到无助的时候、在你兴奋过度的时候、在你痛苦欲绝的时候，甚至在你还来不及察觉自己的问题的时候，你都可以在心理医生那里有所收获，至少你要明白：到心理医生那里并不是去看病，而是作调整。

除了必需的挂号费用和单独开列的治疗费用外，心理咨询是按时间收费的，因此，为了节省你的费用和大家的时间，在看心理医生之前，你一定要明白自己是为什么去，是要解决什么问题，怎么阐述得更清楚，从哪里开始阐述。

你不用担心心理医生是否听得明白，他觉得有不清楚的地方，他会提示你该重点述说什么。你也不用转弯抹角，真正的心理医生会发现你来的真正目的，所以，你在和心理医生接触的时候最好直截了当，有什么说什么，需要什么讲什么。

你也不用担心你所述说的对你不利，心理医生有职业道德和准则，他会严格保守你的秘密。

要记住的是：心理医生只是帮助你解决心理问题的专家，而不是你的生活参谋，他也不能替代你承受痛苦，更不能替你拿主意或者干涉你的私人生活。

12 月 20 日
用心去研究一下《周易》

《周易》是一部古老的典籍，列儒家经典之首，是"五经"之一。《周易》不仅解释和描述了宇宙万事万物运动变化发展的内在规律，而且是做人之道的宝典。

茫茫星际，小小环球，人类归宿何处？气散气聚，运来运往，五行变化，阴阳推移，花开花落，原来万物皆有定数！

你不能选择你的时代，也不能选择你出生的地点，更不能选择你的人种和父母；你是一定时空、一定惯性系的特定的你。这就是命，就是定数！知命乐天而无忧，移天改命而达志，皆智者之为。只要破译了生命的基因，就可能破解命运。

这是《周易》的命理说，你也许并不相信，但是，它的确是一门学问，而且是一门非常深奥的学问，也是一门很有意思的学问。

有一点你必须相信，《周易》的起源是科学的，它的起源不弄清楚，往往容易被当成迷信。自古以来，太乙、六壬、奇门被认为是《周易》预测中最为高深的三门学问。其中奇门遁甲用以掌握天时，明确地利，发挥人的能动性。

许多人研究《周易》的方法是对于经文的引申发挥，也有人注重《周易》的字义。采用什么研究方法，在于你自己的兴趣。如果你有兴趣解开它的玄妙，你肯定会对历史有更深的认识，会有一种思索，不仅对于历史，更重要的是对于你现在的生活。比如，《周易》会告诉你，任何疾病都是可以战胜的，正如任何健康都是可以摧毁的。不论何种病，包括各种杂难之症，都有病因、病理、病机、病源，都有其形成的脉络、衍生的病象、固有的脉理。都可以透过病象，溯因探源，把握来路，了然症候，重塑健康。

《周易》会给你许多人生启示，也会对你有很多激励，如果你有信心探究出它的奥秘，那么，就用心去研究吧！

12月21日
相信一些美好的存在

> 人只有相信一些东西，才会真的感觉到它的存在，哪怕生活中的美好只是一个遥远而模糊的印象，你也要用你纯净的心使它变得清晰。

蚂蚁曾经对大象说：请你相信生活是美好的！因为你是那么强壮，能够轻易地搬动一块石头。小草曾经对大树说：请你相信生活是美好的！因为你是那么的高大，能够最早看到美丽的阳光。麻雀曾经对雄鹰说：请你相信生活是美好的！因为你是那么的有力，能够翱翔在蓝天白云之际。

请你相信一些美好的存在，尽管在你我的身边总有一些不尽如人意的地方，请把你的眼光移开，不要专注于那些痛苦哀愁、烦恼忧伤。换一种眼光，换一种心情，去看看生活中那些开心的事，那些感觉到希望的事，你难道不觉得生活是美好的吗？

不要总是心存疑虑，因为你的信任会美化所有的瑕疵。当你无端地猜测许多看似完美的东西，不顾一切地寻找真相时，你会更难过！那我们最好不要那么做，不是吗？与其找到了残缺的真相而失望、心痛，还不如带着满足的微笑欣赏那些尚存的美好！有时欺骗也是很美好的！不是我们丢失了寻找真相的勇气，而是我们生活中的一切本来并不完美。

相信美好是存在的，这不是懦夫所为，而是懂得了一份可贵的美丽。我们也许为了别人的快乐放弃了自己的求真，那样并不是错误的，而是成就了一种善意的幸福。也许我们无法正常地理解这种幸福，那是需要细细品味的。我想我们都要学会成全、学会放弃，那样的生活或许会更美好的。

当我们不断地执著于一些早就名存实亡的事物时，那不如早点放弃这样无谓的牺牲。放弃其实也是很美丽的。我们要正确地对待一切事物，该执著固然要努力追求，而对于一些早已磨灭的东西我们该放在记忆的盒子里，当做一种奇异的珍宝收藏。生活本该是美好单纯的，不要让它复杂！

请相信一切都是美好的，不要去扭曲他的姿态，相信生活就这样——如朝霞的绚烂，如海的广阔，如露水的晶莹。

12月22日
给自己一个信仰

人生渺渺，世事茫茫，何去何从，很难确定，原因是个人的力量有限，对人生的认识亦不够，对人生世界所发生的许多复杂问题实在不易解决。所以我们应有一个信仰的对象，那么面对现实社会我们会更理智、更有信心，不至于彷徨迷茫，不知如何是好。

人生需要信仰，需要主义，只要认定了那是值得你追求的，何必在意值还是不值。勿以成败论英雄，人生本是过程，结局从来就不是生命的尺度，因为没人知道那"后来的后来"究竟是什么，唯一可以确定的是"人生固有一死"，浮萍之身全任流水，前方何处谁能左右，真正拥有的只是"当下"。"当下"有一个愿意为之献身的信仰，哪怕在下一刻就死去，此生足矣。

给自己一个信仰，不必是众人都奉为圣明的某种崇高的理念或信条，只是为自己的生活找一个借口，为自己的精神找一个寄托。如果没有，那么不论在外人的眼中你是多么的"成功"，在我们自己的心中，永远都觉得自己就是那个可怜的失败者。给自己一个信仰吧，为自己那乏味的生活找一个高尚的理由，然后好好地活着，做自己该做的事，因为这是活着的责任。

给自己一个信仰，把它作为你的一种价值依托，使你能够在极度艰难的环境下依然坚忍不拔地走下去，点燃心中的希望之灯。当然，这个希望也是你自己定的，如同黑暗中的一盏明灯，为你指引前方的路。

12月23日

把自己当傻瓜，不懂就问

好问的人，只做了5分钟的愚人；耻于发问的人，终身为愚人。

你相不相信，你每天都会遇到一些你不懂的问题。很多时候，一些问题只是在头脑里一闪而过，你还来不及去捕捉，就已经用你的懒惰或虚荣将它湮灭。改变你的这种习惯，今天就把自己当做傻瓜，遇到任何不懂的问题，都立刻提问。

如果当问题产生时，你一时间找不到可以问的人，或者问了很多人都没有找到答案，那么，不要泄气，把这个问题记下来。如果你对你的记忆很有自信的话，用你的心记，或者，干脆记在你的备忘录里，把它列在今天的计划里。

不要忘了你还有一个问题没有找到答案，在你做任何事的时候都要时时提醒自己。

也许你觉得这个问题太幼稚，不好意思开口，别忘了，今天你就是一个傻瓜，傻瓜还害怕别人的耻笑吗？不懂装懂才是最大的耻辱！

如果这个问题重大，你好不容易找到了答案，请把它记下来，作为你的知识库存，不要让它某天一不留神，又在你的大脑里画下一个大大的问号。

12月24日

激烈讨论会上保持沉默

有时候，沉默会让你头脑清晰，拨开迷雾，抓住问题的关键，找到前进的航向。

现在几乎所有人都在鼓励自己和别人，善于表现自己，尤其在某些场合要表现活跃，比如讨论会。这当然是无可厚非的，只有通过表现自己，才能让自己，也让别人看清自己的才能，同时，也是一种能力的锻炼和培养。但是，今天你要反其道而行之，这不是跟自己过不去，也不是为了证明什么，只是想让你冷静地观察一下整体形势，看看会有什么发现。说实在的，这也是一种有趣的体验。

保持沉默，不是让你置身事外，如同局外人一般悠闲自在。讨论会的整个过程，你都要保持高度的注意力，认真倾听每个人的发言，并在脑子里认真分析，仔细思考；形成你自己的想法；在最短的时间内整理出你自己的思路。

认真比较每个人的观点，随着讨论的进展，随时回过头来思索整个讨论的发展轨迹，看看你是否有什么新的发现。

当大家都安静下来，讨论临近尾声的时候，你再站起来，把你的观察结果，以及你对此事的看法发表出来，争取你能有一个独到的见解。

12月25日

冷静思考 自己目前的生存状态

世界上最了解自己的人是自己，最不了解自己的人也是自己，一个懂得正确看待自己和自己所处环境的人，无疑是一个睿智的人。

很多关于人生的问题，很复杂，很多人都在思考，未来会是一个什么样子，究竟该如何过好这一辈子，也有很多人在回忆，过去的那段岁月，自己都做了什么。那么，为什么不想想自己现在的样子，难道这不才是最重要的吗？

不要沉浸在未来的美梦中太过兴奋，也不要迷恋在过去的回忆中太过哀伤，让自己冷静下来，认真思考一下你目前的生存状态。

你的生存状态，包括你现在的工作、学习、生活等各个方面。首先，你的工作怎么样？你喜欢你现在的职业吗？你觉得你在工作中收获到了什么？你的工作业绩如何？你目前的工作对于你未来的发展有什么样的影响？在工作中你的人际关系如何？你的同事对你现在的生活产生了什么影响？

你还在学习吗？这不是针对在校园里生活的学生，任何人都应该思考这个问题。人的一生都不应该也不可能停止学习，这不只是学习所谓的文化知识，还有许多是关于人生的道理，教会你更好地生活下去，在这方面，你有什么感悟？有什么收获？

你满意你现在的生活吗？你的物质生活、你的精神生活的状况如何？你与亲人、朋友的关系如何？他们分别对你的生活发生了什么样的作用？你觉得你们之间还有什么需要改善的吗？

如果你找不到清晰的答案，可以和你身边的人一起思考，包括你的亲人、朋友、同事等，他们也许会为你提供更为可观的素材，会给你的思考很多启示。

12月26日
向好为人师者虚心请教

每一个人都乐于别人向他请教，都具有好为人师的一面，这是人性的弱点。要交朋友，求人帮忙，就要充分利用对方好为人师的弱点，利用得好，就会赢得对方的好感，事情就会办得又快又好。

虚心请教好为人师的人，要注意拣别人的长处，或爱好方面请教，并且要做到不露痕迹，这会让对方觉得全身都舒坦。请教到位，做得到位，自然好办事。

一般来说，爱好什么，就会懂什么，一个人爱好书法，必定有丰富的书法知识，一个人爱好钓鱼，钓鱼经验肯定比别人丰富。你没有必要恭维其爱好如何如何，这样的话他必然听得太多，如一阵风吹过，脑中留不下半点痕迹。这时，你虚心地向他讨教，效果自然要好得多。只要你虚心请教，他必定会耐心地向你传授其中的奥妙。

人各有长短，对方资质再差，也有比你强的地方；你资质再高，也有弱的地方。因此，不妨常在某些方面让对方表现一把，让对方也舒畅一把，感受一下比别人强的滋味。

例如，你的主管在业务上或写文章上比不了你，但他的象棋下得很好，那么，你不妨经常在象棋方面向他请教。结果当然是你被杀得落花流水，以至于片甲不留，看着你的狼狈相，他一定会很有成就感。

要求别人帮忙，你不这么做是不行的，你如果表现得比对方或主管还要出色，对方在心理上就会呈现出一种挫折感，这样一来，该帮的或不该帮你办的事就都办不成了。

12月27日
向不如自己的人学习

见到学者，我们敬畏知识；见到官者，我们敬畏权力；见到不如自己的人，我们往往目中无人。而人生智慧告诉我们，最善于学习的人是向不如自己的人学习。能在自认为不如自己的人身上学到超过自己水平的本领，是一种非凡的智慧。

所谓某人不如自己，那肯定只是在某一方面，只不过这一方面恰好被所有人所关注罢了，那是你的幸运。每个人都有自己的长处和短处，也许你恰恰是用你自己的长处和别人的短处做了比较，仔细看看，别人也有他的长处，而这方面，可能恰好是你的弱点。

向不如自己的人学习，需要有说服自己的勇气。也许你自己一直就有些不屑：难道我还需要向他学习吗？是的，你需要，难道你不想让自己变得更完美吗？同时，你还需要有顶住压力的精神，也许所有人都会觉得你的奇怪，甚至会冷嘲热讽，以为你精神失常，不要理会这些愚蠢的眼光，做你自己该做的。

也许，当事人本身也会觉得意外，他自己的优点也许自己都没有发现，因为他已经习惯了众人的不屑一顾，甚至冷嘲热讽。那么，你的不耻下问还会给他送去鼓舞，送去自信，送去希望，让他对自己，对人生会有一个新的认识。在你学习的同时，还给别人带去了希望，何乐而不为呢？

12月28日
用沉默回应无理

面对他人无理的对待，你不必硬碰硬，试着以巧妙圆融的智慧来处理，事情一样会有回转的余地，其实最大的智慧便是以沉默来回应。

正如傅勒所说，忍耐与沉默是抵御嘲辱的最佳盾牌，当你面对小人无理的羞辱和嘲弄时，当场的硬碰硬也许只会得到更大的欺辱，尤其当你处于弱势的境地时。此时何不忍耐一下，事后冷静思索，找到对方的致命弱点，攻其不备，这才是明智的处世哲学。

当然，这需要你当时的忍耐，不能忍一时之气的人，是无法领会这种智慧的高深的。对于大多数人来说，逞一时口快，泄一时之愤，是最人快人心的事。但是有涵养的人是不会这么做的，今天也让自己做一回有涵养之人吧。

很简单，无论对方发出什么招，多难听的话，多过分的举动，都不要理会他，仿佛与己无关，专心做自己的事，不要因为对方的言行停下你手中的活，要让对方认识到，你根本对他不屑一顾，你根本不拿他的无理当挑衅，也就是说，你根本不拿他当对手，其实这才是对一个争强好胜的人的最大反击。

当然，也许对方真的很过分，使你忍无可忍。有时候是这样，有些小人，如果不被惩戒一下，反而会更助长他的气焰。即便是这样，也不要当场就出招，除非你有绝妙的反击策略，而

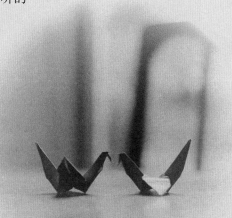

且已经胸有成竹。但是，对于大多数人来说，愤怒和激动会让你失去理智、思维迟钝，这个时候往往是想不出什么好点子的。所以，不如用沉默换来冷静的时间，让头脑清醒一下，想想你的绝招吧。

12月29日
让冷漠在你这戛然儿而止

> 冷漠会在人的心中种下一块冰，有如冬天里的凛冽寒风，使河流冰冻，使万物生机凋零。能让冷漠之冰融化，让春回大地的人，便是聪明可爱的温暖使者。

我们周围不免有些人一贯冷漠，他并不是针对某个人，这是他为人的一种习惯，然而，这样并不好，会让很多人觉得寒冷。

不可否认，他可能也没有给你带来过什么温暖，你平时是怎么对待他的？想必以冷漠回应冷漠是大多数人的态度，这样做并没有什么错，谁也不愿意拿自己的热脸去贴别人的冷屁股。可是，如果你能让他的冷漠在你这儿戛然而止，那便是你人生的一大成功。

相信自己，你可以做到的，这样做不仅会让你多了一个朋友，也许还为对方赢得了更多的朋友，因为，没有多少人会愿意和一个冷漠的人交朋友的。

找一个机会去了解这个人，当他对你冷漠时，回报他一个微笑。仔细观察他，认真留意他今天的一切活动，当他需要帮忙时，主动去帮忙。不管用什么方法，具体做什么事，总之用你的行动去关心他。其实关心一个人并不难，只在于你能留意他生活中一点一滴，再冷漠的人也有感动的时候。

找一个合适的机会，和他聊聊，以谈心的方式，当你以心去和别人交换的时候，对方也会把心交给你，所以，相信你的诚意能够化解对方心里的寒冰。没有人不需要朋友，也许他也有什么难言之隐，更或者有什么心灵之疤，当你主动送给他友谊，给他温暖，他的冷漠便会慢慢消解。

如果你可以，告诉他其实大家都很关心他，都很想和他交朋友，只是找不到合适的方式，希望他能敞开心扉，伸出友谊之手，接纳周围关心他的朋友。

12 月 30 日

检查一下月计划书的完成情况

要想善始善终，就应该在目的地及时检查计划完成的情况，这才是做计划应该有的态度。

一个月又要结束了，还记得本月第一天所做的计划书吧！还记得你都做过一些什么样的工作和生活安排吗？都一一履行并完成了吗？记不太清楚了吗？那么把那本计划书拿出来对照一下吧。

首先第一条，你的计划书的目的是什么？你达到了吗？这应该是你这个月的根本，如果连这个根本都失去了，那你这个计划书可是白做了啊！

这个月计划要完成的几件事已经完成了几件？完成的质量都如何？是否都达到了预期的效果？还有什么遗漏？为什么会出现这些遗漏？还有哪些事还没来得及开始做？为什么会把这些事漏下，是因为时间来不及或其他客观因素，还是你自身的主观因素？

如果这个月重来一次，你觉得你会在哪些方面改进？你对你自己所做的这个计划书有什么感想？计划与现实的差距，在于计划书本身的不完善，还是你自身努力不够，还是当初你对自己的认识和估量不够充分？

哪些事是完全按照计划来完成的，从开始实施到最后结束，每一个步骤都是依计划行动？哪些事虽然完成了，但是与计划有出入，是哪些环节发生了改变，你是怎样对你的计划作出调整的？

最后，综观整个计划书，以及你这个月的收获与失落，你有什么样的感想？在一天结束的时候，当夜深人静的时候，让你的思绪翱翔，写下你对这个月的心得体会，为你这个月的生活留下一份总结书。

12月31日

在日记里写下这一年的收获

一分耕耘，一分收获，收获的是果实，也是希望；收获的地方，是终点也是起点。回头看看来时的路，是为了前方的路走得更好。

一年又过去了，岁月又往前推移了一年，这是你人生的第几个年头？无论年长年少，相信每个人心中都会有一些感悟，细细想来，你都有些什么收获？

拿出你的日记本，如果你平时没有记日记的习惯，那准备一个好的日记本，可不要随便找一张纸来应付，也不要随手拿来一个本子就用。

在执笔之前，打开你记忆的大门，让你的思绪回到年初，一月一月，一天一天往后推移，看看哪些事让你记忆深刻，为你的人生留下了永恒的记忆。相信总有这样一些事让你难忘，如果没有，那你的人生未免有些苍白，或许并不是没有，而是你不善于去记忆。所以，努力回忆一下，在日记本里记下这些事。如果你平时有记日记的习惯，那太好了，打开你的日记本，翻看每一篇日记，那里面一定记录着你生命中最重要的感悟。

总结一下，这一年中让你觉得最快乐的事情是什么？最痛苦的事情又是什么？对你的人生最重要的事情是什么？在这一年中，有没有什么事让你的生活发生了一些改变，并可能改变你的整个人生？

收获不仅仅是快乐，也包括痛苦，很多事在你的生命中发生都是为了让你成长，让你更懂得生活的本质，更清楚地明白你自己，一句话，是为了让你以后更好地生活。所以，无论你的生命里发生过什么，都不要怨天尤人，相信明天会更好！